基层农产品质量安全检测人员指导用书

农产品质量安全检测操作实务

欧阳喜辉　　黄宝勇　　主编

中国农业出版社

北　京

编 者 名 单

主　　编：欧阳喜辉　黄宝勇

副 主 编：王　艳　余新华　赵春山　李　岩　孙　江

　　　　　廖　辉

参编人员：习佳林　温雅君　杨红菊　肖志勇　张国光

　　　　　高景红　黄生斌　李玉军　相　薇　郭　睿

　　　　　王　岚　马晓川　王邵林　黄　岩　马金金

　　　　　车　辂　翟云忠　朱玉龙　赵　然　王颜红

　　　　　庞　博

主　　审：刘　肃

顾　　问：曾　庆

首 读 感 悟

今年，是我国农村改革 40 周年，也是农业质检机构从筹建到发展、壮大的 30 周年。30 年前，以"立足大农业，面向全社会，服务经济建设，促进技术进步"为指导，原农业部启动全国农业质检机构和质检体系建设。为全面服务农产品质量安全执法监管，不断提升农产品质量安全科学检验检测能力，"十一五""十二五"期间国家设立重大基本建设专项，启动和推进农产品质量安全检验检测体系建设。截至 2017 年底，全国农业系统已有部、省、市、县四级农业质检机构 3 293 个，从业人员超过 3.2 万人，构建了以部级质检机构为龙头、省级质检机构为骨干、地市级质检机构为支撑、县级质检机构为基础的全国农产品质量安全检验检测体系，形成了全国一盘棋、上下贯通、功能明确、管理规范、科学运行、服务高效的工作机制，为农产品质量安全执法监管、产业提质增效、公众消费安全、市场秩序规范等提供了强有力的法定数据和技术支撑。

当前，我国农业已全面迈入高质量发展新阶段，质量兴农、绿色兴农、品牌强农成为主旋律。公众对安全优质、营养健康农产品有了新需要，对农产品质量安全检验检测机构提出了新要求。农产品质量安全检测机构要进一步拓宽服务领域，全面服务于农产品生产者、消费者、物流加工者、政府行业管理者和科研教学单位；要在检验检测过程中确保样品的代表性、检测行为的可靠性、检验报告的真实性和检测全程的亲和性；要不断提升检测人员、仪器设备、检测结果的技术水准。农产品质量安全检测机构不仅要对来样负责，更要坚持对来意负责；要适应农业高质量发展新需求，从过去的单一检验检测尽快向检验检测、营养品质评价、风险评估监测、真实性识别鉴定、消长代谢机理评定、调节调控技术研究等一体化全面推进。

北京市农业环境监测站［农业农村部农业环境质量监督检验测试中心（北京）］是首都农产品质量安全检测机构的领航者、排头兵和教练员。在 2016 年"中国技能大赛——第三届全国农产品质量安全检测技能竞赛"总决赛中，承担组织培训的北京农产品质量安全检验检测代表队获得团体第一名好成绩，充分展现出组织能力强、业务技术高、服务意识浓的良好风貌。

北京市农业环境监测站近期策划和牵头组编了系列丛书《基层农产品质量安全检测人员指导用书》，我在研读后感触深刻。本套丛书立足于农产品质量安全检验检测工作实际，针对基层农产品质量安全检验检测人员技术短板和业务提升需要，从检测基础知识、检测操作实务和检测标准识别选择等方面入手，采用模块化编写方法，运用浅显易懂的语言，辅以图表说明，配以思考性问题，符合农产品质量安全和基层检验检测工作特点，具有很强的系统性、针对性和可操作性。我相信本套丛书的出版，将会大大有助于农产品质量安全检验检测体系的技术进步、人员素质的提升和检验检测能力的提高。

2018 年 9 月

前　　言

目前，全国已建成农产品质量安全检验检测机构 3 293 个，从业检测人员超过 3.2 万人。农产品质量安全检验检测体系日趋完善，为政府农产品质量安全科学决策和执法监管提供了可靠的数据支撑。

在检测活动中，检测机构技术人员能力水平是农产品质量安全检测工作的关键，是影响结果准确、数据公正的重要因素。但随着检验检测机构和检测技术的发展，检验检测机构尤其是基层机构的专业技术人员缺乏和能力水平不足的问题凸显。主要表现为：一是检测人员大多为农学类相关专业，农产品质量检测相关专业人员较少；二是检测人员试验操作随意性较大，操作不规范；三是检测人员对基础理论知识和操作原理掌握不够深入；四是缺乏有针对性、实用性强的一线检测指导用书。因此，针对以上状况，我们编写了此书。

本书分为四章，包括样品采集与制备、农药残留分析与检测、重金属元素分析和微生物分析。本书从强化培养操作技能、掌握实用技术的角度出发，重点介绍了基层农产品质量安全检测人员在检测实践中的必备知识和操作技能，并结合实际工作中检测图谱对实际检测中遇到的典型问题进行了解析，对一线检测人员或相关专业学生会有较大参考价值。要想成为一名优秀的检测人员，不仅需要掌握扎实的基础知识，而且还需在实际操作中不断总结和思考，时刻保持谦虚谨慎、求真务实的工作态度，才能不断提高检测能力和水平，提高检测质量。

限于编著者知识水平和能力，书中疏漏和不当之处在所难免，恳请各位专家和同行不吝指正。

编　者

2018 年 9 月

目　　录

第一章　样品采集与制备

第一节　样品采集与制备基础知识

一、样品采集及样品

样品采集简称采样，又称取样、抽样。对样品进行检测的第一步就是样品采集。从大量的分析对象中抽取具有代表性的一部分作为分析材料（分析样品），称为样品采集。所抽取的分析材料称为样品。

二、样品采集的重要性

样品采集是一个重要而且非常谨慎的操作过程。要从一大批被测产品中采集到能代表整批被测物质的小质量样品，必须遵守一定的原则，掌握适当的方法，并防止在采样过程中某种成分的损失或外来成分的污染。样品采集与制备是保证检验工作质量的重要基础。在实际工作中，检测时所取的分析试样只需几克，几十毫克，甚至更少，而分析结果必须代表全部样品的平均组成。因此，必须正确采取具有足够代表性的平均样品，并将其制备成分析样品。如果采取的样品不能代表总体，即使检验中的质量控制做得再好，也很难得到准确的结果。其检验结果不仅毫无意义，甚至还可能导致错误的结论，产生不良后果。

通过对样品的分析检验、测试，从而对被检对象的质量安全水平做出客观真实的评价，是检验检测机构的职能要求。因此，必须正确地进行样品的采集与制备工作，保证被检样品具有客观性、均匀性和代表性。这是检验结果客观、正确的重要基础。因此，必须从源头开始对检测过程的各环节进行质量控制。

三、样品采集的基本原则

（一）代表性

采集的样品应具有代表性，以使所采样品的测定结果能代表样本总体的特性。

（二）真实性

样品采集过程中，采样人员应及时、准确地记录采样的相关信息。

（三）公正性

采样人员应亲自到现场抽样，任何人员不得干扰采样人员的采样。

四、采样误差

(一)采样随机误差

采样随机误差是在采样过程中,由一些无法控制的偶然因素引起的偏差,这是无法避免的。增加采样的重复次数,可以缩小这类误差。

(二)采样系统误差

采样方案、采样设备、操作者以及环境等因素,均可引起采样的系统误差。系统误差的偏差是固定的,应极力避免。增加采样的重复次数不能缩小这类误差。

采样都可能存在随机误差和系统误差,因此在通过检测样品求得的特性数据的差异中,既包括采样误差,又包括试验误差。

五、样品制备

样品制备是利用经济有效的加工方法,将原始样品破碎、缩分、混匀的过程。制备好的分析样品,不仅能够达到足够细的粒度要求,而且可使制备后样品试样均匀,保证原始样品的物质组分及其含量不变。样品在制备过程中应注意以下 3 点:

第一,制备过程中避免组分发生化学变化。

第二,防止和避免欲测定组分的污染。

第三,尽可能减少无关化合物引入制备过程。

农业质检机构的样品采集主要包括农产品、农田土壤、农灌水等。不同样品的采样方法、制备保存要求有所不同。

第二节 农产品样品的采集与制备

一、农产品的定义

《中国大百科全书·农业》将农产品定义为:广义的农产品包括农作物、畜产品、水产品和林产品,狭义的农产品则仅指农作物和畜产品。《中华人民共和国农产品质量安全法》第一章第二条将农产品界定为来源于农业的初级产品,即在农业活动中获得的植物、动物、微生物及其产品,不包括经过加工的各类产品。本节所讲的农产品样品采集主要是指植物性农产品样品的采集,具体包括蔬菜、食用菌、水果及粮油产品等。

二、农产品样品采样标准

农产品样品的采样是农产品检测结果准确与否的前提条件,是专业技术人员必须掌握的一项基本技能。农产品样品采样涉及的相关标准很多,主要有《蔬菜抽样技术规范》(NY/T 2103)、《农药残留分析样本的采样方法》(NY/T 789)、《蔬菜农药残留检测抽样规范》(NY/T 762)、《无公害食品 产品抽样规范 第 4 部分:水果》(NY/T 5344.4)、《无公害食品 产品抽样规范 第 2 部分:粮油》(NY/T 5344.2)等。

三、农产品的分类

农产品的分类有很多种，按传统和习惯一般把农产品分为粮油、果蔬及花卉、林产品、畜禽产品、水产品和其他农副产品六大类。为规范不同类别的作物分类，农业部制定了《用于农药最大残留限量标准制定的作物分类》，具体分类见表 1-1、表 1-2 和表 1-3。

表 1-1　蔬菜分类

蔬菜类别	蔬菜名称
鳞茎类	鳞茎葱类（大蒜、洋葱、薤等）
	绿叶葱类（韭菜、葱、青蒜、蒜薹、韭葱等）
	百合
芸薹属类	结球芸薹属（结球甘蓝、球茎甘蓝、抱子甘蓝、赤球甘蓝、羽衣甘蓝等）
	头状花序芸薹属（花椰菜、青花菜等）
	茎类芸薹属（芥蓝、菜薹、茎芥菜等）
叶菜类	绿叶类［菠菜、普通白菜（小白菜、小油菜、青菜）、苋菜、蕹菜、茼蒿、大叶茼蒿、叶用莴苣、结球莴苣、莴笋、苦苣、野苣、落葵、油麦菜、叶芥菜、萝卜叶、芜菁叶、菊苣等］
	叶柄类（芹菜、小茴香、球茎茴香等）
	大白菜
茄果类	番茄类（番茄、樱桃番茄等）
	其他茄果类（茄子、辣椒、甜椒、黄秋葵、酸浆等）
瓜类	黄瓜、腌制用小黄瓜
	小型瓜类（西葫芦、节瓜、苦瓜、丝瓜、瓠瓜等）
	大型瓜类（冬瓜、南瓜、笋瓜等）
豆类	荚可食类（豇豆、菜豆、食用荚豆、四棱豆、扁豆、刀豆、利马豆等）
	荚不可食类（菜用大豆、蚕豆、豌豆、菜豆）
茎类	芦笋、朝鲜蓟、大黄等
根茎类和薯芋类	根茎类（萝卜、胡萝卜、根甜菜、根芹菜、根芥菜、姜、辣根、芜菁、桔梗等）
	马铃薯
	其他薯类（甘薯、山药、牛蒡、木薯、芋、葛、魔芋等）
水生类	茎叶类（水芹、豆瓣菜、茭白、蒲菜等）
	果实类（菱角、芡实等）
	根类（莲藕、荸荠、慈姑等）
芽菜类	绿豆芽、黄豆芽、萝卜芽、苜蓿芽、花椒芽、香椿芽等
其他类	黄花菜、竹笋、仙人掌、玉米笋等
食用菌	蘑菇类（香菇、金针菇、平菇、茶树菇、竹荪、草菇、羊肚菌、牛肝菌、口蘑、松茸、双孢蘑菇、猴头菇、白灵菇、杏鲍菇等）
	木耳类（木耳、银耳、金耳、毛木耳、石耳等）

表 1-2　水果分类

水果类别	水果名称
柑橘类	橙、橘、柠檬、柚、柑、佛手柑、金橘等
仁果类	苹果、梨、山楂、枇杷、榅桲等
核果类	桃、油桃、杏、枣、李子、樱桃、青梅等
浆果和其他小型水果	藤蔓和灌木类（枸杞、黑莓、蓝莓、覆盆子、越橘、加仑子、悬钩子、醋栗、桑葚、唐棣、露莓等）
	小型攀缘类（葡萄、树番茄、五味子、猕猴桃、西番莲等）
	草莓
热带和亚热带水果	皮可食：柿子、杨梅、橄榄、无花果、杨桃、莲雾等
	皮不可食：荔枝、龙眼、红毛丹等
	中型果：杧果、石榴、鳄梨、番荔枝、番石榴、西榴莲、黄皮、山竹等
	大型果：香蕉、番木瓜、椰子等
	带刺果：菠萝、菠萝蜜、榴莲、火龙果等
瓜类水果	西瓜
	甜瓜类（薄皮甜瓜、网纹甜瓜、哈密瓜、白兰瓜、香瓜等）

表 1-3　粮油作物分类

粮油作物类别	粮油作物名称
稻类	水稻、旱稻等
麦类	小麦、大麦、燕麦、黑麦等
旱粮类	玉米、高粱、粟、稷、薏仁、荞麦等
杂粮类	绿豆、豌豆、赤豆、小扁豆、鹰嘴豆等
小型油籽类	油菜籽、芝麻、亚麻籽、芥菜籽等
其他油料	大豆、花生、棉籽、葵花籽、油茶籽

四、农产品样品采集

（一）采样准备工作

1. 文件类　应准备采样任务的相关文件。如果是政府指令性检测任务采样，应编制实施方案。方案中一般包括采样地点、样品名称、样品数量、采样时间、采样人员等信息。同时，还应准备农产品采样单、记录本及采样人员的工作证等。

2. 工具类　抽样袋、保鲜袋、纸箱或冷藏箱、标签（图 1-1），异地抽样还要准备样品缩分用无色聚乙烯砧板或木砧板、不锈钢食品加工机或聚乙烯塑料食品加工机、高速组织分散机、不锈钢刀、不锈钢剪子、旋盖聚乙烯塑料瓶、具塞玻璃瓶等。用具要保证洁净、干燥、无异味，不会对样品造成污染。

```
****************（单位名称）
            样品标签
样品名称：              样品编号：
采样地点：              采样时间：
采样人员：
```

图 1-1　样品标签

（二）采样方法

农产品的采样地点主要包括生产基地、批发市场、农贸市场和超市。农产品采样时，按随机原则抽取，采样所得的样品应具有足够的代表性，应是以从整批产品中抽出的全部个别样品（份样）集成大样来代表整批产品，不应以个别样品（份样）、单株或单个个体来代表整批。

1. 生产基地

（1）设施农产品采样。在大棚中采样，每个大棚为一个采样批次。每个采样批次应根据实际情况按对角线法、梅花形法、棋盘式法、蛇形法等方法采取样品，每个采样批次内采样点不应少于 5 点。个体较大的样品（如大白菜、结球甘蓝），每点采样量不应超过 2 个个体，个体较小的样品（如樱桃、番茄），每点采样量 0.5～0.7 kg。如果设施基地有多个大棚生产同一品种的蔬菜和果品，且生产模式、管理方式大体一致，采样时需从中随机采取几个大棚的产品组成一个混合样品。

（2）露地农产品采样。在露地采样时，当种植面积小于 10 hm² 时，每 1～3 hm² 设为一个采样批次；当种植面积大于或等于 10 hm²，每 3～5 hm² 设为一个采样批次。

果品采样时，每个点位一般采集 1～2 棵果树。每棵果树应采集树冠上、中、下部或内堂、外围不同部位的果实。

若采样总量达不到规定的要求，可适当增加采样点。每个采样点面积为 1 m² 左右，随机抽取该范围内同一生产方式、同一成熟度的蔬菜或果品为检测用样品。

2. 批发市场 宜在批发或交易高峰时期抽样。批发市场销售的农产品大多为装车包装销售或散装销售。批发市场抽样时，应调查样品来源或产地。

（1）散装销售样品。视情况分层分方向结合或只分层或只分方向抽取样品为一个抽样批次。

（2）包装销售样品。堆垛取样时，在堆垛两侧的不同部位上、中、下经过四角抽取相应数量的样品为一个抽样批次。

3. 农贸市场和超市 在不同摊位随机采取相应的农产品，一般同一摊位抽取同一产地、同一种类蔬菜样品为一个批次。为避免二次污染，尽可能从原包装中取样。

在农贸市场和超市采样时，应调查样品来源或产地。

（三）采样时间

1. 生产基地 根据不同农产品在其种植区域的成熟期来确定。采样时间应安排在农产品成熟期或即将上市前进行，在喷施农药安全间隔期内的农产品样品不应进行采样。对于露地生产的农产品样品，下雨天不适宜进行采样。

2. 批发市场 不同批发市场的采样时间有所不同，应在批发或交易高峰时期进行采样。有的批发市场的交易高峰期在晚上，则农产品的采样时间也应在晚上。

（四）采样量

采样量原则上不仅要保证样品具有代表性，还必须能满足检测量的需要，采样量应满足检测要求，能够供分析、复查、确证和留样用。采样量不低于 3 kg。

对于某些特殊样品，如大白菜、结球甘蓝、西瓜等单个个体较大的样品，采样量要求有所不同。单个个体大于 0.5 kg 时，抽取样本不少于 10 个个体；单个个体大于 1 kg 时，抽取样本不少于 5 个个体。

五、样品运输与交接

样品应在 24 h 内运送到实验室，否则，应将样品缩分冷冻后运输。在高温季节，样品运输应选择保持低温的容器。低温包装时，应使用适当的材料包裹样品，避免与冷冻剂接触造成冻伤。冷冻剂不可使用碎冰。

原则上，样品不准邮寄或托运，应由抽样人员随身携带。除非征得实验室同意，样品不宜在周五或法定节假日前一天送达。样品在运输过程中，应采取相应的措施保证样品完整、新鲜，避免被污染。

样品交接一般由采样人员和样品管理员面对面交接，并认真核对样品的包装、标识、外观等信息。如果样品信息不全或不符合检测要求时，样品管理员应拒绝接收该样品。

六、样品制备

(一) 样品制备要求

1. 制样场所 样品制备应在独立区域进行。制样场所应通风、整洁，无扬尘，无易挥发的化学物质。

2. 工具和容器 制备农产品常用的工具包括打浆机、砧板、不锈钢刀、硫酸纸、样品盒等。制成的样品应装入洁净的塑料袋或惰性容器中，立即封口并加贴样品标识，并将样品置于规定的温度环境下保存。

每制完一个样品，制样工具应清洗干净，防止交叉污染。

(二) 样品制备过程

1. 样品缩分 将样品混匀后平铺，沿对角线划分成 4 份，淘汰对角 2 份，把留下的部分合在一起，即为平均样品，此方法称为四分法。如果所得样品仍然太多，可再用四分法处理，直到留下的样品达到所需的数量。个体较小的样品（如樱桃番茄），可随机抽取若干个体切碎混匀；个体较大的样品（如大白菜、结球甘蓝），按其生长轴十字纵剖 4 份，取对角线 2 份，将其切碎，充分混匀（图 1-2）。用四分法取不少于 1 kg 的混合样品放入组织捣碎机中制成匀浆后，放入样品盒中。

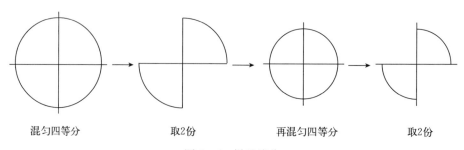

| 混匀四等分 | 取2份 | 再混匀四等分 | 取2份 |

图 1-2 样品缩分

（1）农药残留检测样品的制备。制样前，用干净纱布轻轻擦去样品表面的附着物。如果样品黏附有太多泥土，可用流水冲洗，擦干后制样。

（2）用于元素检测的样品制备。样品先用自来水冲洗，再用去离子水冲洗3遍，用干净纱布轻轻擦去样品表面水分后进行制备。也可用四分法取样后将其放入烘箱中于65℃烘干，同时测定样品水分，磨成干粉后放入密闭容器中保存。

2. 制样部位的选择　不同种类的农产品样品制备要求有所不同，有的需要整棵制样，有的需要全果带皮制备等，具体要求见表1-4、表1-5、表1-6。

表1-4　不同蔬菜测定部位要求

蔬菜类别	蔬菜名称	测定部位
鳞茎类	大蒜、洋葱、薤等	可食部分
	韭菜、葱、青蒜、蒜薹、韭葱等	整株
	百合	鳞茎头
芸薹属类	结球甘蓝、球茎甘蓝、抱子甘蓝、赤球甘蓝、羽衣甘蓝等	整棵
	花椰菜、青花菜等	整棵，去除叶
	芥蓝、菜薹、茎芥菜等	整棵，去除根
叶菜类	—	整棵，去除根
茄果类	—	全果（去柄）
瓜类	—	全瓜（去柄）
豆类	豇豆、菜豆、食用荚豆、四棱豆、扁豆、刀豆、利马豆等	全荚
	菜用大豆、蚕豆、豌豆、菜豆	全豆（去荚）
茎类	—	整棵
根茎类和薯芋类	萝卜、胡萝卜、根甜菜、根芹菜、姜、辣根、芜菁、桔梗等	整棵，去除顶部叶及叶柄
	马铃薯，其他薯类	全薯
水生类	水芹、豆瓣菜、茭白、蒲菜等	整棵，去除顶部叶及叶柄
	菱角、芡实等	全果（去壳）
	莲藕、荸荠、慈姑等	整棵
芽菜类，其他类	—	全部
食用菌	—	整棵

表1-5　不同水果样品测定部位要求

水果类别	水果名称	测定部位
柑橘类	橙、橘、柠檬、柚、柑、佛手柑、金橘等	全果
仁果类	苹果、梨、山楂、枇杷、榅桲等	全果（去柄），枇杷参照核果类
核果类	桃、油桃、杏、枣、李子、樱桃等	全果（去柄和果核），残留量计算应计入果核的重量
浆果和其他小型水果	枸杞、黑莓、蓝莓、覆盆子、越橘、加仑子、悬钩子、醋栗、桑葚、唐棣、露莓等	全果（去柄）
	葡萄、树番茄、五味子、猕猴桃、西番莲等	全果
	草莓	全果（去柄）

（续）

水果类别	水果名称	测定部位
热带和亚热带水果	柿子、杨梅、橄榄、无花果、杨桃、莲雾等	全果（去柄），杨梅、橄榄检测果肉部分，残留量计算应计入果核的重量
	荔枝、龙眼、红毛丹等	果肉，残留量计算应计入果核的重量
	杧果、石榴、鳄梨、番荔枝、番石榴、西榴莲、黄皮、山竹等	全果，鳄梨和杧果去除核，山竹测定果肉，残留量计算应计入果核的重量
	香蕉、番木瓜、椰子等	香蕉测定全蕉，番木瓜测定去除果核的所有部分，残留量计算应计入果核的重量，椰子测定椰汁和椰肉
	菠萝、菠萝蜜、榴莲、火龙果等	菠萝、火龙果去除叶冠部分，菠萝蜜、榴莲测定果肉，残留量计算应计入果核的重量
瓜类水果	—	全瓜

表1-6　不同粮油作物测定部位要求

粮油作物类别	粮油作物名称	测定部位
稻类	稻谷	整粒
麦类	小麦、大麦、燕麦、黑麦等	整粒
旱粮类	玉米、高粱、粟、稷、薏仁、荞麦等	整粒、鲜食玉米（包括玉米粒和轴）
杂粮类	绿豆、豌豆、赤豆、小扁豆、鹰嘴豆等	整粒
小型油籽类	油菜籽、芝麻、亚麻籽、芥菜籽等	整粒
其他油料	大豆、花生、棉籽、葵花籽、油茶籽	整粒

　　农产品样品制样量一般为250 g，制备好的农产品分成正样、副样。一般情况正样以A表示，副样以B表示。正样供检测使用，需冷冻保存；副样供复检用。

七、样品保存

　　样品应放入冷藏箱或低温冰箱中保存。冷藏箱或低温冰箱应清洁，无化学药品等污染物。新鲜样品短期保存（1～2 d）可放入冷藏箱，长期保存应放入−16～−20 ℃低温冰箱。冷冻样本解冻后应立即检测，检测时要将样品搅匀后再称样。如果样品分离严重，应重新匀浆。

八、注意事项

　　（1）下雨天不宜在露地采集农产品样品。

　　（2）采样应安排在蔬菜成熟期或蔬菜即将上市前进行。在喷施农药安全间隔期内，不应采样。

　　（3）采样时，样品应为混合样，不能只在某个点位进行采样。不应以个别样品（份样）

或单株、单个个体来代表整批。如大白菜、西瓜等个体较大的样品，不能只抽取一个个体作为样品。

（4）在农贸市场和批发市场采样时，不宜在同一摊位抽齐所有样品，应抽取不同摊位的样品。

（5）农产品制备时，每次制完一个样品要及时清洗制样工具（如砧板、打浆机等），避免样品之间的交叉污染。

（6）采样时应避开病虫害等非正常植株。随机抽取无明显淤伤、腐烂、长菌或其他表面损伤的蔬菜样品。

（7）样品在制备过程中，不能为了使样品便于匀浆而向样品中注水。

（8）在样品制备时应注意，不同蔬菜、不同水果的测定部位不同，如西瓜为全瓜制样，草莓为全果（去柄）制样。

第三节 农田土壤样品的采集与制备

一、农田土壤的定义

土壤是环境的重要组成部分，是人类生存的基础和活动的场所。农田土壤是用于种植各种粮食作物、蔬菜、水果、纤维和糖料作物、油料作物、花卉、药材、草料等的农业用地土壤。

二、农田土壤采样标准

土壤样品的采集和处理是土壤分析工作的一个重要环节。采集有代表性的样品，是如实反映其代表的区域地块客观情况的先决条件。农田土壤的采样标准主要有《农田土壤环境质量监测技术规范》（NY/T 395），无公害食品产地环境认定的土壤、栽培基质采样可参考《无公害食品 产地环境评价准则》（NY/T 5295），绿色食品产地环境认定的土壤、栽培基质采集可参考《绿色食品 产地环境调查、监测与评价规范》（NY/T 1054）。

三、农田土壤样品采集

（一）采样前准备

1. 工具类 土壤样品在采集前应准备好采样工具，根据检测项目采取合适的采样工具。常用的采样工具有3种类型，即小土铲、管形土钻和普通土钻（图1-3）。测量重金属含量的样品时，尽量使用小土铲、木片直接采集样品，或用铁铲、土钻挖掘后用木片刮去与金属采样器接触的部分，再用木片采集样品。

（1）小土铲。在切割的土面上，根据采土深度用土铲采集上下一致的薄片。这种土铲在任何情况下都能使用，但比较费工（图1-4）。

（2）管形土钻。其下部为一圆柱形开口钢管，上部为柄架。根据工作需要，可用不同管径的管形土钻，将土钻钻入土中，在一定的土层深度处取出一均匀土柱。它的取土速度快，又少混杂，特别适用于大面积多点混合样品的采集；但不适用于沙性的土壤或干硬的黏重土壤。

（3）普通土钻。普通土钻使用起来也比较方便，但它只适用于潮湿的土壤，不适用于很干的土壤，同样不适用于沙土。另外，普通土钻容易混杂，也是其缺点之一。

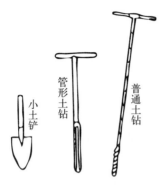

图 1-3 采样工具

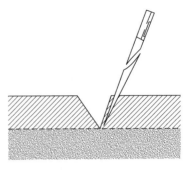

图 1-4 土铲取土

2. 器材及文具类 包括 GPS 定位仪、卷尺、塑料袋、布袋、土壤样品标签（图 1-5）、土壤采样单、记号笔、样品箱等。

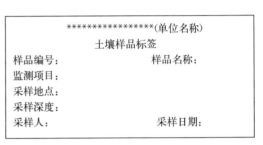

图 1-5 土壤样品标签

（二）现场调查

现场调查是指调查产地环境质量现状、生产与种植情况、区域污染源分布及污染控制措施，兼顾产地自然环境、社会经济、工农业生产及生活等对产地环境质量造成影响的因素。

1. 调查方法 采用收集资料和现场调查相结合的方法进行调查。

2. 调查内容 主要包括：①产地概况，如产地规模、地理位置、地形地貌、土壤状况、种植制度、农业区域布局与周围农业资源等情况；②产地环境状况，如产地自然环境情况，工业、农业及生活污染对产地环境的影响因素，产地周围及水源上游或产地上风方向一定范围内可能存在污染风险的因素等。

（三）采样方法

1. 布点原则 从理论上讲，每个样品的采样点数越多，样品的代表性越强，但是耗费的人力、物力也就越大。在一般情况下，采样点的多少取决于所研究范围的大小、研究对象的复杂程度。研究对象大，范围复杂，采样点数量必将增加。在理想状况下，应使采样点的数量最少，而样品的代表性又最大，使有限的人力、物力效率最大化，即以最少点位数达到目的为好。

采样点不能设在田边、沟边、路边、肥堆边及水土流失严重或表层土被破坏处。

2. 混合土壤的采集 在土壤环境质量监测中，土壤样品采集时一般按照"随机""等量""多点混合"的原则进行采样。"随机"即每一个采样点都是随机决定性的；"等量"是要求每一点采取土样时，深度要一致，采样量要一致；"多点混合"是指一个采样单元内各点所采的土样均匀混合成一个混合样品，以提高样品的代表性。由于土壤本身存在空间分布的不均一性，因此应以地块为单位，多点取样，再混合成一个样品，这样才能更好地代表取样区域土壤性状。组成混合样的分点数应根据采样面积、地形条件和土壤差异性确定。一般情况下，组成混合样的分点数为 5~20 个。农田土壤混合样的采样方法一般可以用对角线法、梅花形法、棋盘式法、蛇形法进行采取（图 1-6）。

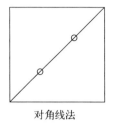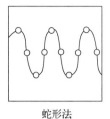

| 对角线法 | 梅花形法 | 棋盘式法 | 蛇形法 |

图 1-6　采样点的布设方法

（1）对角线法。这种方法适用于面积小、地势平坦、污水灌溉的农田土壤。布点方法，是由田块进水口向出水口对角引一直线，再将此对角线三等分，在每等份的中间设一采样点，即每一田块设 3 个采样点。根据调查的目的、田块的面积和地形等条件，可多划几个等份，适当增加采样点。

（2）梅花形法。这种方法适用于面积较小、地势平坦、土壤较均匀的田块。中心点设在两对角线的相交处，一般设 5~10 个采样点。

（3）棋盘式法。这种方法适用于中等面积、地势平坦、地形完整开阔，但土壤较不均匀的田块。一般设 10 个以上的采样点。

（4）蛇形法。这种布点方法适用于面积较大、地势不平坦、土壤不够均匀的田块。此法布设采样点数目较多。

3. 新鲜土壤样品的采集　测定土壤挥发性、半挥发性物质需要采集土壤新鲜样品，新鲜样品必须采集单独样。一般用 250 mL 带有聚四氟乙烯衬垫的采样瓶采样。为了防止样品沾污瓶口，可将硬纸板围成漏斗状，再把样品装入样品瓶中，样品要装满样品瓶，4 ℃以下避光运输和保存。

（四）采样时间

一般土壤（含栽培基质）样品在农产品成熟或收获后与农产品同步采集。科研性监测时，可在不同生育期采样或视研究目的而定。应注意避免在有积水、刚刚施肥、刚刚喷施农药以及北方冻土季节的农用田块采集土壤样品。

（五）采样深度及采样量

1. 蔬菜、粮油作物　每个点位采 0~20 cm 耕作层土壤，各点位混匀后取 1 kg。

2. 林果类　每个点位采集 0~60 cm 耕作层土壤，各点位混匀后取 1 kg。

3. 食用菌栽培基质　随机抽取食用菌栽培基质作为基质样品，每个样品不少于 1 kg。

四分法取土样（图 1-7）：将采集的土壤放在盘子里或塑料布上，弄碎混匀，铺成正方形，沿对角线将土壤划分成 4 份。把对角的两份合并成一份，保留一份，去除一份。如果所得样品依然很多，可再用四分法处理，直至所需数量为止。

新鲜样品要求采集单独样，装入 250 mL 采样瓶内装满盖紧（或用容积更小的专用瓶装满）。

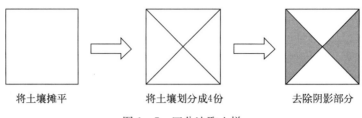

图1-7 四分法取土样

四、样品运输与交接

样品运输过程中最好使用样品箱，严防样品损失、混淆或污染，并由采样人员送至实验室与样品管理员进行交接。样品交接时，采样人员与样品管理员应逐件与采样记录表、样品标签进行核对，确保准确无误。

五、样品制备

（一）制样场所

制样场所应设有土壤样品风干室、磨样室，房间应向阳（严防阳光直射土样）、通风、整洁、无扬尘、无易挥发物质。

（二）工具和容器

（1）晾干用的白色搪瓷盘及木盘。

（2）磨样用的玛瑙研磨机、玛瑙研钵、木滚、木棒、木槌。

（3）过筛用的尼龙筛，规格0.25～0.147 mm（60～100目*）。

（4）分装样品的具塞磨口玻璃瓶、具塞无色聚乙烯塑料瓶、塑料袋，规格视量而定。应避免使用含有待测组分或对测试有干扰的材料制成的容器盛装样品。

（三）样品制备过程

1. 样品风干 将样品于阴凉、通风且无阳光直射的房间内，将湿样放置于晾样盘中，除去土壤中混杂的砖瓦、石块和植物残体等杂质。将样品平铺于晾土架、油布、牛皮纸或塑料布上，摊成2～3 cm的薄层，经常翻动自然风干。风干供微量元素分析用的土壤样品时，要特别注意不能用含铅的旧报纸或含铁的器皿衬垫。当土壤样品达到半干状态时，需将大土块（尤其是黏性土壤）捏碎，以免完全风干后土壤结成硬块，不易压碎。此外，土壤样品的风干场所要求能防止酸、碱等气体及灰尘污染。

2. 磨碎与过筛

（1）样品粗磨。将风干样品用木槌、木棒再次压碎，全部过0.841 mm（20目）筛。过筛后的样品全部置于有机玻璃板上混匀。粗磨的样品用四分法一式两份，一份用于样品的细

---

* 目为非法定计量单位。

磨，一份直接用于 pH、土壤阳离子交换量、土壤速测养分含量、元素有效性含量分析。每次分取的土壤样品需全部通过筛孔，绝不允许将难以磨细的粗粒部分弃去；否则，将造成样品组成改变，从而失去原有的代表性。

（2）样品细磨。样品进行细磨时，根据检测参数的需要，将经过粗磨的样品全部通过 0.25 mm（60 目）或 0.147 mm（100 目）尼龙筛（表 1-7）。应该注意的是，供微量金属元素测定的土壤样品，要用尼龙筛子过筛，而不能使用金属筛子，以免污染样品。

0.25 mm（60 目）土样：用于农药或土壤有机质、土壤全氮量分析。

0.147 mm（100 目）土样：用于土壤元素全量分析。

表 1-7　孔径目数对照

筛号（网目）	10	20	40	60	80	100	120	140	200
筛孔直径（mm）	2.00	0.841	0.42	0.25	0.177	0.147	0.125	0.105	0.075

六、样品保存

经过研磨混匀后的样品，置于样品瓶或样品袋中。玻璃材质容器是常用的优质储存器，该类储存器性能良好，价格便宜，不易破损。但该容器不适合放有机物污染的土壤，有机物污染的土壤储存器可选用带有磨口的玻璃瓶。目前，有机物污染的土壤常放于广口塑料瓶或塑料封口袋中。对需要保存的土壤样品，要依据待测组分性质选择保存方法。

（一）风干土样

风干土样应存放于干燥、通风、无阳光直射、无污染的样品库内。在保存期内，应定期检查样品存储状况，防止鼠害和土壤标签脱落等。

（二）新鲜土样

某些土壤的成分（如二价铁、硝态氮等）在风干过程中会发生显著变化，必须用新鲜样品进行分析。新鲜样品一般不宜储存，如需暂时储存，可将新鲜样品装入布袋，扎紧袋口，放在冰箱冷藏室或进行速冻固定保存。用于测定挥发性和不稳定性组分的新鲜土样，将其放在玻璃瓶中，置于低于 4 ℃ 的冰箱内存放。

七、注意事项

（1）土壤采样应为多点土壤样品的混合样，不应只在一个点位进行样品采集。每个采样点的取土深度及采样量应均匀一致，有植物生长的点位要首先除去植物及其根系。采样现场要剔除砾石等异物。

（2）土壤的采样点不宜设在田边、沟边、路边或肥堆边。

（3）测量重金属的土壤样品，尽量用竹铲、竹片直接采取样品，或用铁铲、土钻挖掘后，用竹片刮去与金属采样器接触的部分。

（4）每处理完一个样品应擦拭干净制样所用工具，严防交叉污染。

（5）风干（烘干）、磨细、分装过程中，样品编码必须始终保持一致。

第四节　农灌水样品的采集

一、农灌水定义

农灌水，是指以地表水、地下水、处理后的城市污水及与城市污水水质相近的工业废水作为水源的农田灌溉用水。

二、农灌水样品采样标准

农灌水的采集和保存是水质分析的重要环节之一，采集的水样必须具有代表性。在保存过程中，要保证水样不受任何意外的污染。农灌水采样的相关标准主要有《农用水源环境质量监测技术规范》（NY/T 396）。

三、农灌水样品采集

（一）采样准备

1. 采样容器

（1）容器的选择。采集水样的容器应选择化学稳定性好，不会溶出待测组分，器壁对被测成分吸附少和抗挤压的材料，如聚乙烯塑料或硬质玻璃。目前，盛水容器一般由聚四氟乙烯、聚乙烯、石英玻璃和硼硅玻璃等材质制成。通常，塑料容器用于盛放金属、放射性元素和其他无机物的水样溶液；硬质玻璃容器用于盛放有机物和生物类等的水样溶液。

（2）容器清洗。按水样待测组分的要求来确定容器的清洗方法。采样瓶启用前，应先用自来水刷洗，再用硝酸浸泡。尽可能先除去原来沾污的物质，然后再用蒸馏水漂洗干净。测总汞水样的容器，用硝酸（$V_{硝酸}：V_{水}＝1：3$）充分荡洗后放置数小时，然后依次用自来水和蒸馏水漂洗干净。测铬水样的容器只能用10%硝酸泡洗，然后依次用自来水和蒸馏水漂洗干净。在采集水样时，还需用待测水样洗涤容器2～3次。

（3）容器体积。采集的水样量应满足分析的需要，并应考虑重复测试所需要的水样量和留作备份测试的水样量。每个分析方法，一般都会对相应监测项目的用水体积提出明确的要求。采集水样的容器容积一般为1 L。

2. 采样物品

（1）仪器类，如pH计、水温计等。

（2）样品保存试剂及玻璃量器，酸、碱等化学试剂（如硝酸、盐酸、硫酸，氢氧化钠等），移液器，洗耳球，pH试纸等。

（3）样品运输物品，如木箱、冰袋等。

（4）农灌水采样单、样品标签（图1-8）等。

（二）现场调查

在进行水样采集前，应重点了解该地区农业的生产情况，如农作物种类、产量、农药和化肥的施用量等；调查区域农用水源的分布、农用水源的利用情况；了解污染源的分布、影

******************（单位名称）
农灌水样品标签
样品编号：　　　　样品名称：
监测项目：
采样地点：
保存剂及数量：
采样人：　　　　采样日期：

图1-8　农灌水样品标签

响及水源污染情况等。

（三）布点原则和数量

1. 地下水水源监测点布点方法　用于灌溉农田的地下水，一般在机井的出水口设置一个监测点。

2. 农田灌溉渠系水源或河流、湖泊、水库（塘）水源　一般在灌区进水口布设1个监测点。

3. 污（废）水排放沟渠水源　在污（废）水排放沟渠上、中、下游的排污口各布设一个监测点。

（四）采样方法

农灌水样品一般采集瞬时水样。采集水样前，应先用水样洗涤取样瓶和塞子2～3次。对于地下水源样品取样，应先开机放水数分钟，使积留在管道中的杂质和陈旧水排出，然后取样。对于使用农田灌溉渠系水源或河流、湖泊、水库（塘）水源进行灌溉的，则一般在灌区进水口处采集水样。

农灌水采集完成后，应根据不同的检测项目分装于不同容器中，并加入适当的保护剂。

（五）采样时间

农灌水一般在农作物生长过程的主要用水期采样。

（六）采样量

水样的采集量由监测项目决定，不同分析检测项目一般都会对采样体积提出明确的要求。测量水中的重金属，一般采样1 L左右。

四、样品保存

农灌水样品从采集到分析测定这段时间，由于环境条件的改变、微生物新陈代谢活动和化学作用的影响，会产生某些物理参数及化学组分的变化。不能及时运输或尽快分析时，则应根据不同监测项目的要求，将样品放在性能稳定材料制作的容器中。水样的保存方法如下：

（一）冷藏或冷冻法

冷藏或冷冻的作用是抑制微生物活动，减缓物理挥发和化学反应速度。冷藏温度一般为2～5℃，冷藏不能长期保存水样，只能短期保存；冷冻温度为－20℃，冷冻时不能将水样充满整个容器。通过冷藏或冷冻的水样，适用的检测项目有酸碱度、有机磷、生化需氧量（BOD）等。

（二）加入化学试剂保存法

在水样中加入合适的保存试剂能够抑制微生物活动，减缓氧化还原反应的发生。加入的方法可以是在采样后立即加入，也可在水样分样时根据需要分瓶加入，不同的水样、同一水样的不同的监测项目，要求使用的保存试剂不同，保存试剂主要包括生物抑制剂、pH调节剂、氧化剂或还原剂，见表1-8、表1-9。

表1-8 各种保存试剂的应用范围

名称	作用	适用待测项目
$HgCl_2$	细菌抑制剂	各种形式的氮、磷
HNO_3	金属溶剂，防止沉淀	多种金属
H_2SO_4	(1) 细菌抑制剂	有机水样〔化学需氧量（COD）、总有机碳（TOC）、油和油脂〕
	(2) 与碱类形成盐类	氨、胺类
NaOH	与挥发化合物形成盐类	氰化物、有机酸类、酚类

表1-9 水样保存方法和保存期

序号	监测项目	采样体积（mL）	采样容器	保存条件	可保存时间	备注
1	总砷	100	P、G	加入硝酸至 pH<2	7 d	不用硝酸酸化
2	总汞	100	G	加入硝酸至 pH<2	半个月	
3	总铅	1 000	P、G	加入硝酸至 pH<2	6个月	
4	总镉	1 000	P、G	加入硝酸至 pH<2	6个月	
5	铬（六价）	200	P	加氢氧化钠至 pH 8~9		当天测定
6	氰化物	300	P	2~5 ℃冷藏	28 d	
7	氰化物	500	P、G	加氢氧化钠至 pH>12	24 h	
8	氰化物	50	P	2~5 ℃冷藏	28 d	
9	pH	50	P、G	低于水体温度或2~5 ℃冷藏	6 h	最好现场测定
10	化学需氧量	100	P、G	加硫酸至 pH<2，2~5 ℃冷藏	7 d	最好尽快测定
11	石油类	1 000	G（溶剂冲洗容器）	加硫酸至 pH<2，2~5 ℃冷藏	24 h	

注：P——塑料容器；G——硼硅玻璃容器。

一般采用化学法进行水样保存，保存剂可在采样后加入水样中。为避免保存剂在现场被污染，也可在实验室将其预先加入容器内，但易变质的保存剂不能预先加入。

1. 生物抑制剂 例如，在测定氨氮、硝酸盐氮、化学需氧量的水样中加入 $HgCl_2$，可抑制生物的氧化还原作用；对测定酚的水样，用 H_3PO_4 调节 pH 为4时，加入适量 $CuSO_4$，即可抑制苯酚菌的分解活动。

2. pH 调节剂 测定金属离子的水样，常用 HNO_3 酸化 pH 为1~2，既可防止重金属离子水解沉淀，又可避免金属被器壁吸附；测定氰化物或挥发性酚的水样时，加入 NaOH 调节 pH 为12，使之生成稳定的酚盐等。

3. 加入氧化剂或还原剂 例如，测定汞的水样，需加入 HNO_3（至 pH<1）和 $K_2Cr_2O_7$（0.05%），使汞保持高价态；测定硫化物的水样，加入抗坏血酸，可以防止水样被氧化；测定溶解氧的水样，则需加入少量的硫酸锰和碘化钾固定溶解氧（还原）等。

应当注意：加入的保存试剂不能干扰以后的测定。保存试剂的纯度最好是优级纯，还应做相应的空白试验，并对测定结果进行校正。水样的保存期与多种因素有关，如组分的稳定性、浓度、水样的污染程度等。

五、样品运输

水样在运输前，必须逐个与采样记录、样品标签核对。同时，采集的各种水样从采集地至实验室之间有一定的距离，运样样品的这段时间里由于环境作用，水质可能会发生物理、化学和生物等各种变化。为了使这些变化降到最低程度，需要采取必要的保护措施，并尽快将其运送到实验室。同时，还应注意运输过程中盖紧瓶盖。为避免水样在运输过程中因震动、碰撞导致损失或污染，最好将样品瓶装箱，并用泡沫塑料或波纹纸间隔。需要冷藏的样品，应配备专门的隔热容器，放入制冷剂，将样品瓶置于其中。水样存放点要尽量远离热源，不要放在导致水温升高的地方（如汽车发动机旁），避免阳光直射。

六、注意事项

（1）水样 pH 用酸度计在 6 h 内完成测定。

（2）水样检测中不同的检测项目因加入的保护剂不同，水样采集后应及时分装，并加入相应的保护剂。在样品分装和加入保存剂时，应防止操作现场对样品的污染。

（3）水样采集一般采集瞬时样。采集水样前，应先用水样洗涤取样瓶和塞子 2～3 次，同时应先开机放水数分钟，使积留在管道中的杂质和陈旧水排出，然后取样。

（4）测定溶解氧（DO）、生化需氧量、pH 等项目的水样，采样时必须充满，避免残留空气对测定项目的干扰。测定其他项目所用的样品瓶，在采样后至少留出容器体积 10% 的空间，以使分析前样品能充分摇匀。

思 考 题

1. 农产品样品的保存条件是什么？

2. 某质检机构去批发市场采样，共采集大白菜一棵 2.5 kg，结球甘蓝 2 个 2 kg，西瓜 1 个 5 kg，是否符合蔬菜、水果样品的采样技术规范？

3. 农产品进行制备时是否需要将全部样品进行粉碎打浆处理？

4. 某质检机构去生产基地采集蔬菜样品，该基地主要种植樱桃番茄，共有 10 个棚的样品处于成熟期，请问应该如何进行采样才能符合采样技术规范的要求？

5. 样品采集后一般缩分成几份，如何进行缩分？

6. 对于含水量较大的农产品（如西瓜）应如何制样才能符合要求？

7. 农田土壤混合样的采集方法主要有哪些？

8. 采集种植蔬菜和水果的土壤对采样深度的要求有什么不同？为什么？

9. 某生产基地种植的食用菌主要为平菇、香菇、金针菇，应如何采集食用菌栽培基质？

10. 某无公害食品生产基地的主要产品有黄瓜和草莓，监测人员到现场采集土壤样品，共布设 5 个点，他们在每个点位 0～20 cm 处，取土 1 kg，请问这样的土壤样品采集是否正确？

11. 如何制备土壤样品？制备过程中应注意哪些问题？

12. 水培蔬菜的水样如何进行采样？

13. 某质检机构去生产基地采集农灌水样品，计划检测农灌水中重金属和 pH，应如何采样才能符合水质采样技术规范的要求？

14. 测量水中的六价铬时需加入何种保护剂？如何调节酸碱度？

第二章 农药残留分析与检测

第一节 农药基础知识

一、农药概述

农药在防治作物病虫草害、提高农产品产量、保障农产品供给等方面发挥了极为重要的作用。

农药广义上是指用于预防、控制危害农业和林业的病、虫、草、鼠害及其他有害生物，以及有目的地调节植物、昆虫生长的化学合成物质，或者来源于生物、其他天然物质的一种物质或者几种物质的混合物及其制剂。

农药狭义上是指在农业生产中，为保障、促进植物和农作物的成长，所施用的杀虫、杀菌、杀灭有害动物（或杂草）的一类药物统称，特指在农业上用于防治病虫以及调节植物生长、除草等的药剂。

农药种类繁多，截至 2015 年底，全国登记的农药产品为 34 315 个，涉及 2 232 家企业，共 661 个农药有效成分；已禁用 33 种高毒农药。

"十三五"期间，我国支持高效、安全、经济、环境友好的农药新产品发展，加快高污染、高风险产品的替代和淘汰。重点发展针对常发性害虫、难治害虫、地下害虫、外来入侵害虫的杀虫剂和杀线虫剂，适应耕作制度、耕作技术变革的除草剂，果树和蔬菜用新型杀菌剂和病毒抑制剂，积极发展植物生长调节剂和水果保鲜剂，鼓励发展用于小宗作物的农药、生物农药等。

二、农药分类

（一）按照农药的化学成分分类

1. 有机农药 有机农药包括天然有机农药和人工合成农药两大类。

（1）天然有机农药。天然有机农药来自于自然界的有机物，其环境可溶性好，一般对人毒性较低，是目前大力提倡使用的农药。可用于生产无公害农产品、绿色食品和有机农产品，如辣根素、楝素（苦楝、印楝等提取物）、天然除虫菊素（除虫菊科植物提取液）、苦参碱及氧化苦参碱（苦参等提取物）、鱼藤酮类（如毛鱼藤）、蛇床子素（蛇床子提取物）、小檗碱（黄连、黄柏等提取物）、大黄素甲醚（大黄、虎杖等提取物）、植物油（如薄荷油、松树油、香菜油，可用作杀虫剂、杀螨剂、杀真菌剂、发芽抑制剂）和寡聚糖（甲壳素，可用作杀菌剂、植物生长调节剂）等。

（2）人工合成农药。即合成的化学制剂农药，其种类繁多，结构复杂，大多属于高分子化合物；酸碱度多呈中性，多数在强碱或强酸条件下易分解；有些宜现配现用、相互混合使用。人工合成农药主要可分为以下 5 类。

有机杀虫剂：有机磷类、有机氯类、氨基甲酸酯类、拟除虫菊酯类、特异性杀虫剂等。

有机杀螨剂：专一性的含锡有机杀螨剂和不含锡有机杀螨剂。

有机杀菌剂：二硫代氨基甲酸酯类、苯并咪唑类、二甲酰亚胺类、有机磷类、苯基酰胺类、甾醇生物合成抑制剂等。

有机除草剂：苯氧羧酸类、均三氮苯类、取代脲类、氨基甲酸酯类、酰胺类、苯甲酸类、二苯醚类、二硝基苯胺类、有机磷类、磺酰脲类等。

植物生长调节剂：主要有生长素类、赤霉素类、细胞分裂素类等。

2. 无机农药　无机农药是从天然矿物中获得的农药。无机农药来自于自然，环境可溶性好，一般对人毒性较低，是目前大力提倡使用的农药，如石硫合剂、硫黄粉、波尔多液等。无机农药，一般分子质量较小，稳定性差一些，不宜与其他农药混用。

3. 生物农药　生物农药是指利用生物或其代谢产物防治病虫害的产品。

生物农药有很强的专一性，一般只针对某一种或者某类病虫发挥作用，对人无毒或毒性很小，也是目前大力提倡推广的农药，可在生产无公害农产品、绿色食品、有机农产品中使用，包括真菌、细菌、病毒、线虫等及其代谢产物，如苏云金杆菌、白僵菌、昆虫核型多角体病毒、阿维菌素和球形芽孢杆菌等。

生物农药在使用时，活菌农药不宜与杀菌剂以及含重金属的农药混用，尽量避免在阳光强烈时喷用。

（二）按照用途或防治对象分类

1. 杀虫剂　主要用来防治农林、卫生、储粮及畜牧等方面的害虫，是农药中发展最快、用量最大、品种最多的一类农药。

（1）按作用方式分。

胃毒剂：药剂通过昆虫取食而进入消化系统发生作用，使之中毒死亡，如乙酰甲胺磷等。

触杀剂：药剂接触害虫后，通过昆虫的体壁或气门进入体内，使之中毒死亡，如马拉硫磷等。

内吸剂：指由植物根、茎、叶等部位吸收、传导到植株各部位，或由种子吸收后传导到幼苗，并能在植物体内储存一定时间而不妨碍植物生长，且被吸收传导到各部位的药量，足以使为害该部位的害虫中毒致死的药剂，如多菌灵、氧乐果。

熏蒸剂：指施用后，呈气态或气溶胶的生物活性成分，经昆虫气门进入体内引起中毒的杀虫剂，如溴甲烷、磷化氢等。

拒食剂：药剂能够影响害虫的正常生理功能，消除其食欲，使害虫饥饿而死，如印楝素等。

性诱剂：药剂本身无毒或毒效很低，但可以将害虫引诱到一处，便于集中消灭，如棉铃虫性诱剂等。

驱避剂：药剂本身无毒或毒效很低，但由于具有特殊气味或颜色，可以使害虫逃避而不来为害，如樟脑丸、避蚊油等。

不育剂：药剂使用后，可直接干扰或破坏害虫的生殖系统而使害虫不能正常生育，如喜树碱等。

昆虫生长调节剂：药剂可阻碍害虫的正常生理功能，扰乱其正常的生长发育，形成没有生命力或不能繁殖的畸形个体，如除虫脲、灭幼脲、氟虫脲等。

增效剂：这类化合物本身无毒或毒效很低，但与其他杀虫剂混合后能提高防治效果，如增效醚、增效磷、脱叶磷等。

（2）按毒理性质分。

物理性毒剂：如矿物油等。

原生质毒剂：如重金属、砷素剂、氟素剂等。

呼吸毒剂：如磷化氢、硫化氢、鱼藤酮等。

神经毒剂：如有机磷酸酯类、植物性杀虫剂（如烟碱、除虫菊等）、氨基甲酸酯类等。

此外，作为杀虫剂应用的还有活体微生物农药。这类活体微生物农药，主要是指能使害虫致病的真菌、细菌、病毒，经过人工培养，用作农药来防治或消灭害虫，如苏云金杆菌、白僵菌等。

（3）按化学成分分。

有机杀虫剂：① 天然有机杀虫剂，包括植物性杀虫剂，如鱼藤（鱼藤酮）、除虫菊（除虫菊素）、烟草（烟碱）以及矿物油等。② 人工合成杀虫剂，包括有机氯类杀虫剂，如三氯杀螨醇、百菌清、林丹等；有机磷类杀虫剂，如甲胺磷、敌百虫、对硫磷等；氨基甲酸酯类杀虫剂，如涕灭威、克百威等；拟除虫菊酯类杀虫剂，如氯氰菊酯等；有机氮类，如杀螟丹等；新烟碱类，如吡虫啉、啶虫脒；苯甲酰基脲类，如除虫脲、灭幼脲等。③ 生物杀虫剂，包括微生物杀虫剂、生物代谢杀虫剂和动物源杀虫剂，如苏云金杆菌（Bt）、白僵菌等。

无机杀虫剂：如硫黄、砷酸钙、亚砷酸等。

2. 杀螨剂　主要用来防治危害植物的螨类药剂，常被列入杀虫剂来分类（不少杀虫剂对螨类有一定防治效果）。杀螨剂根据其化学成分不同，可分为三大类：

（1）有机氯杀螨剂。如三氯杀螨醇。

（2）有机磷杀螨剂。如哒螨灵（速螨酮、扫螨净）等。

（3）有机锡杀螨剂。如三唑锡、苯丁锡等。

3. 杀菌剂　对植物体内的真菌、细菌或病毒等具有杀灭或抑制作用，用以预防或防治作物的各种病害的药剂，称为杀菌剂。

（1）按化学成分分。

无机杀菌剂：指以天然矿物为原料的杀菌剂和人工合成的无机杀菌剂，如硫铜、石硫合剂。

有机杀菌剂：指人工合成的有机杀菌剂，如腐霉利、多菌灵、异菌脲、三唑酮、代森锰锌等。

生物杀菌剂：包括农用抗生素类杀菌剂和植物源杀菌剂。①农用抗生素类杀菌剂。指在微生物的代谢物中所产生的抑制或杀死其他有害生物的物质，如井冈霉素、春雷霉素、链霉素等。②植物源杀菌剂。指从植物中提取某些杀菌成分，作为保护作物免受病原侵害的药剂，如大蒜素、细辛油、植物凝集素（lectin）等。

（2）按作用方式分。

保护剂：在植物感病前施用，抑制病原孢子萌发，或杀死萌发的病原孢子，防止病原菌侵入植物体内，以保护植物免受危害，如代森锰锌、代森锌、无氯硝基苯等。

治疗剂：在植物感病后施用，这类药剂可通过内吸进入植物体内，传导至未施药部位，抑制病菌在植物体内的扩展或消除其危害，如甲基硫菌灵、多菌灵、三唑酮等。

（3）按使用方法分。可分为 3 类，有些农药可以二者或三者兼有。

土壤处理剂：指通过喷施、浇灌、翻混等方法防治土传病害的药剂，如辛硫磷、五氯硝基苯等。

茎叶处理剂：指主要通过喷雾或喷粉施于作物的杀菌剂，大多数农药均可进行茎叶喷雾。

种子处理剂：指用于处理种子的杀菌剂，主要防治种子传带的病害或者土传病害，如戊唑醇等。

4. 杀线虫剂　指用来防治植物病原线虫的一类农药。施用方法多以土壤处理为主，如复合生物菌类、卤代烃类等。有些杀虫剂也兼有杀线虫的作用，如灭线磷、涕灭威等。

5. 除草剂　用以消灭或控制杂草生长的农药，称为除草剂。可从杀灭方式、作用方式、使用方法、化学成分等方面分类。

（1）按杀灭方式分。

灭生性除草剂（即非选择性除草剂）：指在正常用药量下能将作物和杂草无选择性地全部杀死的除草剂，如甲嘧磺隆、百草枯、草甘膦、草铵膦等。

选择性除草剂：只能杀死杂草而不伤害作物，甚至只杀某一种或某类杂草的除草剂，如敌稗、乙草胺、丁草胺、甲基戊乐灵、氯磺隆等。

（2）按作用方式分。

内吸性除草剂：药剂可被植物根、茎、叶、芽鞘吸收，并在体内传导到其他部位而起作用，如草甘膦、西玛津、甲磺隆、氯磺隆、茅草枯等。

触杀性除草剂：药剂与植物组织（叶、幼芽、根）接触即可发挥作用，药剂并不向他处移动，如百草枯、除草醚等。

（3）按使用方法分。

茎叶处理剂：将除草剂溶液兑水，以细小的雾滴均匀地喷洒在植株上。这种喷洒法所使用的除草剂称为茎叶处理剂，如苯磺隆、草甘膦、氯氟吡氧乙酸、唑草酮等。

土壤处理剂：将除草剂均匀地喷洒到土壤上形成一定厚度的药层，杂草种子的幼芽、幼苗及其根系被接触吸收而起到杀草作用，这种作用的除草剂称为土壤处理剂，如西玛津、扑草净、氟乐灵等，可采用喷雾法、浇洒法、毒土法施用。

茎叶、土壤处理剂：可作茎叶处理，也可作土壤处理，如莠去津、大部分磺酰脲类除草剂（如甲磺隆、绿磺隆、甲嘧磺隆、苄嘧磺隆、氯嘧磺隆、胺苯磺隆、烟嘧磺隆），既能作苗前处理剂，也能作苗后处理剂等。

（4）按化学成分分。

酰胺类除草剂：该类产品是目前玉米田最为重要的一类除草剂，可以被杂草芽吸收。在杂草发芽前进行土壤封闭处理，能有效防治一年生禾本科杂草和部分一年生阔叶杂草。该类除草剂品种较多，如乙草胺、甲草胺、丁草胺、异丙甲草胺、异丙草胺等。

三氮苯类除草剂：可以有效防治一年生阔叶杂草和一年生禾本科杂草，以杂草根系吸收为主，也可以被杂草茎叶少量吸收。其代表品种有莠去津、氰草津、西玛津、扑草津等，其中以莠去津使用较多，活性最高，莠去津宜与乙草胺等混用以降低用量，提高除草效果和后茬作物的安全性。

苯氧羧酸类除草剂：代表品种有 2 甲 4 氯钠盐、2，4-滴丁酯。其中 2 甲 4 氯钠盐被广泛用于玉米田苗后防治阔叶杂草和香附子。但此类除草剂使用时期不当易产生药害。

磺酰脲类除草剂:烟嘧磺隆、砜嘧磺隆可以用于防治禾本科杂草、莎草科杂草和部分阔叶杂草;氯吡嘧磺隆在玉米苗后 3～5 叶期,杂草的 3～5 叶期施用。

二硝基苯胺类:包括氟乐灵、二甲戊乐灵、地乐胺等,为选择性触杀型土壤处理剂。

取代脲类:如敌草隆、绿麦隆、利谷隆、伏草隆、异丙隆等,属于选择性传导型除草剂。

其他除草剂:包括酚类、苯甲酸类、二苯醚类、联吡啶类、氨基甲酸酯类、硫代氨基甲酸酯类、有机磷类、苯氧基丙酸酯类、咪唑啉酮类及其他杂环类等。

6. 植物生长调节剂 指人工合成或天然的具有天然植物激素活性的物质。植物生长调节剂种类繁多,其结构、生理效应和用途也各异。按作用方式可分为 4 类。

(1)生长素类。能促进细胞分裂、伸长和分化,延迟器官脱落,形成无籽果实,如吲哚乙酸、吲哚丁酸等。

(2)赤霉素类。主要是能促进细胞生长、促进开花、打破休眠等,如赤霉酸等。

(3)细胞分裂素类。主要是能促进细胞分裂,保持地上部分绿色,延缓衰老,如氯吡脲、6-苄基氨基嘌呤等。

(4)其他。如乙烯释放剂、生长素传导抑制剂、生长延缓剂、生长抑制剂等。

截至 2015 年 6 月,我国登记使用的植物生长调节剂有 41 个品种。从功效上来说,它可分为 4 类:第一类是植物生长促进剂,常见的有赤霉素、萘乙酸、芸薹素内酯、乙烯利等;第二类是植物生长延缓剂,如矮壮素、多效唑、氟节胺等;第三类是植物生长抑制剂,如氯苯胺灵、脱落酸、抑芽丹等;第四类是保鲜剂。

目前制剂产品登记前十位为乙烯利、赤霉酸、复硝酚钠、甲哌鎓、多效唑、芸薹素内酯、萘乙酸、噻苯隆、矮壮素和烯效唑。登记使用的植物生长调节剂都有其使用范围和剂量上的规定。

三、植物生长调节剂的应用

使用植物生长调节剂作为高产优质高效农业的一项技术措施,已在全世界得到广泛应用,包括美国、欧盟国家、日本等发达国家,主要应用在部分水果、蔬菜、马铃薯、大豆等作物上,如乙烯利、赤霉酸、萘乙酸、吲哚丁酸、多效唑、矮壮素、氯吡脲、6-苄氨基腺嘌呤(6-BA)等。

例如,我国在黄瓜上登记使用的植物生长调节剂品种主要有噻苯隆、氯吡脲、核苷酸、芸薹素内酯、复硝酚钠、萘乙酸、吲哚丁酸等,主要有促进雌花生长、提高坐果率等作用。

植物生长调节剂也称植物外源激素,其作用与植物体内自身产生的植物内源激素相同或类似。例如:使用芸薹素内酯、吲哚乙酸、S-诱抗素等促进作物生长、增强光合作用、提高抗逆能力;使用多效唑、矮壮素、甲哌鎓等控制或延缓作物营养生长、防止倒伏;使用赤霉酸等保花保果;使用乙烯利促进水果成熟;使用 1-甲基环丙烯保持果蔬、花卉新鲜;使用吲哚丁酸、萘乙酸等促进林木插条生根等。但植物生长调节剂与动物激素完全不同,对人体生长发育无影响。

（一）植物生长调节剂的管理

我国已制定了 12 种植物生长调节剂在 47 种农产品中的 73 项最大残留限量标准，并将植物生长调节剂残留列入了农产品质量安全例行监测和风险评估范围，对植物生长调节剂使用后的安全性实施监测和跟踪评估，以确保农产品质量安全。从农业部监测评估情况看，收获期农产品中残留有植物生长调节剂的样品仅为极个别，即便个别有检出，残留量也在检测限附近，远远低于食品安全国家标准残留限量值。其使用有一定的技术要求。在正常使用条件下，可以促进果实增大、早熟、提高产量。但是，如果过量使用或使用时期不当，可以引起果实畸形、裂果、掉果等药害现象。为了保障人体健康，联合国粮农组织、世界卫生组织建立了农药安全评价规范和准则，欧美发达国家建立了一套严格的风险评估制度。我国根据国际准则，在借鉴发达国家经验的基础上，建立了较为完善的农药安全评价体系。美国、日本等许多发达国家将其列入不需要进行毒性管理物质清单，其残留不需要制定安全限量标准，目前还没有科学的证据表明其会对人体健康产生危害。

（二）植物生长调节剂的用量

植物生长调节剂毒性低、用量小、易降解，只要按照国家规定的使用时期和使用量应用，不存在残留超标的问题，更不会在人体内累积。使用均在花期和坐果初期，离采收的间隔时间较长，一般在成熟、收获的农产品中的残留量很低。多年来的检测结果显示，我国从未出现过植物生长调节剂残留超标的现象。

1. 关于膨大剂　近年来，"膨大剂"等传言，让农产品质量安全问题变得异常敏感，造成消费者完全不必要的恐慌。与此同时，一些不法分子道听途说，甚至有意散布虚假的农产品质量安全问题谣言，让菜农、果农经济受损，让广大消费者疑虑重重，甚至不敢轻易购买。

膨大剂又称为膨大素、果实膨大剂，主要成分一般为 6-苄氨基腺嘌呤（6-BA）、氯吡脲（吡效隆，KT-30）、己酸二乙氨基乙醇酯（DA-6 胺鲜酯）或其他物质与其复配的复配制剂，是一种新型高效植物生长调节剂。膨大素的主要作用是通过将植物的营养生长向生殖生长的逐步转化，加强细胞分裂，增加细胞数量，加速蛋白质的合成，促进器官形成。膨大剂可提高花粉可孕性，增加果实数量，提高产量，改善作物品质，提高商品性；诱导单性结实，刺激子房膨大，防止疏花疏果和落花落果，促进蛋白质合成，提高含糖量等。氯吡脲、赤霉酸在我国属于登记允许使用的农药品种。我国在批准农药登记时，在农药标签上规定了用药时期、用药剂量和施用方法，标注了使用范围和安全间隔期。同时，我国还先后制定了《农药合理使用准则》和农药残留标准，指导农药规范使用。大量田间试验证明，膨大剂在合理使用情况下对西瓜品质无明显的不良影响。

2. 关于"瓜裂裂"　江苏一些地方出现"西瓜开裂"现象，中国农业科学院张朝贤研究员认为，这是多种因素综合引起的。首先，与种植的品种有关。2011 年 5 月中旬出现"裂瓜"的西瓜品种名称叫"日本全能冠军"，2010 年刚在当地引进推广，其特点就是皮薄、易裂。其次，是天气因素和西瓜生长特点共同作用的结果。西瓜在经历长时间干旱后，短期内大量吸收水分容易胀裂。2011 年开春以来，江苏干旱较重，在出现"裂瓜"的前后几天，恰逢当地下了大雨，在低洼地、水量多的地方，西瓜过度吸收水分出现"裂瓜"的情况比较多。第三，与膨大剂使用时期不当有关。膨大剂一般应在西瓜雌花开花的当天或花前 $1\sim3$ d，喷在瓜胎上，而且应当按照登记时推荐的用量施用。从江苏一些地方出现的西瓜"裂瓜"情况看，瓜农是在西瓜已经接近成熟、快要上市的时候施用的膨大剂，容易出现"裂瓜"。西瓜"裂瓜"现象仍属个别情况，是生产技术问题，而非质量安全问题，通过加强技术指导可以得到解决。

3. 膨大剂等植物生长调节剂安全吗 《农药管理条例》将植物生长调节剂作为农药进行统一管理。衡量或表示农药急性毒性程度，常用半数致死量（LD_{50}）作为指标。所谓半数致死量，是指杀死一半供试动物所需的药量。凡 LD_{50} 值大者，表示需剂量多，农药的毒性低；反之，则农药的毒性高。农药根据口服半致死量大小，可以将其分为以下 7 类。

（1）特剧毒（极毒）。LD_{50} 为每千克体重小于 1 mg。

（2）剧毒。LD_{50} 为每千克体重 $1\sim50$ mg，如久效磷、磷胺、甲胺磷、对硫磷。

（3）高毒。LD_{50} 为每千克体重 $50\sim100$ mg，如克百威、氰化物、磷化锌、砒霜、敌敌畏。

（4）中毒。LD_{50} 为每千克体重 $100\sim500$ mg，如乐果、速灭威、菊酯类农药。

（5）低毒。LD_{50} 为每千克体重 $500\sim5\,000$ mg，如马拉硫磷、辛硫磷、乙酰甲胺磷、丁草胺、草甘膦。

（6）微毒。LD_{50} 为每千克体重 $5\,000\sim15\,000$ mg，如多菌灵、百菌清、代森锌。

（7）实际无毒。LD_{50} 为每千克体重大于 15 000 mg。

根据各种植物生长调节剂的 LD_{50} 可知，植物生长调节剂的毒性一般为低毒或微毒。因为它是一类调节植物生长发育的化合物，不以杀伤有害生物为目的。植物生长调节剂的残留，是指其毒性及有效成分存在于植物体内和土壤中的量。正常使用情况下，植物生长调节剂进入蔬菜体内会随着新陈代谢的进行逐渐降解，药效慢慢消失。在蔬菜体内的残留量很低，即使有微量的残留，在烹饪过程中也会遭到不同程度的破坏。

不必担心食用经植物生长调节剂处理过的农产品会导致儿童性早熟或其他生理功能障碍问题。植物生长调节剂的作用靶标是植物的细胞、组织和器官，通过与植物受体结合而起作用，这与动物（包括人体）激素的作用靶标（即动物的细胞、组织器官和动物激素受体）是完全不同的。因为人体不存在植物生长调节剂的受体，所以植物生长调节剂不会对人类包括儿童发育造成影响。目前，许多发达国家将膨大剂列入不需要进行毒性管理清单。

因此，植物生长调节剂毒性低，用量小，易降解，只要按照国家规定的使用时期和使用量应用，不存在残留超标的问题，更不会在人体内累积。所以说，不要"谈剂色变"，正确合理使用经过登记的植物生长调节剂不会影响农产品的安全性，相反还能改善品质。

四、农药登记与管理

2017 年 3 月 16 日，国务院令第 677 号公布了新修订的《农药管理条例》，自 2017 年 6 月 1 日起施行。该条例规定：国家实行农药登记制度。农药生产企业、向中国出口农药的企业应当依照《农药管理条例》的规定申请农药登记，新农药研制者依照该条例的规定申请农药登记。国务院农业主管部门所属的负责农药检定工作的机构负责农药登记具体工作。省、自治区、直辖市人民政府农业主管部门所属的负责农药检定工作的机构协助做好本行政区域的农药登记具体工作。国务院农业主管部门组织成立农药登记评审委员会，负责农药登记评审。农药登记评审委员会由下列人员组成：国务院农业、林业、卫生、环境保护、粮食、工业行业管理、安全生产监督管理等有关部门和供销合作总社等单位推荐的农药产品化学、药效、毒理、残留、环境、质量标准和检测等方面的专家；国家食品安全风险评估专家委员会的有关专家；国务院农业、林业、卫生、环境保护、粮食、工业行业管理、安全生产监督管理等有关部门和供销合作总社等单位的代表。

农药登记评审规则由国务院农业主管部门制定。

（一）农药监督管理机构

根据《中华人民共和国质量法》《农药管理条例》和《化学危险品管理条例》的有关规定，涉及农药监督管理的机构及其职能如下：

农业行政主管部门——负责农药登记、农药经营、农药使用和农药广告内容的审查等。

经济贸易主管部门——负责审批"开办农药生产企业"和"生产尚未制定国家标准或行业标准的农药生产批准文件"。

质量技术监督管理部门——负责农药产品质量、农药产品企业标准的监督管理和审批发放有国家标准或行业标准的农药生产许可证。

公安部门——负责农药中化学危险品的监督管理。

（二）农药登记基本知识

1. 农药登记管理范围　凡在中国境内生产（包括原药生产、复配、制剂加式和分装）、销售的农药，均属农药登记管理范围。

2. 农药登记阶段及登记种类　根据 2017 年 4 月发布的《中华人民共和国农药管理条例实施办法》规定，我国对农药的登记管理有农药登记阶段和农药登记种类之分。

农药登记阶段有田间试验、临时登记、正式登记 3 个阶段。农药临时登记、正式登记有效期满后，可申请续展登记。

农药登记种类有新农药登记、特殊新农药登记、新制剂登记、新使用范围和方法登记、相同产品登记、分装产品登记、特殊需要农药登记等 7 类。

（1）农药登记阶段。

田间试验阶段：开展田间试验涉及人畜和环境的安全性以及产品的有效性等问题，因此，一个产品试验前必须申请"试验许可"。

申请田间试验须提交有关资料。登记资料经省级药检所初审（境外产品除外）、农业部农药检定所审查通过后，发给"农药田间试验批准证书"。

申请者取得"农药田间试验批准证书"，进行农药药效、残留、环境生态等试验的时期称为田间试验阶段。

临时登记阶段：田间试验后，需要进行示范试验（面积超过 10 hm^2）、试销以及特殊情况下需要使用的农药，其生产者须申请"临时登记"。

根据有关的规定，申请者需提交临时登记所需资料。登记资料经省级药检所初审后（境外产品除外），向农业部农药检定所提出临时登记申请。农业部农药检定所进行综合评价，经农药临时登记评审委员会评审，评审通过的发给"农药临时登记证"。

正式登记：经过示范试验、试销可以作为正式商品流通的农药，其生产者须向农业部农药检定所提出正式登记申请，经国务院农业、化工、卫生、环境保护部门和全国供销合作总社审查并签署意见后，由农药登记评审委员会进行综合评价，评审通过的发给"农药登记证"。农药登记证应当载明农药名称、剂型、有效成分及其含量、毒性、使用范围、使用方法和剂量、登记证持有人、登记证号以及有效期等事项。农药登记证有效期为 5 年。

续展登记：农药临时登记证、农药登记证到期需申请办理"续展登记"。"续展登记"应当在登记证有效期满前 1 个月提出申请，并提交有关资料。农业部农药检定所评审通过的，发给"农药临时登记证"。登记证有效期满后提出申请的，须重新办理登记手续。临时登记有效期累计不得超过 4 年。

（2）农药登记种类。

新农药登记：新农药登记是指含有的有效成分尚未在我国批准登记的国内外农药原药及其制剂的登记。应注意：新农药是指农药产品中的有效成分而言；新农药没有国内的和国外的新农药之分；新农药原药和制剂必须同时进行申请登记。

特殊新农药登记：特殊新农药登记是指卫生杀虫剂、杀鼠剂、生物化学农药、微生物农药、转基因生物、天敌生物等新产品的登记。由于此类农药的生产或使用等与常规的农药有一定的特殊性，因此称为"特殊新农药"。由于其具有特殊性，因此在农药登记资料要求上有所不同。

新制剂登记：新制剂登记又分为新剂型登记、新含量登记、新混配制剂登记、新药肥混配制剂登记。

3. 农药登记相关术语

（1）原药。指在生产过程中得到的由有效成分及有关杂质组成的产品，必要时可加入少量的添加剂。

（2）母药。指在生产过程中得到的由有效成分及有关杂质组成的产品，可能含有少量必需的添加剂和适当的稀释剂。

（3）制剂。指由农药原药（或母药）和适宜的助剂加工成的，或由生物发酵、植物提取等方法加工而成的状态稳定的农药产品。

（4）有效成分。指农药产品中具有生物活性的特定化学结构成分或生物体。

（5）杂质和相关杂质。杂质是指农药产品在生产和储存过程中产生的副产物；相关杂质是指与农药有效成分相比，农药产品在生产或储存过程中所含有或产生的对人类和环境具有明显的毒害，或对适用作物产生药害，或引起农产品污染，或影响农药产品质量稳定性，或引起其他不良影响的杂质。

（6）助剂。指除有效成分以外，任何被添加在农药产品中，本身不具有农药活性和有效成分功能，但能够或者有助于提高、改善农药产品理化性能的单一组分或者多个组分的物质。

（三）农药禁限用管理措施

《中华人民共和国食品安全法》第四十九条规定：禁止将剧毒、高毒农药用于蔬菜、瓜果、茶叶和中草药材等国家规定的农作物；第一百二十三条规定：违法使用剧毒、高毒农药的，除依照有关法律、法规规定给予处罚外，可以由公安机关依照规定给予拘留。

1. 截至 2013 年 5 月全面禁止使用的农药（23 种） 2005 年 3 月农业部第 199 号公告全面禁止使用六六六、滴滴涕、毒杀芬、二溴氯丙烷、杀虫脒、二溴乙烷（EDB）、除草醚、艾氏剂、狄氏剂、汞制剂、砷类、铅类、敌枯双、氟乙酰胺、甘氟、毒鼠强、氟乙酸钠、毒鼠硅。

2013 年 5 月农业部第 274 号公告全面禁止使用：甲胺磷、甲基对硫磷、对硫磷、久效磷和磷胺等 5 种高毒农药。

2. 截至 2013 年 5 月限制使用的农药（18 种） 2002 年 4 月农业部第 194 号公告禁止氧乐果在甘蓝上使用，禁止特丁硫磷在甘蔗上使用。

2005 年 3 月农业部第 199 号公告禁止在蔬菜、果树、茶叶、中草药材上使用的农药有甲拌磷、甲基异柳磷、特丁硫磷、甲基硫环磷、治螟磷、内吸磷、克百威、涕灭威、灭线磷、硫环磷、蝇毒磷、地虫硫磷、氯唑磷、苯线磷。

农业部第 199 号公告规定，三氯杀螨醇、氰戊菊酯禁止在茶树上使用。

农业部第 274 号公告规定，丁酰肼（daminozide）禁止在花生上使用。

3. 2013 年 12 月农业部第 2032 号公告决定采取进一步禁限用管理措施的农药 自 2013 年 12 月 31 日起撤销氯磺隆（包括原药、单剂和复配制剂，下同）的农药登记证，自 2015 年 12 月 31 日起禁止氯磺隆在国内销售和使用。

自 2013 年 12 月 31 日起撤销胺苯磺隆单剂产品登记证，自 2015 年 12 月 31 日起禁止胺苯磺隆单剂产品在国内销售和使用；自 2015 年 7 月 1 日起撤销胺苯磺隆原药和复配制剂产品登记证，自 2017 年 7 月 1 日起禁止胺苯磺隆复配制剂产品在国内销售和使用。

自 2013 年 12 月 31 日起撤销甲磺隆单剂产品登记证，自 2015 年 12 月 31 日起禁止甲磺隆单剂产品在国内销售和使用；自 2015 年 7 月 1 日起撤销甲磺隆原药和复配制剂产品登记证，自 2017 年 7 月 1 日起禁止甲磺隆复配制剂产品在国内销售和使用。

自 2013 年 12 月 9 日起停止受理福美肿和福美甲肿的农药登记申请，停止批准福美肿和福美甲肿的新增农药登记证；自 2013 年 12 月 31 日起撤销福美肿和福美甲肿的农药登记证，自 2015 年 12 月 31 日起禁止福美肿和福美甲肿在国内销售和使用。

自 2013 年 12 月 9 日起停止受理毒死蜱和三唑磷在蔬菜上的登记申请，停止批准毒死蜱和三唑磷在蔬菜上的新增登记；自 2014 年 12 月 31 日起撤销毒死蜱和三唑磷在蔬菜上的登记，自 2016 年 12 月 31 日起禁止毒死蜱和三唑磷在蔬菜上使用。

4. 截至 2016 年底国家禁用和限用的农药名录

（1）禁止生产销售和使用的农药名单。六六六、滴滴涕、毒杀芬、二溴氯丙烷、杀虫脒、二溴乙烷、除草醚、艾氏剂、狄氏剂、汞制剂、砷类、铅类、敌枯双、氟乙酰胺、甘氟、毒鼠强、氟乙酸钠、毒鼠硅、甲胺磷、甲基对硫磷、对硫磷、久效磷、磷胺、苯线磷、地虫硫磷、甲基硫环磷、磷化钙、磷化镁、磷化锌、硫线磷、蝇毒磷、治螟磷、特丁硫磷、氯磺隆、福美肿、福美甲肿、胺苯磺隆单剂、甲磺隆单剂（38 种）。

百草枯水剂（自 2016 年 7 月 1 日起停止在国内销售和使用）。

胺苯磺隆复配制剂、甲磺隆复配制剂（自 2017 年 7 月 1 日起禁止在国内销售和使用）。

（2）限制使用的 19 种农药见表 2-1。

表 2-1 限制使用的 19 种农药

中文通用名	禁止使用范围	中文通用名	禁止使用范围
甲拌磷、甲基异柳磷、内吸磷、克百威、涕灭威、灭线磷、硫环磷、氯唑磷	蔬菜、果树、茶树、中草药材	氧乐果	甘蓝、柑橘树
水胺硫磷	柑橘树	三氯杀螨醇	茶树
灭多威	柑橘树、苹果树、茶树、十字花科蔬菜	氰戊菊酯	茶树
硫丹	苹果树、茶树	丁酰肼（比久）	花生
氟虫腈	除卫生用、玉米等部分旱田种子包衣剂外的其他用途	毒死蜱、三唑磷	自 2016 年 12 月 31 日起，禁止在蔬菜上使用
溴甲烷	草莓、黄瓜		

5. 2017 年国家征求硫丹等 5 种农药禁限用管理措施意见　2017 年 5 月 12 日，农业部发布《农业部办公厅关于征求硫丹等 5 种农药禁限用管理措施意见的函》，就对硫丹、溴甲烷、乙酰甲胺磷、丁硫克百威、乐果 5 种农药采取一系列禁限用管理措施征求意见。以下为具体内容：

根据《中华人民共和国食品安全法》《农药管理条例》有关规定以及《关于持久性有机污染物的斯德哥尔摩公约》《关于消耗臭氧层物质的蒙特利尔议定书（哥本哈根修正案）》履约要求，农业部拟对硫丹、溴甲烷、乙酰甲胺磷、丁硫克百威、乐果等 5 种农药采取以下管理措施。

（1）自 2018 年 7 月 1 日起，撤销所有硫丹产品的农药登记证；自 2019 年 3 月 27 日起，禁止所有硫丹产品在农业上使用。

（2）自 2018 年 7 月 1 日起，撤销溴甲烷产品的农药登记证；自 2019 年 1 月 1 日起，禁止溴甲烷产品在农业上使用。

（3）自 2017 年 7 月 1 日起，撤销乙酰甲胺磷、丁硫克百威、乐果（包括单剂、复配制剂，下同）用于蔬菜、瓜果、茶叶作物的农药登记证，不再受理、批准乙酰甲胺磷、丁硫克百威、乐果用于蔬菜、瓜果、茶叶、菌类和中草药材作物的农药登记申请；自 2019 年 7 月 1 日起，禁止乙酰甲胺磷、丁硫克百威、乐果在蔬菜、瓜果、茶叶、菌类和中草药材作物上使用。

（四）推荐使用的高效、低毒农药品种

随着国家对高毒农药管理力度的不断加大，为了让相关生产企业能在转产后更能适应市场需求，并更好地指导农民对农药使用的有效性，农业部农药主管部门推荐了一批在果树、蔬菜、茶叶上使用的高效、低毒农药品种，这些品种涵盖农业生产中防治病虫害的整体性，有杀虫、杀螨、杀菌 3 个类别，以高效、低毒、环保为选择方向。

1. 生物制剂和天然物质　苏云金杆菌、甜菜夜蛾核多角体病毒、银纹夜蛾核多角体病毒、小菜蛾颗粒体病毒、茶尺蠖核多角体病毒、棉铃虫核多角体病毒、苦参碱、印楝素、烟碱、鱼藤酮、苦皮藤素、阿维菌素、多杀霉素、浏阳霉素、白僵菌、除虫菊素、硫黄悬浮剂。

2. 合成制剂　溴氰菊酯、氟氯氰菊酯、氯氟氰菊酯、氯氰菊酯、联苯菊酯、氰戊菊酯、甲氰菊酯、氟丙菊酯、硫双威、抗蚜威、异丙威、速灭威、辛硫磷、毒死蜱、敌百虫、敌敌畏、马拉硫磷、三唑磷、杀螟硫磷、倍硫磷、丙溴磷、二嗪磷、亚胺硫磷、灭幼脲、氟啶脲、氟铃脲、氟虫脲、除虫脲、噻嗪酮、抑食肼、虫酰肼、哒螨灵、四螨嗪、唑螨酯、三唑锡、炔螨特、噻螨酮、苯丁锡、单甲脒、双甲脒、杀虫单、杀虫双、杀螟丹、甲氨基阿维菌素、啶虫脒、吡虫脒、灭蝇胺、氟虫腈、溴虫腈、丁醚脲（其中，茶叶上不能使用氰戊菊酯、甲氰菊酯、乙酰甲胺磷、噻嗪酮、哒螨灵）。

无机杀菌剂：碱式硫酸铜、王铜、氢氧化铜、氧化亚铜、石硫合剂。

合成杀菌剂：代森锌、代森锰锌、福美双、乙膦铝、多菌灵、甲基硫菌灵、噻菌灵、百菌清、三唑酮、三唑醇、烯唑醇、戊唑醇、己唑醇、腈菌唑、乙霉威·硫菌灵、腐霉利、异菌脲、霜霉威、烯酰吗啉·锰锌、霜脲氰·锰锌、邻烯丙基苯酚、嘧霉胺、氟吗啉、盐酸吗啉胍、噁霉灵、噻菌铜、咪鲜胺、咪鲜胺锰盐、抑霉唑、氨基寡糖素、甲霜灵·锰锌、亚胺唑、春·王铜、噁唑烷酮·锰锌、脂肪酸铜、松脂酸铜、腈嘧菌酯。

3. 生物制剂　井冈霉素、农抗 120、菇类蛋白多糖、春雷霉素、多抗霉素、宁南霉素、木霉菌、农用链霉素。

在向广大农民推荐使用农药品种的同时，我国也出台相关措施缓解农药企业生存压力。国家将通过有关政策，如设立专项资金用于高毒农药替代品种的开发、增加高毒品种的税收、减免替代品种的税收等措施，通过多个管理部门的协调配合予以实施。高毒农药替代品种将逐渐扩大市场占有份额，确保高毒农药品种逐步消减而不会对我国农业生产带来大的负面影响。

削减和淘汰高毒农药，对农药生产企业来说，是一个重大挑战。许多生产企业面临着停产和转产，但同时也给我国农药工业带来新的机遇。如果企业能够尽早进行结构调整，将在市场上占有一定先机，在农药市场重新洗牌的过程中可能脱颖而出。

第二节　农药残留分析概述

一、农药残留及相关概念

农药残留：指农药使用后残存于生物体、农副产品和环境中的微量农药原体、有毒代谢物、降解物和杂质的总称。以每千克农产品中农药残留的毫克数表示（mg/kg）。

最大残留限量（maximum residue limit，MRL）：指在农畜产品中农药残留的法定最高允许浓度，以每千克农畜产品中农药残留的毫克数表示（mg/kg），也称允许残留量（tolerance）。最大残留限量是按照良好农业规范（GAP）根据农药标签上规定的施药剂量和方法使用农药后，在食物中残留的最大浓度，其数值必须是毒理学上可以接受的，最后由政府部门按法规公布。

再残留限量（EMRL）：指一些持久性农药虽然已禁用，但还长期存在于环境中，从而再次在食品中形成残留，为控制这类农药残留物对食品的污染而制定其在食品中的残留限量。

每日允许摄入量（acceptable daily intake，ADI）：指人类终生每日摄入某物质，而不产生可检测到的危害健康的估计量，以每千克体重可摄入的量表示（mg/kg）。

急性参考剂量（acute reference dose，ARfD）：指人类在 24 h 或更短的时间内，通过膳食或饮水摄入某物质，而不产生可检测到的危害健康的估计量，以每千克体重可摄入的量表示（mg/kg）。

农药残留毒性可分为急性毒性和慢性毒性。急性毒性：一次服用或接触药剂而表现出的毒性，以致死中量（LD_{50}）或致死中浓度（LC_{50}）表示。致死中量（LD_{50}）或致死中浓度（LC_{50}）是指使受试动物产生急性中毒死亡 50％时所需要的剂量或浓度。致死中量的数值越大，毒性就越小；数值越小，毒性就越大。慢性毒性：农药在人畜体内的慢性累积性毒性和"三致"作用（致畸、致癌、致突变）。

风险评估（risk assessment）：指对人类由于接触危险物质而对健康具有已知或可能的严重不良作用的科学评估，包括危害确认、危害特征描述、暴露评估和风险表述。

食品（包括食用农产品）中农药残留风险评估：指通过分析农药毒理学和残留化学试验结果，根据消费者膳食结构，对因膳食摄入农药残留产生健康风险的可能性及程度进行科学评价。

二、最大残留限量制定程序及 GB 2763 限量标准

（一）我国最大残留限量制定的一般程序

1. 确定规范残留试验中值（STMR）和最高残留值（HR） 按照《农药登记资料规定》和《农药残留试验准则》（NY/T 788）的要求，在农药使用的良好农业规范条件下进行规范残留试验，根据残留试验结果确定规范残留试验中值（STMR）和最高残留值（HR）。

2. 确定每日允许摄入量（ADI）和/或急性参考剂量（ARfD） 根据毒物代谢动力学和毒理学评价结果，制定每日允许摄入量。对于有急性毒性作用的农药，制定急性参考剂量。

3. 推荐农药最大残留限量 根据规范残留试验数据，确定最大残留水平。依据我国膳食消费数据，估算每日摄入量或短期膳食摄入量，进行膳食摄入风险评估，推荐食品安全国家标准农药最大残留限量（MRL）。

推荐的最大残留限量，低于 10 mg/kg 的保留一位有效数字，高于 10 mg/kg、低于 99 mg/kg 的保留两位有效数字，高于 100 mg/kg 的用 10 的倍数表示。最大残留限量通常设置为 0.01 mg/kg、0.02 mg/kg、0.03 mg/kg、0.05 mg/kg、0.07 mg/kg、0.1 mg/kg、0.2 mg/kg、0.3 mg/kg、0.5 mg/kg、0.7 mg/kg、1 mg/kg、2 mg/kg、3 mg/kg、5 mg/kg、7 mg/kg、10 mg/kg、15 mg/kg、20 mg/kg、25 mg/kg、30 mg/kg、40 mg/kg 和 50 mg/kg。例如，多菌灵在韭菜中的限量为 2 mg/kg；阿维菌素在韭菜中的限量为 0.05 mg/kg；克百威在豇豆中的限量为 0.02 mg/kg。

（二）《食品中农药最大残留限量》（GB 2763—2016）标准及新增内容

GB 2763 是我国强制性食品安全国家标准，是质检机构对食品（含农产品）中农药残留

检测的判定依据。GB 2763 目前最新版本为 2016 版。各版本在科学性、针对性和实用性上都有显著提升，力求用最严谨的标准、最严格的监管、最严厉的处罚、最严肃的问责，为确保人民群众"舌尖上的安全"提供法定的技术依据。

2016 版标准规定了在 284 种（类）食品中 2，4 -滴等 433 种农药 4 140 项最大残留限量，具有以下特点：

1. 扩大了食品种类　新版标准为 284 种（类）食品规定了多种农药的残留限量标准，覆盖了蔬菜、水果、谷物、油料和油脂、糖料、饮料类、调味料、坚果、食用菌、哺乳动物肉类、蛋类、禽内脏和肉类等 12 大类作物或产品。除常规的谷物、蔬菜、水果外，首次制定了果汁、果脯、干制水果等初级加工产品的农药残留限量值，基本覆盖百姓经常消费的食品种类。

2. 覆盖了农业生产常用农药品种　为防治各种病虫害对农作物生长的侵害，我国不同地区、不同农作物生产中经常使用的农药品种大约为 350 个，而新版标准为 387 种农药制定了最大残留限量标准，基本覆盖了常用农药品种，今后覆盖面还会进一步扩大。

3. 重点增加了蔬菜、水果、茶叶等鲜食农产品的限量标准　针对蔬菜、水果、茶叶等鲜食农产品农药残留超标问题，多发、易发问题，新版标准重点规定了鲜食农产品中农药残留限量，为 115 个蔬菜种（类）和 85 个水果种（类）制定了 2 495 项限量标准，比 2012 版增加了 904 项，比 2014 版增加了 490 项。相比 2012 版本新增蔬菜水果限量占总新增限量的67%，其中水果上农药残留限量增加 473 项，蔬菜（包括食用菌）上农药最大残留限量增加431 项。

4. 新版标准基本与国际相关标准接轨　在新发布的标准中，国际食品法典委员会已制定限量标准的有 1 999 项。其中，1 811 项国家标准等同于或严于国际食品法典标准，占总数的 90.6%。在标准制定过程中，所有限量标准都向世界贸易组织（WTO）各成员进行了通报，接受了各成员的评议，并对所提意见给出了科学的、令人信服的解释。

为确保标准的科学性和实用性，农药残留限量标准都是根据农药毒理数据、我国农药残留田间试验数据、我国居民膳食消费数据和国内农产品市场监测数据，经过科学的风险评估后制定的标准。在制定过程中，还广泛征求了社会公众、农产品生产和进出口企业、相关行业协会和相关行业部门的意见。

2016 年 12 月 18 日，国家卫生和计划生育委员会、农业部、国家食品药品监督管理总局联合公告，发布《食品安全国家标准 食品中农药最大残留限量》(GB 2763—2016) 等 107项食品安全国家标准，其中 GB 2763—2016 为通用限量标准，其余 106 项均为农药残留检测方法标准。

那么最新版 GB 2763—2016（以下简称 2016 版）和 GB 2763—2014（以下简称 2014版）有何不同呢？

（1）对原标准中吡草醚、氟唑磺隆、甲咪唑烟酸、氟吡菌胺、克百威、三唑酮和三唑醇7 种农药残留物定义，对敌草快等 5 种农药每日允许摄入量等信息进行了核实修订；修订了敌草快、三环锡等 5 种农药的 ADI 值。

（2）增加了 2，4 -滴异辛酯等 46 种农药；增加了 490 项农药最大残留限量标准。经过对比发现，2016 版新增加的 46 种农药为：2，4 -滴异辛酯、2 甲 4 氯异辛酯、苯嘧磺草胺、苯嗪草酮、吡唑草胺、丙硫多菌灵、除虫菊素、毒草胺、多抗霉素、呋虫胺、氟吡菌酰胺、复硝酚钠、甲磺草胺、井冈霉素、抗倒酯、苦参碱、醚苯磺隆、嘧啶肟草醚、扑草净、嗪草酸甲酯、氰氟虫腙、氰烯菌酯、炔苯酰草胺、噻虫胺、三苯基乙酸锡、三氯吡氧乙酸、杀螺胺乙醇胺盐、莎稗磷、虱螨脲、特丁津、调环酸钙、五氟磺草胺、烯丙苯噻唑、烯肟菌酯、烯效唑、辛菌胺、辛酰溴苯腈、溴氰虫酰胺、唑胺菌酯、唑啉草酯、啶菌噁唑、丁吡吗啉、噁唑酰草胺、甲哌鎓、丁酰肼、唑嘧菌胺。

（3）增加 11 项检测方法标准，删除 10 项检测方法标准，变更 28 项检测方法标准。

增加了 GB 23200.32、GB 23200.37、GB 23200.46、GB 23200.51、GB 23200.54、GB 23200.69、GB 23200.70、GB 23200.74、SN/T 0162、SN/T 0931、SN/T 2229 11 项检测方法标准；删除了 SN 0279、SN 0340、SN 0345、SN 0492、SN 0499、SN 0500、SN 0584、SN 0597、SN 0649、SN/T 0711 10 项检测方法标准；变更的 28 项检测方法标准主要是变更部分标准为 GB 23200 系列食品安全国家标准，同时修正错误，将标准名称中多余的"兽"字去掉。

（4）修改了丙环唑等 8 种农药的英文通用名。修改的 8 种农药为丙环唑、六六六、烯肟菌胺、氯啶菌酯、杀虫双、四氯苯酞、氯氟吡氧乙酸和氯氟吡氧乙酸异辛酯。

（5）将苯噻酰草胺、灭锈胺和代森铵的限量值由临时限量修改为正式限量。

（6）对规范性附录 A 进行了修订，增加了干制蔬菜等 3 种食品名称，修改 1 项作物名称。对附录 A 部分内容的对比发现如下变化：

①将资料性附录修改为规范性附录；②蔬菜（豆类）中的"莱豆"修正为"菜豆"；③水果（核果类）中的"枣"修改为"枣（鲜）"，并增加了"青梅"；④水果（浆果和其他小型水果）中的"露莓"修改为"露莓（包括波森莓和罗甘莓）"；⑤干制水果增加了"枣（干）"；⑥食用菌中的"猴头"修改为"猴头菇"；⑦食品类别名称修改：将"饮料"修改为"饮料类"；⑧增加了"干制蔬菜食品"类别。

（7）增加了规范性附录 B《豁免制定食品中最大残留限量标准的农药名单》。这是我国首次发布豁免制定限量的农药名单，包括苏云金杆菌等 33 种农药。

三、农药残留分析种类和特点

农药残留分析是综合性的学科、技术和方法，属于痕量分析。它涉及的范围广，是比较复杂的分析技术，主要是对农产品和环境样品等待测样品中农药残留进行定性和定量分析。包含已知农药残留的分析和未知农药残留筛查分析等内容。其中一项重要研究工作是建立合适的分析方法，以适应不同农药目标物、不同基质以及高选择性、高灵敏度的要求。

（一）农药残留分析种类

1. 农药单残留分析（single residue method，SRM）　指定量测定样品中一种农药（包括具有毒理学意义的杂质或降解产物），这类方法在农药登记注册的残留试验、制定最大残留限量或在其他特定目的的农药管理和研究中经常应用。

对于某些特殊性质的农药，如不稳定、易挥发，或是两性离子，或几乎不溶于任何溶剂，甚至有些检测目标物结构尚不明确，对于这些农药，只能进行单残留分析，这种测定比较费时，花费较大。

2. 农药多残留分析（multi - residue method，MRM） 指在一次分析中能够对待测样品中多种农药残留同时进行提取、净化、定性和定量分析。

根据分析农药残留的种类不同，还可分为两种：一种是适用于同一类的多种农药残留，称为单类型农药多残留分析，也称为选择性多残留方法（selective MRM），同类型农药的理化性质相似，可以实现同时分析，如有机磷农药多残留分析、磺酰脲除草剂多残留分析等；另一种是适用于不同类型农药残留，也称多类多残留方法（multi - class multi - residue method）。多类多残留方法经常用于管理和研究机构对未知用药历史的样品进行农药残留分析，以及对农产品或环境介质的质量进行监督、评价和判断。

（二）农药残留分析特点

1. 样品中农药的含量很低 每千克样品中仅有毫克（mg/kg）、微克（μg/kg）、纳克（ng/kg）量级的农药，在大气和地表水中农药含量更少，每千克仅有皮克（pg/kg）、飞克（fg/kg）量级。而样品中的干扰物质如脂肪、糖、淀粉、蛋白质、各种色素和无机盐等含量都远远大于农药，决定了农药残留分析方法灵敏度要求很高，对提取、净化等处理要求也很高。

2. 农药品种繁多 目前，在我国经常使用的农药品种多达数百个，各类农药的性质差异很大，有些还需要检测有毒理学意义的降解物、代谢物或者杂质，残留分析方法要根据各类农药目标物的特点而定。

3. 样品种类复杂 有各种农畜产品、土壤、大气、水样等，各类样品中所含水量、脂肪量和糖量均不相同，成分各异，各类农药的处理方法差异很大。

4. 对方法的准确度和精密度有一定要求 对灵敏度要求更高、特异性要好，要求能排除干扰并检出样品中的特定微量农药。

四、农药残留分析过程

农药残留分析的过程可以分为采样（sampling）、试样制备（sample pretreatment）、提取（extraction）、净化（clean - up）、浓缩（concentration）、定性分析、定量分析（analysis）、确证（validation）和数据报告（report）。在这些过程中，还涉及样品的传递、保存及衍生等操作。有时，也将样品的提取、净化、浓缩等环节统称为样品前处理。

（一）预处理

样品前处理是将实际样品转变为实验室分析样品的过程。首先，去除分析时不需要的部分，如果蒂、叶子、黏附的泥土、土壤中的植物体、石块等；然后进行均质化过程，采用匀浆、捣碎等方法，得到具有代表性的、可用于实验室分析的试样，即样品加工或样品制备（sample processing）。

1. 提取 通常是采用振荡、微波、超声波、固相萃取等方法，从试样中分离残留农药的过程。一般是转移到提取液中，此时，很多共提物也随农药一起存在于提取液中。

2. 净化 采用一定的方法，如液液分配萃取、柱层析净化、凝胶渗透色谱（GPC）、分散固相萃取等去除共提物中部分色素、糖类、蛋白质、油脂以及干扰测定的其他物质的过程。在有些农药残留分析中，为了增强残留农药的可提取性或提高分辨率、测定灵敏度，对样品中的农药进行化学衍生化处理，称之为衍生化（derivatization）。衍生化反应改变了化合物性质，为净化方法的优化提供了更多选择，如氨基甲酸酯类农药的检测。

3. 浓缩　在农药残留分析中也是一个比较重要的环节。由于农药残留多是微量或痕量水平，通过浓缩，可以提高检测响应值。常用的浓缩装置有 K－D 浓缩器、旋转蒸发仪、氮气流浓缩器（氮吹仪）等。

（二）分析

农药残留分析中常用的分析方法有气相色谱法、液相色谱法、色谱质谱联用法、薄层色谱法、酶抑制法和酶联免疫法等，还有一些其他方法，如毛细管电泳法等。人们通常把从分析仪器获得的与样品中的农药残留量成比例的信号响应称为检出（detection），把通过参照比较农药标准品的量测算出试样中农药残留的量称为测定（determination）。

（三）报告

结果报告不但是残留分析结果的计算、统计和分析，更是对残留分析方法的准确性、可靠性进行的描述和报告，包括方法重复性、检出限、回收率、线性范围和检测范围等。必要时，还要做方法的不确定度分析，以说明残留分析过程中的质量保证和质量控制。

五、农药残留分析方法的确认（证实或方法验证）

农药残留分析方法确认或方法验证（method validation）是指为了证实一个分析方法能被其他测试者按照预定的步骤进行，而且使用该方法测得的结果能达到要求的准确度和精密度而采取的措施。一般通过实施方法中所叙述的部分或整个步骤来达到这种确认。国际标准化组织（ISO）对"方法确认"的定义是"通过检验和提供客观的证据可以证实，作为指定用途的分析方法，能够达到其特定的要求"（fit for purpose）。

对一个分析方法的确认，应该包括建立方法的性能特征、测定对方法的影响因素及证明该方法与其要求目的任务是否一致，即经过确认的方法能可靠地使用。国际上，通常使用不同实验室间协作研究的结果对分析方法进行确认。但近期一些权威机构认为，单个实验室可以根据规定的要求在实验室内部对农药残留分析方法进行确认。对不同基质的样品，前处理步骤是不一样的。因此，研究农药残留分析方法时，必须开发该农药在不同样品基质中的残留分析方法。

确认农药残留分析方法必须提供方法的专一性、线性范围、准确度、精密度、检出限和定量限等方法参数的确认结果。

（一）方法的专一性

方法的专一性，也称特异性（specificity），是指分析方法在样品基质中有其他杂质成分时，能准确地和特定地测出该农药的母体化合物、有关代谢物及杂质的性能。特异性考察也用于说明干扰物质对方法的影响程度，通常可通过峰纯度检验、空白基质、质谱、高分辨质谱和多级质谱等手段进行确证。

（二）线性范围

线性范围（linear range）是通过校准曲线（calibration curve）考察，是表达被分析物质不同浓度与测定仪器响应值之间线性定量关系的范围。使用农药标准溶液，通常测定 5 个梯度浓度，每个浓度平行测定 2 次以上，采用最小二乘法处理数据，得出线性方程和相关系数（correlation coefficient）等。一般要求相关系数在 0.99 以上。

（三）准确度

方法的准确度（正确度）是指所得结果与真值的符合程度。农药残留检测方法的准确度一般用回收率进行评价，即空白样品中加入一定浓度的某一农药后其样品中此农药测定值对加入值的百分率。根据《农药残留检测方法国家标准编制指南》中的要求，回收率试验原则上应做 3 个水平添加，添加水平为：

（1）对于禁用物质，回收率在方法定量限、两倍方法定量限和十倍方法定量限进行 3 个水平试验。

（2）对于已制定最大残留限量的，一般在 1/2 最大残留限量、最大残留限量、2 倍最大残留限量 3 个水平各选 1 个合适点进行试验。如果最大残留限量值是定量限，可选择 2 倍最大残留限量和 10 倍最大残留限量 2 个点进行试验。

（3）对于未制定最大残留限量的，回收率在方法定量限、常见限量指标、选一合适点进行 3 水平试验。

每个水平重复次数不少于 5 次，计算平均值。回收率参考范围见表 2-2。

表 2-2 不同添加水平对回收率的要求

添加水平（mg/kg）	范围（%）	相对标准偏差（%）
≤0.001	50～120	≤35
0.001～0.01	60～120	≤30
0.01～0.1	70～120	≤20
0.1～1	70～110	≤15
>1	70～110	≤10

制作添加样品时，应使用新鲜的食品，均一化并称量后添加农药。

注 1：添加的农药标准溶液总体积应不大于 1 mL。

注 2：农药添加后应充分混合，放置 30 min 后再进行提取操作。

注 3：检测时间需要数日时，将均一化的样品冷冻保存，避免多次冻结以及融解。检测实施当日制作添加样品。

一般情况下，用添加法测定回收率。原则上，添加浓度应以接近待测样品的农药含量为宜。但由于待测样品中的农药残留量是未知的，因此，一般以该样品的最大残留限量和方法定量限（LOQ）作为必选的浓度，即回收率试验必须选至少 2 个添加浓度。若没有最大残留限量值参照时，以方法定量限和高于 10 倍方法定量限的浓度做添加回收率，每一个浓度进行 5 次以上的重复试验。添加回收率结果应以接近 100% 为最佳，但由于杂质干扰、操作误差等诸多因素的影响，实际结果会有很大偏差。

添加标准溶液质量浓度得到的信噪比一般为 10 比较合适。近期，由于前处理方法的不断改进和高灵敏度、高选择性检测器的出现，分析工作者已可测定样品中越来越低的农药残留量。但通常开发新的残留分析方法，尤其是设计回收率试验时必须考虑该农药的最大残留限量。在实际检测工作中，质控样品只添加一个浓度时，可以选择 2 倍定量限附近的添加浓度。

（四）精密度

精密度（precision）是指在规定条件下，独立测试结果间的一致性程度。注意：其量值用测试结果的标准差来表示；与样品的真值无关，精密度在很大程度上与测定条件有关，通常以重复性（repeatability）和重现性（reproducibility）表示。

重复性或重现性的表征参数可以用标准偏差或相对标准偏差表示。在残留分析中，一般采用相对标准偏差表示。

相对标准偏差（relative standard deviation，RSD）是指标准偏差在平均测定值中所占的百分率，也称为变异系数。在进行添加回收率试验时，对同一浓度的回收率试验必须进行至少 5 次重复。平行试验结果偏差与添加浓度相关，添加浓度越低，允许偏差越大。

1. 重复性　是指在同一实验室，由同一操作者使用相同设备、按相同的测试方法，并在短时间内从同一被测对象取得相互独立测试结果的一致性程度。

每种试材都应做重复性试验，重复性要做 3 个水平的试验。添加水平同回收率，每个水平重复次数不少于 5 次。实验室内相对标准偏差符合表 2-3 的要求。重复性试验应按照样品处理方法获得添加均匀的试样，再对试样进行独立的 5 次以上的分析。

表 2-3　实验室内相对标准偏差

被测组分含量 C（mg/kg）	相对标准偏差（%）
$\leqslant 0.001$	$\leqslant 36$
$0.001 < C \leqslant 0.01$	$\leqslant 32$
$0.01 < C \leqslant 0.1$	$\leqslant 22$
$0.1 < C \leqslant 1$	$\leqslant 18$
> 1	$\leqslant 14$

2. 再现性　指在不同实验室，由不同操作者按相同的测试方法，从同一被测对象取得相互独立测试结果的一致性程度。

试验应在不同实验室间进行，实验室个数不少于 3 个（不包括标准起草单位）。再现性做 3 个添加水平试验，其中一个添加水平必须是定量限，添加水平同重复性，每个水平重复次数不少于 5 次。

（五）检出限和定量限

在农药残留分析方法开发中，检出限（limit of detection，LOD）和定量限（limit of quantification，LOQ）是非常重要的两个指标。二者都是用于评价分析方法能够检测出分析对象的最小含量或浓度，是反映分析方法有效性的重要指标之一。

1. 检出限　指在与样品测定完全相同的条件下，某种分析方法能够检出的分析对象的最小浓度。它强调的是检出，而不是准确定量。有时也称最小检出浓度、最低检出浓度、最小检出量、定性限等，单位以 mg/kg 或 mg/L 或 ng 表示。

检出限分为 2 种：方法检出限和仪器检出限。一般方法中所称的检出限，其实是方法检出限。

（1）方法检出限（method detection limit，MDL）。用特定方法可靠地将分析物测定信号从特定基体背景中识别或区分出来时，分析物的最低浓度或最低量。

（2）仪器检出限（instrumental detection limit，IDL）。指仪器能可靠地将分析物信号从仪器背景（噪声）中识别或区分出来时分析物的最低浓度或最低量。

2. 定量限　指在与样品测定完全相同的条件下，某种分析方法可以进行准确定性和定量测定的最低水平。它强调的是检出并定量，有时也称测定限、检测极限、最低检测浓度、最小检测浓度，单位以 mg/kg 或 mg/L 表示。

用同一分析方法测定不同样品基质中的农药时，可得出不同的定量限。当分析方法的定量限明显低于最大残留限量时，可对样品中最大残留限量水平的待测物进行准确测定。因此，一般要求定量限最高不超过最大残留限量的 1/3，如有可能，定量限为最大残留限量的 1/5 或更低。如某农药的最大残留限量为 0.05 mg/kg，则定量限最好低于 0.01 mg/kg。但对方法灵敏度较差的情况，至少应满足定量限＝最大残留限量。在该水平下得到的回收率和精密度，应满足前 2 个表格对回收率和 RSD 的要求。

3. 检出限与定量限的确定　在农药残留分析中，方法的检出限或定量限应根据分析要求而定。对于最大残留限量高的农药，不必追求过低的检出限或定量限，但也不应高于最大残留限量，一般比最大残留限量低一个数量级。此值因分析方法而异，单位为 mg/kg 或 mg/L，以一位有效数字表示。对检测不出的残留量，不应用"残留量零"或"无残留"记录，而应写为"未检出（检出限）"等字样；高于检出限但低于定量限水平的残留量，可以用"痕量"或"＜定量限"表示。但均应同时注明方法的检出限或定量限具体数值。

4. 仪器信号背景　检出能力与仪器信号背景也有关系。仪器信号背景值产生的原因主要有 3 个方面：

（1）试剂、玻璃容器背景。这可以通过采用更高级别的溶剂、熏蒸，以及充分洗涤玻璃容器（洗涤液、实验用水、丙酮、高温烘干），使仪器信号背景值降低。

（2）基质噪声。可以采用更有效的净化方法、使用选择性检测器等措施来降低。

（3）仪器背景。每台仪器都有一定的信噪比（signal‑to‑noise，S/N），通过条件优化、净化系统、仪器调谐等方法有助于降低信噪比。

（六）有关概念

筛查方法（screening method）：具有处理大量样品的能力，用于检测一种物质或一组物质在所关注的浓度水平上是否存在的方法。这些方法用于筛选大量样品可能的阳性结果，并用来避免假阴性结果。此类方法所获得的检测结果通常为定性结果或半定量结果。

定量方法（quantitative method）：测定被分析物的质量或质量分数的分析方法，可用适当单位的数值表示。

确证方法（confirmatory method）：能提供全部或部分信息，并明确定性，在必要时可在关注的浓度水平上进行定量的方法。

定性方法（qualitative method）：根据物质的化学、生物或物理性质对其进行鉴定的分析方法。

容许限（permitted limit，PL）：对某一定量特性规定和要求的物质限值，如最大残留限、最高允许浓度或其他最大容许量等。

选择性（selectivity）：测量系统按规定的测量程序使用并提供一个或多个被测量的测得的量值时，每个被测量的值与其他被测量或所研究的现象、物体或物质中的其他量无关的特性。

基质效应（matrix effect）：化学分析中，基质指的是样品中被分析物以外的组分。基质常常对分析物的分析过程有显著的干扰，并影响分析结果的准确性。例如，溶液的离子强度、样品提取液中的脂肪酸等物质会对分析物活度系数有影响，这些影响和干扰被称为基质效应。

第三节　样品前处理

传统的样品前处理技术包括一系列操作步骤，如均质化、提取、过滤或离心、柱层析净化、浓缩和溶剂转换等。这不仅导致整个方法比较复杂、费时，而且易造成系统误差和偶然误差。因此，很长时间以来，样品前处理占用农药残留分析工作的大部分时间。随着技术的进步，未来样品前处理将向高度先进和自动化、环境友好化方向发展。

一、样品提取

样品提取是用溶剂将农药从样品中提取出来的步骤，样品的提取过程实际上也达到了样品净化的目的。在农药残留分析时样品中农药残留量极低，而各种样品中的干扰物质多而复杂。因此，为满足可靠的定性、定量分析需要，首先应将农药从试样中提取出来，然后再使用一种或几种净化步骤，经提取净化后，使样品提取液达到可以进行仪器测定的要求。

（一）提取溶剂

提取溶剂的选择原则：目标物溶解度大，基质干扰物溶解度小，溶剂纯度高（杂质干扰小）。目前常用的提取溶剂主要有丙酮、乙腈、乙酸乙酯、石油醚、正己烷、甲醇和二氯甲烷等。

农产品中残留农药的种类很多，相对分子质量大多在 $150\sim450$（较大相对分子质量的农药如阿维菌素等除外），绝大多数农药物理和化学性质接近，多含有 Cl、P、N 等元素。各种农药的极性是有区别的，但是根据农药 $\lg K_{ow}$ 可以看出，农药偏极性的较多。K_{ow} 是指正辛醇-水分配系数（或称辛醇-水分配系数），即某一有机物在某一温度下，在正辛醇相和水相达到分配平衡之后，在两相中浓度的比值。目前已发现有机化合物的 K_{ow} 值最低为 10^{-3}，最高可达 10^7。一般用 $\lg K_{ow}$ 表示，故其范围为 $-3\sim7$。$\lg K_{ow}$ 值小于 1，表示在水中存在的浓度高，具有亲水性，容易被生物利用；$\lg K_{ow}$ 值大于 4，表示在水中存在的浓度低，具有疏水性，不容易被生物利用，容易与环境中的有机质部分相结合。

各种不同的有机溶剂或其不同的组合都可用来从样品中提取具有不同理化性质的农药，其中丙酮、乙腈和乙酸乙酯是在农药多残留测定中使用最多的三种溶剂。但它们的性质各异，如使用丙酮会含大量水分，在进入色谱系统测定前，必须除去水分；乙酸乙酯与水的可混溶性较差。至今，还很难决定哪个是最合适的溶剂。以下分别介绍在农药多残留分析中最常用的几种溶剂。

1. 乙腈 乙腈的沸点为 80.1 ℃，是常用的液相色谱流动相，作为提取溶剂在美国和加拿大等国使用普遍。乙腈可以溶解并提取各种极性与非极性农药，能与水混溶。与果蔬样品混合匀浆后，提取液中含有水分，但比较容易用盐析出。离心或过分液漏斗可与水分离，定量取出乙腈提取液。乙腈极性较大，不易与非极性溶剂混匀，一些非极性的杂质如油脂、蜡质和叶绿素等不会与农药一起被提取出来，提取出的样品杂质较丙酮和乙酸乙酯少，在固相萃取和反相液相色谱上用得较多。其缺点是比较贵，毒性比其他两种溶剂大。在气相色谱测定时，液气的转换膨胀体积较大，应限制进样体积。

2. 丙酮 丙酮的沸点为 56.2 ℃，是最常用的易挥发溶剂。可以溶解并提取极性和非极性农药，能与水、甲醇、乙醇、乙醚、氯仿等混溶，但不易与水分开，不易用盐析出其中的水分，是液液分配萃取中最常用的与水相溶的有机溶剂之一。提出的杂质较乙腈多，相比于乙腈和乙酸乙酯，其价格便宜、毒性小。20 世纪中后期，我国在单个农药残留及多残留分析方法中广泛应用丙酮。

3. 乙酸乙酯 乙酸乙酯的沸点为 77.1 ℃，有强烈类似醚的气味，具有清灵、微带果香的酒香，易扩散。作为提取溶剂，在欧盟国家、联合国粮农组织（FAO）、国际原子能机构（IAEA）等使用很多。乙酸乙酯可以溶解并提取各种极性与非极性农药，微溶于水。其主要特点是，与果蔬样品混合匀浆后，在提取液中添加无机盐类，可以盐析出乙酸乙酯，很容易除去提取液中的微量水分，不需进行液液分配萃取。有时与水完全分离需离心，可取出定量提取液。与丙酮、乙腈相比，其极性小，因此在提取油性样品时，可将一些非极性、亲脂性干扰物质提取出来。其缺点是，提取出的样品杂质较乙腈多，且有怪异香味、不好闻。

4. 其他溶剂 石油醚或正己烷的分配有利于非极性残留的分析（如有机氯、多氯代聚苯、一些低极性的杀菌剂和除草剂）。只有低极性的辅提取物才会同农药一起转移到石油醚中。

二氯甲烷的分配对于净化无效，但是对于那些不溶于石油醚的极性残留物来说可提高回收率。注意：所有的含氯溶剂，如果对检测器有严重损害，必须在进样以前去除干净。

乙腈提取加少量石油醚的液液分配萃取对脂肪及其他影响 ECD 的杂质去除非常有效。当样本用非极性溶剂如正己烷进行提取，农药会与那些辅提取物相分离，并优先进入极性稍大的相如乙腈中。1963 年 Mills、Olney、Gaither 建立的农药残留检测方法（MOG 方法）就是建立在这个基础上的。

用丙酮或乙腈作为提取剂，样本中的水分和其他残留物会一起提取出来。检测前，这些水分一定要除去，否则会严重损坏分析仪器。提取物不能直接蒸发至干，考虑到水是高沸点的（虽然在低温下水也可以作为共沸物与有机溶剂一起蒸发出来），与水一起蒸馏会使农药残留部分丢失。无论先前有没有用水稀释粗提取物，低极性的石油醚或正己烷，或中极性的二氯甲烷都可以除去水分，以防止损失部分农药。

（二）样品提取技术

由于试样中农药含量极低，提取效率的高低直接影响结果的准确性。应根据农药种类、试样类型、试样中脂肪、水分含量和最终测定方法等来选择提取方法和提取溶剂，以便尽可能完全地将农药从试样中提取出来，而尽量少地提取出干扰物质。不同类型样品的提取方法不同，现简要介绍一下。

1. 水样 目前，水样中农药残留分析的提取方法主要有液液萃取法、固相（柱/膜）萃取法、固相微萃取法等。目前主要方法是根据农药的性质选择使用不同固相萃取小柱富集水样中的农药，经溶剂洗杂质后，再将农药洗脱后测定。

（1）液液萃取法。液液萃取法是利用目标物农药分子在水中和有机相中的分配定律，利用有机溶剂对水样品进行提取农药残留的一种方法。大部分农药的正辛醇-水分配系数（K_{ow}）都较大，也就是脂溶性较强，利用液液萃取能很好地萃取水样中的目标物。液液萃取是经典的提取方法，一般在分液漏斗中进行。一般的液液萃取都是分步萃取的，在水样中加入一些盐类物质（如氯化钠等）或调节水样的 pH，能降低目标物的溶解度，从而提高溶液萃取效率。一般非极性强的目标物分子可以用石油醚、正己烷、环己烷、正辛烷等溶剂进行提取；中等极性目标物可以用二氯甲烷等溶剂进行提取；对于一些强极性、强水溶性的农药（某些有机磷农药如甲胺磷和某些氨基甲酸酯类农药），一般液液萃取是很难达到理想的效果。液液萃取操作时，要注意将过量的气体排出。

液液萃取虽然对大部分的农药目标物提取效率较高，操作也较为简单，在一般的实验室都能实现，但其缺点是消耗溶剂量较大，实验者操作的劳动强度较大。

（2）固相萃取法。固相萃取法（SPE）是指水中农药目标物分子通过吸附剂的吸附作用而得到富集，然后用一定的溶剂将其洗脱下来的过程。固相萃取法同样也可以用于固体/半固体样品制备中的净化过程，但其主要目的是净化作用。

根据吸附剂制备的方式不同，固相萃取法可分为固相柱萃取和固相膜萃取。虽然两种方法略有不同，但原理大致相当。目前，商品化的固相萃取小柱或萃取膜种类较多，如常用于水样中农药残留萃取的吸附剂通常为键合硅胶柱（如 $LC-C_{18}$、$LC-C_8$）。此外，还有一些文献报道的吸附剂，如纳米碳、活性炭、XAD-2 等材料做反相吸附剂；正相吸附剂如弗罗里硅土等。

（3）固相微萃取。固相微萃取（solid-phase microextraction，SPME）技术是 1989 年由加拿大学者提出的。最初研究者将该技术应用于环境化学分析（水、土壤、大气等），目前已应用于诸多领域。固相微萃取（SPME）的原理与固相萃取不同，固相微萃取不是将待测物全部萃取出来，其原理是建立在待测物在固定相和水相之间达成的平衡分配基础上。它以熔融石英光导纤维或其他材料为基体支持物，采取"相似相溶"的特点，在其表面涂渍不同性质的高分子固定相薄层，通过直接或顶空方式，对待测物进行提取、富集、进样和解析，然后将富集了待测物的纤维直接转移到仪器中，通过一定的方式解吸附（一般是热解吸或溶剂解吸），然后进行分离分析。

2. 土样 可用混合溶剂或含水溶剂以振荡器或索氏提取器提取，也可使用加速溶剂萃取仪提取。

3. 作物样品 水果、蔬菜等含水量高的样品被打碎后，加入能与水相混溶的溶剂或混合溶剂在组织捣碎机中高速匀浆，可使溶剂与微细试样反复接触和萃取。含脂肪量高的样品，如谷物、豆类、油料作物等经粉碎后放入容器中，加入非极性或极性较小的溶剂振荡提取。对于含糖量较高的样品，一般可以加入一定量水分后再用有机溶剂提取。

4. 动物组织样品　对于一般量少的动物组织样品，可以在微型玻璃研磨器将组织研碎，用溶剂提取后净化；对于不易捣碎的动物组织样品，可以使用消化法，加入消化液，在沸水浴中消煮，后经稀释再进行液液分配萃取。

经典的提取器有振荡器、索氏提取器（Soxhlet apparatus），通常也使用组织匀浆机。在捣碎样品时加入提取溶剂，将捣碎与提取操作合并进行。

二、样品净化

（一）选择净化程序

使用有机溶剂提取样品中的农药时，样品中的油脂、蜡质、蛋白质、叶绿素及其他色素、胺类、酚类、有机酸类、糖类等会同农药一起被提取出来。提取液中既有农药，又有许多干扰物质，这些物质也称为共提物或辅提取物，会严重干扰残留量的测定。共提物的含量很高，可以用百分数来表示；而待测农药的含量很低，通常为百万分之几，仅占提取物中极小部分。样品净化是从待测样品提取液中将农药与杂质分离并除去杂质的步骤。

样品提取物中辅提取物的量和类型决定了净化程序的选择。存在的辅提取物越多，所需要的净化程序就越精确，这样才能保证检测时样本达到足够的纯度。但是在某些情况下，如检测前估计辅提取物的量可以忽略不计或者检测前样本需要大幅度的稀释时，就不需要进一步净化。对于大部分样本来说，分析检测以前需要一些形式的净化。

净化柱可以将农药从其他辅提取物中分离出来。理想情况是完全去除杂质，但是实际则是降低杂质的浓度，以使其在分析过程中不至于造成影响。

净化技术如何选择还取决于样本的性质和类型，这是因为不同种类样品的脂肪含量、含水量、糖含量、胡萝卜素、有机硫化物或一些次级产物含量千差万别。

净化过程在去除这些杂质时，常常会伴随农药丢失。所以，样品净化是农药残留分析中难度较大的亦是最重要的步骤之一，是残留分析成败的关键。净化过程中主要使用分离技术，在农药残留分析中使用的净化技术涉及分离学科的许多领域，并且随着新技术的发展而不断更新。这种分离和浓缩技术，主要是基于混合物中各组分不同的理化性质，如挥发性、溶解度、电荷、分子大小、分子的开关和极性的不同，在两个物相间转移。但对于多组分样品，需要较复杂的分离技术，通常从互不相溶的两相中进行选择性转移。所有的分离技术都包含一个或几个化学平衡，分离的程度会随着实验条件而变化，不能单纯依赖理论，需多次实践才能达到理想的分离效果。

（二）液液萃取法

液液萃取法（liquid - liquid extraction，LLE）是利用样品中的农药和干扰物质在互不相溶的两种溶剂（溶剂对）中分配系数的差异，进行分离和净化的方法。

通常使用一种能与水相溶的极性溶剂和另一种不与水相溶的非极性溶剂配对来进行分配，这两种溶剂为溶剂对。经过反复多次分配，使试样中的农药残留与干扰杂质分离，样品得到净化。如选用合适溶剂提取，则提取溶剂亦是液液萃取的溶剂对。

1. 含水量高的样品　先用极性溶剂提取，再转入非极性溶剂中。

（1）净化有机磷、氨基甲酸酯等极性稍强农药的溶剂对。水，二氯甲烷；丙酮，水-二氯甲烷；甲醇，水-二氯甲烷；乙腈，水-二氯甲烷。

（2）净化非极性农药的溶剂对。水，石油醚；丙酮，水-石油醚；甲醇，水-石油醚。

2. 含水量少、含油量较高的样品　净化的主要目的是除去样品中的油和脂肪等杂质。

（1）净化比较极性农药时，先用乙腈、丙酮或二甲基亚砜、二甲基甲酰胺提取样品，然后用正己烷或石油醚进行分配，提取出其中的油脂干扰物，弃去正己烷层，农药留在极性溶剂中，加食盐水溶液于其中，再用二氯甲烷或正己烷反提取其中农药。常用的溶剂对有乙腈-正己烷、二甲基亚砜-正己烷、二甲基甲酰胺-正己烷。

（2）净化比较非极性农药时，用正己烷（或石油醚）提取样品后，用极性溶剂乙腈（或二甲基甲酰胺）多次提取，农药转入极性溶剂中，弃去石油醚层，在极性溶剂中加食盐水溶液，再用石油醚或二氯甲烷提取农药。

（三）常规柱层析法

常规柱层析法（conventional column chromatogram）主要指常规吸附柱层析，是利用色谱原理在开放式柱中将农药与杂质分离的净化方法。农药残留样品提取液通过液液分配萃取处理后，通常再使用常规柱层析，一般使用直径 $0.2 \sim 2$ cm、长 $10 \sim 20$ cm 的玻璃柱，以吸附剂作固定相、溶剂为流动相，将样品提取浓缩液加入柱中，使其被吸附剂吸附，再向柱中加入淋洗溶剂，使用极性稍强于提取剂的溶剂淋洗，极性较强的农药先被淋洗下来，样品中的大分子和非极性杂质则留在吸附剂上。只有当吸附剂的活性和淋洗剂的极性选择适宜，淋洗剂的体积掌握合适时，杂质才能滞留在柱上，农药被淋洗下来，可使农药与杂质分开。

最常用的吸附剂有氧化铝、硅胶、弗罗里硅土、活性炭等。吸附剂和淋洗剂的选择，根据经验可概括如下：①极性物质易被极性吸附剂吸附，非极性物质易被非极性吸附剂吸附。②氧化铝、弗罗里硅土对脂肪和蜡质的吸附力较强，活性炭对色素的吸附力强，硅藻土本身对各种物质的吸附力弱，但酸性硅藻土对样品中的色素、脂肪和蜡质净化效果好。③改变淋洗溶剂的组成，可以获得特异的选择性。如在一根柱上用不同极性溶剂配比进行淋洗，可将各种农药以不同次序先后淋洗下来。

三、固相萃取

（一）固相萃取基本原理

固相萃取（solid phase extraction，SPE），是由液固萃取和液相色谱技术相结合的一项技术，主要用于样品的分离、净化和富集。

固相萃取技术基于液固色谱理论，采用选择性吸附、选择性洗脱的方式对样品进行富集、分离、净化，是一种包括液相和固相的物理萃取过程，也可以将其近似地看作一种简单的色谱过程。较常用的固相萃取方法是，使液体样品溶液通过吸附剂，保留其中被测物质，再选用适当强度的溶剂淋洗杂质；然后，用少量溶剂迅速洗脱被测物质，从而达到快速分离净化与浓缩的目的。也可选择性吸附干扰物质，而让被测物质流出。或同时吸附杂质和被测物质，再使用合适的溶剂选择性洗脱被测物质。

固相萃取也适用于水样或土样中化合物的富集，也有专用的固相萃取盘。在处理大体积水样时，固相萃取具有截面积大、不易堵塞、高流速、处理时间短等特点。因为保留带在萃取盘上，不会发生"穿透"现象。该法是将萃取膜固定在圆盘上，将水样抽滤，目标化合物被吸附在膜上，用适当的溶剂洗脱测定。

与传统的液液分配萃取相比较，固相萃取具有表2-4的特点。

表2-4　液液分配萃取与固相萃取优缺点比较

项目	优点	缺点
液液分配萃取	无需特殊装置	操作烦琐，费时 需要耗费大量的有机溶剂，导致高成本和对环境的污染 难以从水中提取高水溶性物质 易发生乳化现象
固相萃取	可同时完成样品富集与净化，大大提高检测灵敏度 比液液萃取快，节省时间，节省溶剂 可自动化批量处理 多种键合固定相可选 可富集痕量农药 可消除乳化现象 回收率高，重现性好	使用固相萃取小柱，成本较高，需要进行方法开发

(二) 固相萃取的分类

1. 反相固相萃取　反相固相萃取由非极性固定相组成，适用于极性或中等极性的样品基质。待分析农药化合物多为中等极性到非极性化合物。洗脱时，采用中等极性到非极性溶剂。纯硅胶表面的亲水性硅醇基通过硅烷化反应被疏水性烷基、芳香基取代。因此，烷基、芳香基键合的硅胶属于反相固相萃取类型，如 LC-18、ENVI-18、LC-8、LC-4、LC-Ph等。另外，以下物质也用于反相条件：

(1) 含碳的吸附物质。如 ENVI-carb 材料，是由石墨、无孔碳组成；多壁碳纳米管等。

(2) 聚合类吸附物质。如 ENVI-Chrom P 材料，由苯乙烯-二乙烯基苯构成，用其保留一些含有亲水性官能团的疏水性物质，尤其是芳香型化合物，如苯酚，效果好于 C-18 键合硅胶。

由于分析物中碳氢键同硅胶表面官能团的吸附作用，使得极性溶液（如水溶液）中的有机物能保留在固相萃取物质上。这些非极性分子与非极性分子之间的吸附力为范德华力中的色散力。一般采用非极性溶剂洗脱。

2. 正相固相萃取　正相固相萃取由极性固定相组成，适用于极性分析物质。可以用于极性、中等极性或非极性样品基质。极性官能团键合硅胶（如 LC - CN、LC - NH$_2$ 和 LC - Diol 等）、极性吸附物质（如 LC - Si、LC - Florisil、LC - Alumina 等）常用于正相固相萃取。

在正相条件下，分析物质如何保留取决于分析物的极性官能团和吸附剂表面的极性官能团之间的相互作用，包括氢键、π-π 相互作用、偶极-偶极相互作用、偶极-诱导偶极相互作用及其他。洗脱时采用极性更高的溶剂（溶剂强度因子大于 0.6）。

3. 离子交换固相萃取 离子交换固相萃取有阴离子交换（如 LC - SAX、LC - NH$_2$）和阳离子交换（如 LC - SCX，LC - WCX）之分。离子交换固相萃取适用于带有电荷的化合物。其基本原理是静电吸引，也就是化合物上的带电荷基团与键合硅胶上的带电荷基团之间的吸引。离子交换固相萃取用于除去样品中的金属离子，更常用于萃取样品中的可解离化合物。为了从水溶液中将化合物吸引到离子交换树脂上，样品的 pH 一定要保证其分离物的官能团和键合硅胶上的官能团均带电荷。如果某种离子带有与所分析物一样的电荷，将会干扰所分析物的吸附。洗脱溶液一般是其 pH 能中和分离物的官能团上所带电荷，或者中和键合硅胶上的官能团所带电荷。当官能团上的电荷被中和，静电吸引也就没有了，分析物随之而洗脱。另外，洗脱溶液也可能是一种离子强度很大或者含有另一种离子能取代被吸附的化合物，这样被吸附的化合物也随之而洗脱。

4. 二级相互作用 所有的键合硅胶都有一定数量的未反应硅醇基，这使得反相固相萃取中，除了非极性的相互作用，也有一些极性二级相互作用。如果非极性溶剂不能有效地从填料上洗脱化合物，可以添加部分极性溶剂（如甲醇），以破坏极性相互作用而保留的化合物。在这种情况下，甲醇与硅胶上的羟基形成氢键，打断了分析物与硅胶上的羟基形成的氢键。

硅羟基在硅胶表面，当 pH 大于 4 时，以 Si—O— 存在。这时在硅胶基体上也可能发生阳离子交换的二级相互作用，能吸附阳离子或碱性化合物。此时，有必要在洗脱液中增加酸或碱以调整 pH。

新型碳吸附剂如石墨化碳具有结构均匀、适用 pH 范围广等优点，主要用于植物色素的去除。键合型固相萃取剂主要为多种类型的键合硅胶，分极性与非极性两类。极性键合硅胶有—NH$_2$、—CN 等；非极性键合硅胶主要有—C$_8$ 和—C$_{18}$ 等，适用于提取纯化样品中的非极性和弱极性组分，可以用有机溶剂洗脱。离子交换型键合相主要有—COOH、—SO$_3$H 和季铵基等。高分子大孔树脂苯乙烯-二乙烯苯（ST - DVB）类非离子型大孔树脂可通过疏水作用吸附非极性化合物，且随着相对分子质量的增大，组分在树脂中保留增强。含酰胺基、氰基、酚羟基等极性功能基的吸附树脂，它们通过静电相互作用吸附极性物质。

除以上提到的通用型固相萃取剂外，近年来出现了一些选择性很强的填料，如保留邻羟基化合物的苯基硼酸键合硅胶，可用于血浆样品蛋白质去除的内表面反相吸附填料（浸透限制固相萃取剂），以及将某种专属性抗体固定在琼脂糖或硅胶上的亲和型固相萃取剂和特异性很强的分子印迹聚合物（MIP）固相萃取剂等。

（三）固相萃取的操作步骤和方法建立

有两种方式可实现样品的固相萃取分离纯化：一种是使杂质保留在吸附剂上，待测组分不被保留或被洗脱；另一种是待测组分保留而杂质自然流出或先被洗脱，然后待测组分再被适当的洗脱剂洗脱。对于大体积样品如环境样品的前处理，后者还具有组分富集作用。

固相萃取的一般操作步骤主要包括：①采用强洗脱溶剂活化并清洗填料；②以弱洗脱溶剂冲洗平衡填料；③以弱溶剂溶解样品并上样；④用类似或稍强于样品溶剂的洗脱剂淋洗固相萃取柱，除去干扰组分；⑤用强洗脱剂洗脱固相萃取柱，收集目标体积段的洗脱液，洗脱液经过浓缩后进行色谱分析。

固相萃取样品前处理方法建立的关键是根据样品的理化性质选择合适种类的固相萃取剂，然后根据回收率优化平衡溶剂、淋洗溶剂、洗脱溶剂，并确定洗脱溶剂的接收时段和体积。

四、分散固相萃取

（一）基质分散固相萃取（matrix solid‐phase dispersion，MSPD）

基质分散固相萃取是美国路易斯安那州立大学的 Barker 教授，在 1989 年提出并给予理论解释的一种快速样品处理技术。基质分散固相萃取浓缩了传统的样品前处理过程，是简单有效的提取净化方法，适用于各种分子结构和极性农药残留的提取净化，在水果、蔬菜的残留农药检测中得到了广泛的应用。其原理是将涂渍有 C_{18} 等多种聚合物的担体固相萃取材料与样品一起研磨，得到半干状态的混合物并将其作为填料装柱，然后用不同的溶剂淋洗柱子，将各种待测物洗脱下来。其优点是浓缩了传统的样品前处理中的样品匀化、组织细胞裂解、提取、净化等过程，不需要进行组织匀浆、沉淀、离心、pH 调节和样品转移等操作步骤，避免了样品的损失。MSPD 适用于多组分的残留分析。Kandenzki 等人以活性弗罗里硅土为填料，利用 MSPD 技术萃取测定了 26 种蔬菜、水果中 9 类 120 多种农药残留，回收率大于 80%，且与样品的种类无关。它是一种简单、高效、实际的提取净化方法，适用于各种分子结构和极性农药残留的提取净化，提高了分析速度，减少了试剂用量，适于自动化分析。

（二）分散固相萃取（dispersion solid‐phase extraction，DSPE）

2003 年 QuEChERS（quick，easy，cheap，effective，rugged and safe）方法在美国诞生，具有快速、简便、价廉、高效、耐用和安全等优点，可用于去除样品中的糖类、脂类、有机酸、固醇类、蛋白质和残留的水，可以替代传统液液萃取和固相萃取。QuEChERS 的净化方法就是分散固相萃取。此方法使用单一的含 1% 乙酸的乙腈溶液进行匀质样品的浸提（同时加入内标），再加入无水硫酸镁与乙酸钠振荡，离心分层，然后取上层有机相采用分散固相萃取技术，用 N‐丙基乙二胺（PSA）吸附剂去除组分中的脂肪酸、色素等。无水硫酸镁去除残留水分，还可以加入适量甲酸醋酸盐等提高样品液中易碱解组分的稳定性。该方法回收率高，净化效果好，正逐渐成为食品药品中农药多残留分析样品前处理的首选方法。

五、其他主要前处理技术

（一）固相微萃取（SPME）

固相微萃取是一种新型的无溶剂化样品前处理技术，由 Pawliszyn 在 1989 年首次报道。

固相微萃取以特定的固体（一般为纤维状萃取材料）作为固相提取器将其浸入样品溶液或顶空提取，然后直接进行气相色谱（GC）、高效液相色谱（HPLC）等分析。该技术集采样、萃取、浓缩、进样于一体，灵敏度高，成本低，所需样品量少，重现性及线性好，操作简单，方便快捷。它通过吸附/脱吸附技术，富集样品中的挥发性和半挥发性成分，克服了一些传统样品处理技术的缺点，已经广泛应用于水、食品、环境以及生物样品分析中。当用固相微萃取处理蔬菜样品时，要求先用丙酮等溶剂萃取样品，以获得好的结果。

固相微萃取的优点是：集取样、萃取、浓缩和进样于一体，操作方便，耗时短，测定快速高效；无需任何有机溶剂，是真正意义上的固相萃取，避免了对环境的二次污染；适于现场分析，也易于操作。其缺点是：装置价格较贵，涂层种类有限，选择性差，无机离子萃取技术尚不成熟。

（二）凝胶渗透色谱提取（GPC）

凝胶渗透色谱提取是农药多残分析中常用的有效方法，适用样品范围极广，适用农药种类多，回收率也较高。不仅油脂净化效果好，而且重现性好，柱子可重复使用，已成为农药多残留分析中的通用净化方法。E Ueno 等采用乙腈提取，盐析并转溶于乙酸乙酯，然后经石墨碳凝胶渗透色谱以及硅胶/PSA 串联固相萃取柱净化，气质联用仪进行分析，测定果蔬中 89 种农药残留，其中 82 种农药回收率在 70%～120%，标准偏差小于 5%，并应用于果蔬样品的日常检测。

（三）超临界流体萃取法（SFE）

超临界流体是指当压力和温度达到某种物质的临界点时所形成的单一相态。它性质特殊，既不是气体，也不是液体，但却具有与液体相似的密度，具有较强的与液体相似的溶解能力；溶质在超临界流体中的扩散系数与在气体中相似，提取时间短、速度快。超临界流体的表面张力为零，很容易渗透到样品内部，带走待测组分。超临界流体萃取法适用于分析中等极性、热不稳定性化合物；能与大多数液相色谱仪和气相色谱仪联用。可通过改变温度、压力和流动相组成改进分离效率。超临界流体在常态下转为气体，可以很容易地逸去，以达到样品浓缩的目的。最常用的超临界流体是 CO_2，其临界温度为 31 ℃，临界压力为 $7.39×10^6$ Pa，具有惰性、无毒、纯净和价格低廉等特点。超临界流体萃取技术已应用于从中药材中萃取有效成分、从银杏叶中提取银杏黄酮、从蛋黄中提取卵磷脂、从粮食中提取农药等。由于仪器装置昂贵，而且本身还存在一些问题，目前超临界流体萃取法在农药残留检测中的应用还不是太多。

（四）微波辅助萃取技术（MAE）

微波辅助萃取（microwave assisted extraction，MAE），是指利用微波能强化溶剂萃取效率，使固体或半固体试样中某些有机物成分（或有机污染物）与基体物质有效地分离。微波辅助萃取技术有以下特点：①快速高效。样品及溶剂中的偶极分子在高频微波能的作用下，产生偶极涡流、离子传导和高频率摩擦，在短时间内产生大量的热量。偶极分子旋转导致的弱氢键破裂、离子迁移等加速了溶剂分子对样品基体的渗透，待分析成分很快溶剂化，使萃取时间缩短。②加热均匀。微波加热是透入物料内部的能量被物料吸收转换成热能对物料加热，形成独特的物料受热方式，整个物料被加热，无温度梯度，即微波加热具有均匀性的优点。③选择性。微波对介电性质不同的物料呈现出选择性的加热特点，介电常数及介质损耗小的物料，对微波的入射可以说是"透明"的。溶质和溶剂的极性越大，对微波能的吸收越大，升温越快，促进了萃取速度。而对于不吸收微波的非极性溶剂，微波几乎不起加热作用。所以，在选择萃取剂时一定要考虑到溶剂的极性，以达到最佳效果。④生物效应（非热效应）。由于大多数生物体内含有极性水分子，在微波场的作用下引起强烈的极性震荡，导致细胞分子间氢键松弛，细胞膜结构破裂，加速了溶剂分子对基体的渗透和待提取成分的溶剂化。

因此，利用微波辅助萃取技术从生物基体萃取待分析物时，能提高萃取效率。避免长时间高温引起样品分解。微波辅助萃取技术试剂用量少，节能、污染小，仪器设备简单，适应面广，萃取效率高，省时。其应用前景主要是和其他前处理技术联用，已有将微波萃取与液体样品顶空萃取结合的报道，还有固相萃取-微波萃取联用技术，与凝胶渗透色谱提取、液相微萃取、QuEChERS 的结合等。另外，开发微波萃取在线检测技术，也将大大简化前处理过程，提高效率，扩大样品适用范围。微波萃取系统的缺点是不易自动化，缺乏与其他仪器在线联机的可能性，如果能在仪器设计方面取得突破，使微波萃取像超临界流体萃取那样与检测仪器实现在线联机，则该方法会获得更强大的生命力。

（五）膜分离技术

膜分离技术是指在分子水平上不同粒径分子的混合物在通过半透膜时，实现选择性分离的技术。半透膜又称为分离膜或滤膜，膜壁布满小孔，根据孔径大小可以分为微滤膜、超滤膜、纳滤膜、反渗透膜等。反渗透技术是当今最节能最有效的膜分离技术，分离对象是溶液中的离子和小分子有机化合物，其原理是采用反渗透膜实现分离。由于反渗透膜的膜孔径非常小，能够有效地去除水中的溶解盐类、胶体、微生物、有机物。反渗透是目前高纯水设备中常用的脱盐技术；反渗透（RO）、超过滤（UF）、微孔膜过滤（MF）和电渗析（ED）技术都属于膜分离技术。膜分离技术在制药行业已广泛应用于生物发酵液过滤除菌、中药浸取液的过滤除杂和浓缩及母液回收等。

几种前处理方法的原理、适用性、特点的比较见表 2-5。

表 2-5　几种前处理方法的原理、适用性、特点的比较

前处理方法	原理	分析方法	分析对象	萃取相	优点	缺点
固相微萃取（SPME）	待测物在样品及萃取涂层间的分配平衡	将萃取纤维暴露在样品或其顶空中萃取	挥发、半挥发性有机物	具有选择吸附性涂层	操作简单快速、价廉实用，可直接对气体、液体有机物进行处理	萃取涂层易磨损，使用寿命有限
凝胶渗透色谱（GPC）	主要利用体积排除机理	先使溶剂充满色谱柱，再注入溶解在该溶剂中的溶质，最后仍用该溶剂淋洗	脂类提取物	四氢呋喃、二氯甲烷、环己烷等	凝胶渗透色谱柱使用寿命长	类脂色谱带与农药分馏重叠时，需要附加小型吸附柱纯化

（续）

前处理方法	原理	分析方法	分析对象	萃取相	优点	缺点
超临界流体萃取（SFE）	利用超临界流体高密度、黏度小渗透力强等特点，能快速、高效将被测物从样品基质中分离	先通过升压、升温使其达到超临界状态，在该状态下萃取样品，再通过减压、降温或吸附收集后分析	对热不稳定、难挥发性的烃类，非极性脂溶化合物	CO_2、水、乙烯、丙酮、乙烷等	可进行选择性萃取，萃取物不会改变其原来的性质，萃取过程简单，易于调节	萃取装置较昂贵，不适于分析水样和极性较强的物质
固相萃取（SPE）	吸附剂对待测组分与干扰杂质的吸附能力的差异	在层析柱中加入一种或几种吸附剂，再加入待测样本提取液，用淋洗液洗脱	分离保留性质差别很大的化合物	弗罗里硅土、氧化铝、硅藻土等	操作简单，适用面广	有机溶剂的使用量较大，且不适于大批量样品的前处理
微波辅助萃取（MAE）	微波直接与待测物作用，微波的激活作用导致样品机体内不同成分的反应差异，使待测物与机体快速分离，并达到较高产出率	将样品置于用不吸收微波介质制成的密闭容器中，利用微波加热来促进萃取	热不稳定的固体有机物	甲醇、乙醇、丙酮、二氯甲烷、苯等	快速节能、节省溶剂、污染小，可同时处理多种样品，设备简单廉价，适用面广	不易自动化，缺乏与其他仪器在线联机使用

第四节　农药多残留检测技术

农药多残留检测就是在一次分析中能够同时测定多种农药。为了适应大量检测样品的挑战，多年来国内外已经开发出多种可以测定数百种农药在蔬菜、水果或粮食中的农药多残留方法。但是，多残留分析方法也是有一定限度的，不可能开发出一个适合所有农药、农产品组合的提取和净化方法。在多组分的残留分析方法中，农药的回收率和精密度也不可能都达到完全满意的效果。

自从 1963 年 Mills - Olney - Gaither（MOG）方法应用以来，随着仪器的发展及新技术的开发，伴随新农药化合物的出现，不同检测方法也层出不穷。检测方法开发和利用新技术改进方法，应当满足以下要求：①明确残留确证的意义；②更低的检测限；③更低的分析耗费；④更短的分析时间；⑤更广的分析范围。

简单回顾一下农药残留分析方法的发展历程，能增加我们检测人员对农药残留检测意义的理解，也会增强使命感。

（1）1955 年第一台商品气相色谱仪器的推出，1958 年毛细管气相色谱柱的问世，为农药残留检测提供了硬件基础。

（2）1963 年，Mills 等 3 位学者首次报道了用单一纯乙腈提取检测低脂食品中有机氯杀虫剂以及其他非极性农药的残留方法（MOG 方法），此法成为后续方法开发的基础，但不能检测极性的有机氮和有机磷农药。

（3）1971 年，Becker 等改进了 Mills 等的方法，用丙酮替代乙腈作为初提取剂提取食品中有机氯、有机磷、有机氮类农药，后用二氯甲烷和石油醚复配溶剂进行二次萃取除水，并用一种碳化物进行净化。

（4）1975 年，分离步骤中石油醚取代了丙酮以消除一些水果分析中的沉淀物。

（5）1981 年，出现了火焰光度检测器（FPD）检测磷、硫，电导检测器（ELCD）检测卤素和硫。

（6）1982 年，层析柱可同时完成提取和净化步骤：将样品溶液与硅胶或氧化铝混合，以除去油脂。这种方法比液液分配萃取和弗罗里硅土净化的方法效果好。

（7）1983 年，Luke 等用丙酮作为提取剂，用弗罗里硅土净化样品，用气相色谱检测了低水低脂食品中有机氯和有机磷农药含量。该方法在提取液中加入 NaCl 使水相饱和，提高了丙酮在有机相中的比例，从而大大增加了有机相的极性，使回收率得到了大幅度提高

（8）1985 年，固相萃取法产生，C_{18} 连在硅胶上，离子交换树脂（XAD）等应用于气样和水样中农药的提取及前处理。

（9）1977—1987 年，化合物基团确证方法得到了进一步的发展。C_{18} 净化氨基甲酸酯类、苄基脲类、苯并咪唑类农药，然后用不同检测系统的 HPLC 进行检测。

（10）1984—1988 年，产生了双毛细管气相色谱，包括不同极性的柱子的使用和多元的检测器，因此废除了彻底净化的必要性。

（11）1993 年，Carins 方法应用固相萃取柱净化。固相萃取法有两个优点：第一，C_{18} 的应用通过一个反相净化去除样品中的非极性化合物。第二，使用强或弱的阴离子固相萃取柱去除酸性酚类和糖类化合物。氨基甲酸酯类、苯基脲类、苯并咪唑类农药可以不经过额外净化就进行检测。

（12）质谱的产生，高灵敏度的检测技术，与毛细管气相、液相色谱联用进行农药残留分析，能更准确地对化合物进行定性。

（13）2003 年一种普适性强且集提取和净化于一体的农药残留检测样品前处理技术——QuEChERS 方法产生。关注基质效应与补偿技术。

（14）目前，碳纳米管、键合功能性磁珠等新材料，各种更快捷、高效的吸附过滤净化方法均在农药残留前处理中得到应用。仪器方面，色谱-三重四级杆质谱联用得到了普及，高分辨质谱联用技术开始应用于风险监测、风险评估和营养功能组分分析。

一、色谱与色谱图

色谱实际上是俄国植物学家茨维特（M. S. Tswett）在 1901 年首先发现的。1903 年 3 月，茨维特在华沙大学的一次学术报告中正式提出"chromatography"（色谱）一词，标志着色谱的诞生。他因此而被提名为 1917 年诺贝尔化学奖的候选人。当时，茨维特研究的是液相色谱（liquid chromatography，LC）的分离技术。气相色谱（GC）出现在 20 世纪 40 年代，英国人马丁（A. J. P. Martin）和辛格（R. L. M. Synge）在研究分配色谱理论的过程中，证实了气体作为色谱流动的可能性，并预言了 GC 的诞生。与此巧合的是，这两位科学家获得了当年的诺贝尔化学奖。尽管获奖成果是他们对分配色谱理论的贡献，但也有后人认

为他们是因为 GC 而得奖的。这也从另一个方面说明了 GC 技术对整个化学发展的重要性。

虽然 GC 的出现较 LC 晚了 50 年，但其在此后 20 多年的发展中却是 LC 所望尘莫及的。从 1955 年第一台商品 GC 仪器的推出到 1958 年毛细管 GC 柱的问世，从毛细管 GC 理论的研究到各种检测技术的应用，GC 很快从实验室的研究技术变成了常规分析手段，几乎形成了色谱领域 GC 独领风骚的局面。1970 年以来，电子技术，特别是计算机技术的发展，使得 GC 色谱技术如虎添翼，1979 年弹性石英毛细管柱的出现更使 GC 上了一个新台阶。反过来，色谱技术又大大促进了现代物质文明的发展。从航天飞机到航空母舰，都用 GC 来监测船舱中的气体质量。从食品、化妆品的生产工艺控制到产品质量检验，从物质鉴定到地质勘探，从疾病诊断、医药分析到考古发掘、环境保护，GC 技术的应用极为广泛。

色谱法，又称层析法，是利用组分在两相间分配系数不同而进行分离的技术。根据其分离原理，有吸附色谱、分配色谱、离子交换色谱和排阻色谱等方法。

吸附色谱：利用吸附剂对被分离物质的吸附能力不同，用溶剂或气体洗脱，以使组分分离。常用的吸附剂有氧化铝、硅胶、聚酰胺等有吸附活性的物质。

分配色谱：利用溶液中被分离物质在两相中的分配系数不同，以使组分分离。其中一相为液体，涂布或使之键合在固体载体上，称为固定相；另一相为液体或气体，称为流动相。常用的载体有硅胶、硅藻土、硅镁型吸附剂与纤维素粉等。

离子交换色谱：利用被分离物质在离子交换树脂上的离子交换势不同而使组分分离。常用的有不同强度的阳、阴离子交换树脂，流动相一般为水或含有有机溶剂的缓冲液。

排阻色谱：又称凝胶色谱或凝胶渗透色谱，是利用被分离物质分子质量大小的不同和在填料上渗透程度的不同，以使组分分离。常用的填料有分子筛、葡聚糖凝胶、微孔聚合物、微孔硅胶或玻璃珠等。可根据载体和试样的性质，选用水或有机溶剂为流动相。

色谱法的分离方法有柱色谱法、纸色谱法、薄层色谱法、气相色谱法、高效液相色谱法等。色谱所用溶剂应与试样不起化学反应，并应用纯度较高的溶剂。色谱的形成与检测信号如图 2-1 所示。

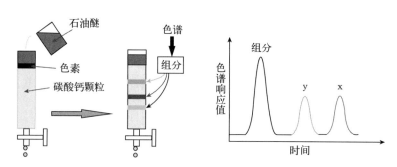

图 2-1　色谱的形成与检测信号

气相色谱技术极大地推动了我国农药残留分析的发展，大大提高了农药残留分析检测的水平。高效液相色谱法作为目前发展最快、应用最广泛的分析技术，对于气相色谱法不能分析的高沸点、热稳定性差和极性农药及其代谢物，原则上都可以进行有效的分离检测。质谱以及色谱质谱联用技术的应用，使农药残留分析从一种或几种农药发展到可同时测定不同种类的多种农药，实现了对多种类农药的高灵敏度定性、定量测定。

样品流经色谱柱和检测器，所得到的信号—时间曲线，又称色谱流出曲线（elution profile）。色谱图（chromatogram）是指被分离组分的检测信号随时间分布的图像。

图 2-2 为色谱峰示意图。

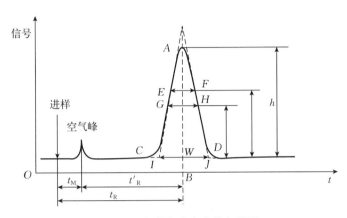

图 2-2 色谱峰流出曲线色谱图

死时间（dead time，t_M）：在色谱柱中无保留的溶质从进样器随流动相到达检测器所需要的时间，通常用 t_M 表示（即图 2-2 中进样点在时间轴上投射的点到空气峰顶点在时间轴上投射的点距离，空气为不被固定相溶解或吸附的物质）。

调整保留时间（t'_R）：调整保留时间就是被保留的溶质停留在固定相上的时间（即图 2-2 中空气峰顶点在时间轴上投射的点到 B 点的距离）。

保留时间（retention time，t_R）：被保留化合物（溶质）从进样开始至流出峰最高点的时间，称为保留时间（单位为 min）（即图 2-2 中进样点在时间轴上投射的点到 B 点的距离）。保留时间是 t'_R 与 t_M 之和，通常用 t_R 表示，即 $t_R = t'_R + t_M$。

峰高（peak height，h）：峰的最高点至峰底（峰底是基线上峰的起点至终点的距离，即图 2-2 中 C、D 之间的距离）的距离。通俗地说就是色谱峰顶到基线（这时是画虚拟的虚线）的垂直距离。

峰宽（peak width，W）：峰两侧拐点处所作两条切线与基线的两个交点间的距离。$W = 4\sigma$（即图 2-2 中 I 与 J 之间的距离）。

半峰宽（peak width at half height，$W_{1/2}$）：色谱峰高一半处的峰宽度（即图 2-2 中 G 与 H 之间的距离）。

基线（base line）：仅有流动相或载气通过检测器系统时所产生信号的曲线。柱与流动相达到平衡后，检测器测出一段时间的流出曲线。一般应平行于时间轴。

噪声（noise）：基线信号的波动。

峰面积（peak area，A）：峰与峰底所包围的面积。

标准偏差（standard deviation，σ）：正态分布曲线上两拐点间距离的一半。正常峰宽的拐点在峰高的 0.607 倍处（即图 2-2 中 E 与 F 之间距离的一半）。标准偏差的大小说明组分在流出色谱柱过程中的分散程度。σ 小，分散程度小、极点浓度高、峰形瘦、柱效高；反之，σ 大，峰形胖、柱效低。

二、农药残留检测方法开发及仪器选择

(一) 新方法开发原则

通过接触不少刚从事检测工作的人员，他们能很快掌握必要的 GC 基础知识，甚至能很快操作仪器。但当他们接到一批新任务时，面对样品却不知从何做起。也有一些人认为 GC 分析很简单：不就是打一针就可得到结果嘛！其实不然！就如医院的护士打针，你若不了解病人情况，不知道用药的剂量，随便打一针不仅不能治病，还可能会出人命！这就涉及了方法开发问题。简单地说，方法开发就是针对某类样品、某项或多项参数建立一套完整的分析方法。即使是依据现行标准方法，也要进行方法的证实和确认。所以，掌握方法开发的技术要求对提高检测人员技能水平和素质非常必要。就 GC 而言，首先确定样品的提取、净化等前处理方法，然后优化分离条件，直至达到满意的分离结果。最后建立仪器检测方法，优化参数，包括定性鉴定和定量测定。当然，这一方法要真正成为实用方法，还必须经过多家检测机构验证。下面首先讨论方法开发的一般步骤。

1. 样品来源及其前处理方法 GC 能直接分析的样品必须是气体或液体，固体样品在分析前应当溶解在适当的溶剂中，而且还要保证样品中不含 GC 不能分析的组分（如无机盐）或可能会损坏色谱柱的组分。这样，我们在接到一个未知样品时，就必须了解它的来源，从而估计样品中可能含有的组分，以及样品的沸点范围。如能确认样品可直接分析，问题就简单了。只要找一种合适的溶剂，如丙酮、正己烷等就是 GC 常用的溶剂。一般讲，溶剂应具有较低的沸点，从而使其容易与样品分离。尽可能避免用水、二氯甲烷和甲醇作溶剂，因为它们有损于色谱柱的使用寿命。另外，如果用毛细管柱分析，应注意样品的浓度不要太高，以免造成柱超载。通常样品的浓度为 mg/L 级或更低。

如果样品中有不能用 GC 直接分析的组分，或者样品浓度太低，就必须进行必要的处理，包括采用一些预分离手段，如各种萃取技术、浓缩方法、提纯方法等。

需要强调的一点是，无论是样品处理方法，还是下面要讨论的 GC 分析条件确定，文献、标准方法调研都是很重要的方法开发步骤。所以，开始实验前，应当查一下文献。若文献中已有相同样品甚至类似样品的分析方法作为重要的参考，那就会大大加快方法开发的过程，从而避免走一些不必要的弯路。

2. 确定仪器配置 所谓仪器配置，就是用于分析样品的方法采用什么进样装置、什么载气、什么色谱柱以及什么检测器。例如，要用 GC 分析百菌清或测定水中痕量含氯农药的残留量，就要用电子捕获检测器。就色谱柱而言，常用的固定相有非极性的 DB-1（SE-30）或类似柱子、弱极性的 SE-54、极性的 DB-17 和 PEG-20M 等。可根据极性相似相容原理来选用，即分离一般脂肪烃类或有机氯类时多用 DB-1（SE-30），分析醇类和酯类（如含酒精饮料）多用 PEG-20M，分析有机磷类农药残留则多用 DB-17 或 D-1701。而要分析特殊的样品，如手性异构体，就需要特殊的手性色谱柱。

3. 确定初始操作条件 当样品准备好，且仪器配置确定之后，就可开始进行尝试性分离。这时要确定初始分离条件，主要包括进样量、进样口温度、检测器温度、色谱柱温度和载气流速。

进样量要根据样品浓度、色谱柱容量和检测器灵敏度来确定。进样量通常为 $1\sim5~\mu L$，

而对于毛细管柱，若分流比为 50：1 时，进样量一般不超过 2μL；不分流时进样量一般为 1μL。如果这样的进样量不能满足检测灵敏度的要求，可考虑加大进样量，但以不超载为限。必要时先对样品进行预浓缩，还可考虑采用专门的进样技术，如脉冲进样、大体积进样，还可采用灵敏度更高的检测器。

进样口温度主要由样品的沸点范围决定，还要考虑色谱柱的使用温度，即首先要保证待测样品全部汽化，其次要保证汽化的样品组分能够全部流出色谱柱，而不会在柱中冷凝。原则上讲，进样口温度高一些有利，一般要接近样品中沸点最高的组分的沸点，但要低于易分解组分的分解温度，常用的条件是 250～350 ℃。大多数先进 GC 仪器的进样口温度均可达到 450 ℃。

注意，当样品中某些组分会在高温下分解时，就适当降低汽化温度。必要时，可采用冷柱头进样或程序升温汽化（PTV）进样技术。

色谱柱温度的确定主要由样品的复杂程度和汽化温度决定。原则是既要保证待测物的完全分离，又要保证所有组分能流出色谱柱，且分析时间越短越好。组成简单的样品最好用恒温分析，这样分析周期会短一些。对于组成复杂的样品，常需要用程序升温分离。因为在恒温条件下，如果柱温较低，则低沸点组分分离得好，而高沸点组分的流出时间会太长，造成峰展宽，甚至滞留在色谱柱中造成柱污染；反之，当柱温太高时，低沸点组分又难以分离。毛细管柱的一个最大优点就是可在较宽的温度范围内操作，这样既保证了待测组分的良好分离，又能实现尽可能短的分析时间。农药残留分析常用的是程序升温，从较低的温度升到较高的温度。

检测器的温度是指检测器加热块温度，而不是实际检测点，如火焰的温度。检测器温度的设置原则是保证流出色谱柱的组分不会冷凝，同时满足检测器灵敏度的要求。大部分检测器的灵敏度受温度影响不大，故检测器温度可参照色谱柱的最高温度设定，而不必精确优化。ECD 检测器易污染，温度不能低于进样口和柱温箱实际最高温度。

上述初始条件设定后，便可进行样品的尝试性分析。一般先分离标准样品，然后分析实际样品。在此过程中，还要根据分离情况不断进行条件优化。

4. 分离条件优化 分离优化是一个很大的题目，有专门的优化理论，这里只从实用的角度简单介绍操作条件的优化。

事实上，当样品和仪器配置确定之后，分析人员最经常的工作除了更换色谱柱外，就是改变色谱柱温和载气流速（柱流速），以期达到最优化的分离。柱温对分离结果的影响要比载气的影响大。

简单地说，分离条件的优化目的就是要在最短的分析时间内达到符合要求的分离结果。所以，当在初始条件下样品中难分离物质对的分离度 R 大于 1.5 时，可采用增大载气流速、提高柱温或升温速率的措施来缩短分析时间，反之亦然。比较难的问题是确定色谱图上的峰是否是单一组分的峰。这可用标准样品对照，也可用质谱仪器测定峰纯度。如果某一感兴趣的峰是两个以上组分的共流出峰，优化分离的任务就比较艰巨了。在改变柱温和载气流速也达不到基线分离的目的时，就应更换更长的色谱柱或更换不同固定相的色谱柱，因为在 GC 中，色谱柱是分离成败的关键。

5. 定性鉴定 所谓定性鉴定，就是确定色谱峰的归属。对于简单的样品，可通过标准物质对照来定性，即在相同的色谱条件下，分别注射标准样品和实际样品，根据保留值即可确定色谱图上哪个峰是要分析的组分。定性时必须注意，在同一色谱柱上，不同化合物可能有相同的保留值。所以，对未知样品的定性仅仅用一个保留数据是不够的。双柱或多柱保留指数定性是 GC 中较为可靠的方法，因为不同的化合物在不同色谱柱上具有相同保留值的概率要小得多。对于复杂的样品，则要通过保留指数和/或气相色谱-质谱联用法来定性。事实上，质谱是目前定性的首选方法，它可以给出相应色谱峰的分子结构信息，同时还能做定量分析。但我们应清楚，气相色谱-质谱联用法并不总是可靠的，尤其是一些同分异构体，它们的质谱图往往非常相似，故计算机检索结果有时是不正确的。只有当 GC 保留指数和 MS 图的鉴定结果相吻合时，定性的可靠性才是有保障的。

在日常分析中，有时因为分析样品量大或者样品基质复杂，导致进样口端的色谱柱受到污染，对我们的分析产生影响。此时，我们需要将色谱柱割掉一段来去除污染影响。当使用 SIM 模式采集数据时，在色谱柱维护后，化合物的保留时间就会因为色谱柱变短而出现前移，此时如果还使用原有的采集窗口，就会出现个别化合物实际出峰时间提前于窗口的采集时间，从而导致该化合物漏采。因此，为了避免漏采数据，每次色谱柱维护后，我们必须对质谱分析方法中化合物采集窗口的时间及时更新。通常选择人工的方式将各采集时间段进行更新，但相对来说非常麻烦、费时。目前有些仪器利用定位标志化合物，通过计算调节柱前压或者载气流速来自动调整保留时间。

6. 定量分析 这一步骤是要确定用什么定量方法来测定待测组分的含量。常用的色谱定量方法不外乎峰面积（或峰高）百分比法、归一化法、外标法、内标法和标准加入法（又称为叠加法）。

（1）峰面积（或峰高）百分比法。此法最简单，但最不准确。当样品由同系物组成，或者只是为了粗略地定量时，则可以选择该法。在有机合成过程中，监测产物的变化时常用此法进行相对定量。因为不同的化合物在同一条件下、同一检测器上的响应因子（单位峰面积代表的样品量）往往不同，故须用标准样品测定响应因子进行校正后，方可得到准确的定量结果。其他几种定量方法均需要校正。

（2）归一化法。相比起来，归一化法较为复杂，它要求样品中所有的组分均出峰，且要求有所有组分的标准品才能定量，故很少采用。

（3）外标法。此法用得较多，只要用一系列浓度的标准样品作出工作曲线（样品量或浓度对峰面积作图），就可在完全一致的条件下对未知样品进行定量分析。只要待测组分出峰且分离完全即可，而不考虑其他组分是否出峰和是否分离完全。需要强调，外标法定量时，分析条件必须严格重现，特别是进样量。如果测定未知物和测定工作曲线时的条件有所不同，就会导致较大的定量误差。还应注意，外标工作曲线最好与未知样品同时测定，或者定期重新测定工作曲线，以保证定量准确度。

（4）内标法。相对而言，内标法的定量精度最高，因为它是用相对内标物的响应值来定量的。内标物要分别加到标准样品和未知样品中，而且量要相同。这样就可抵消由于操作条件（包括进样量）的波动带来的误差。与外标法类似，内标法只要求待测组分出峰且分离完全即认可，其余组分则可通过快速升高柱温使其流出或用反吹法将其放空，这样就可达到缩短分析时间的目的。尽管如此，但要找到一个合适的内标物并不容易，因为理想的内标物的保留时间和响应因子应该与待测物尽可能接近，且要完全分离。此外，用内标法定量时，样品制备过程要多一个定量加入内标物的步骤，标准样品和未知样品均要加入一定量的内标物。因此，如果对定量精度要求不高，则应避免使用内标法。

（5）标准加入法。此法是在未知样品中定量加入待测物的标准品，然后根据峰面积（或峰高）的增加量来进行定量计算。其样品制备过程与内标法类似，但计算原理则完全是来自外标法。标准加入法的定量精度介于内标法和外标法之间。

在上述各种定量方法中，峰面积均可用峰高代替。理论上讲，浓度型检测器用峰高定量较准确，而质量型检测器用峰面积定量更准确。在实际操作中，影响峰高和峰面积的因素有多种，不仅载气流速和柱温对其有影响，而且检测器的结构设计等均有影响。综合考虑各种因素，峰面积定量一般比峰高定量准确。然而，当峰未完全分离时，面积积分准确度会下降，此时用峰高定量不失为一种合理的选择。

图 2-3 为检测方法开发的一般步骤。

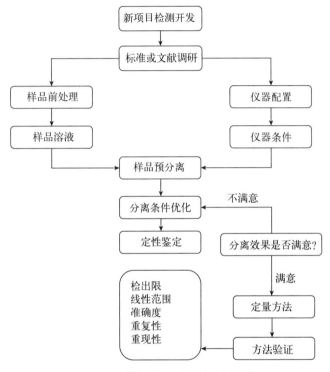

图 2-3 检测方法开发的一般步骤

（二）农药残留检测仪器选择

目前，农产品质量安全检测机构可以使用色谱-质谱联用仪进行农药的筛查检测，但气相和液相色谱仍可以利用检测器的选择性来对检出农药进行准确定量或平行测定。另外，有些特异性农药在相应的色谱仪器上能被满意检测，但在质谱上可能由于不易离子化而出峰不稳定。因此，配置质谱仪器后，GC 和 LC 仍有必要配置更新。

农药残留检测分析仪器的选择：

气相色谱/火焰光度检测器（GC/FPD）——适合有机磷和有机硫农药残留化合物。

气相色谱/电子捕获检测器（GC/ECD）——适合有机氯农药残留化合物。

气相色谱/氮磷检测器（GC/NPD）——适合有机氮和有机磷化合物。

气相色谱-串联质谱（GC-MS/MS）——目前通用的最有效的方法，色质联用是最有效的农药确认方法；结合标准谱库和农药谱库可以进行化合物的鉴定，具有高灵敏度、高选择性。

液相色谱/荧光检测器（LC/FLD）——柱后衍生用荧光检测器检测，适合氨基甲酯类农药。

液相色谱/紫外检测器（LC/UV）——适合杂环类、磺酰脲、苯脲类农药的分析。

液相色谱-串联质谱（LC-MS/MS）——高灵敏度、高选择性的检测方法；拓展了化合物的分析窗口。

飞行时间质谱或其他高分辨率质谱〔Q-TOF（time-of-flight mass spectrometer，TOF-MS)〕——对非目标化合物的筛查鉴定具有优势。

高光谱成像、近红外、SPR（表面等离子体共振）等——表面快速筛查，无损。

在各种色谱-质谱联用技术中，气相色谱-质谱（GC-MS）、气相色谱-串联质谱（GC-MS/MS）以及液相色谱-串联质谱（LC-MS/MS）已在农药残留分析中得到广泛应用，具有高灵敏度、高分辨率和高质量精度分析能力的飞行时间质谱、轨道阱质谱也逐渐被运用于农药及其代谢组分的筛查分析中。未来，小型化的质谱仪将会成为大型质谱仪的有力补充，将成为未来质谱发展的一个重要方向。

气质与液质不同离子化方式可分析物质见图2-4。

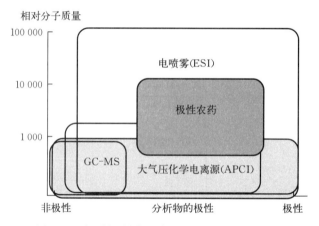

图2-4　气质与液质不同离子化方式可分析物质

三、农药多残留检测方法

农药的多残留检测，一直是分析化学工作者追求的目标，是农药残留分析的研究重点和发展趋势。现代农药残留分析主要是针对多残留分析，需要同时满足特异性强、灵敏度高、重现性好和线性范围广等方面的要求。现代化的农药残留分析要在准确分析的基础上，进行快速高效的分析。与常规检测分析一样，多残留检测也包括样品的前处理和仪器测定两方面。在技术要点方面，各国的多残留分析方法与单一成分的方法基本相同，不同之处在于根据基质的不同，选择不同的前处理操作。利用农药多残留技术，国际上可同时分析的农药可达几百种。由于食品基质成分复杂，不同农药的理化性质存在较大差异，而且同一种农药有同系物、异构体、降解产物、代谢产物以及共轭物的存在，使得目前没有哪一种多残留分析方法能同时涵盖所有的农药种类。

为给农产品中农药残留限量提供法律依据，我国自 20 世纪 80 年代中期开始陆续制定了相关的农药残留标准。随着我国居民生活水平的提高和加入 WTO 后面临的竞争，我国对农产品安全提出了更高的要求。在农药残留检测方法的建立上，主要参照国际食品法典委员会标准，同时也非常重视主要贸易出口国的检测方法。现已初步形成较完备的农药残留标准体系，基本满足农产品的残留检测要求。

（一）气相色谱及方法开发

气相色谱法是目前应用最为广泛的有机磷、有机氯农药残留分析方法，也可用于其他有机物的分析。其原理是，利用样品中各组分在色谱柱中吸附和解吸附能力的不同，也就是利用各组分在色谱柱的固定相和流动相中分配系数的不同来达到分离的目的，再经不同的检测器检测扫描出气相色谱图，通过保留时间来定性，通过峰面积来定量。

气相色谱仪是用于分离复杂样品中化合物的化学分析仪器。气相色谱仪中有一根细长的中空石英毛细管道，这就是气相色谱柱。在色谱柱中，不同的样品因为具有不同的物理和化学性质，与特定的柱内壁固定相有着不同的相互作用而被气流（载气）以不同的速率带动。当化合物从柱的末端流出时，它们被检测器检测到，产生相应的信号，并被转化为电信号输出。在色谱柱中固定相的作用是分离不同的组分，使得不同的组分在不同的时间（保留时间）从柱的末端流出。其他影响物质流出柱顺序及保留时间的因素包括载气的流速、温度等。

在气相色谱分析法中，一定量（已知量）的气体或液体分析物被注入柱一端的进样口中〔通常使用微量（自动）进样器，也可以使用固相微萃取纤维（solid phase microextraction fibres）〕。当分析物在载气带动下通过色谱柱时，分析物的分子会受到柱壁固定相的吸附，使通过柱的速度降低。分子通过色谱柱的速率取决于吸附的强度，它由被分析物分子的种类与固定相的类型决定。由于每一种类型的分子都有自己的通过速率，分析物中的各种不同组分就会在不同的时间（保留时间）到达柱的末端，从而得到分离。检测器用于检测柱的流出流，从而确定每一个组分到达色谱柱末端的时间以及每一个组分的含量。通常来说，人们通过物质流出柱（被洗脱）的顺序及其在柱中的保留时间来表征不同的物质。

目前，可以用于气相色谱仪的检测器已有 20 多种。其中，常用的有火焰光度检测器（FPD）、氮磷检测器（NPD）、电子捕获检测器（ECD）、氢火焰离子化检测器（FID）、热导检测器（TCD）和质谱仪（MS）等。有机磷分析中常用的检测器有氮磷检测器（NPD）和火焰光度检测器（FPD）等。其中 NPD 用于含氮、磷化合物的检测，FPD 则主要用于含硫、磷化合物的检测。有机氯及菊酯类化合物则用电子捕获检测器（ECD）来检测。如目前常用的 NY/T 761—2008 中的检测器就是最典型的例子。FID、TCD 和 MS 是通用型检测器。目前，毛细管柱已经替代填充柱成为主导色谱柱进行化合物的分离。

1. 检测器主要工作原理

（1）热导检测器（thermal conductivity detector，TCD）。热导检测器是一种通用的非破坏性浓度型检测器，理论上可应用于任何组分的检测。但因其灵敏度较低，故一般用于常量分析，主要用于无机气体和有机物分析。TCD 的主要原理：基于不同组分与载气有不同的热导率的原理而工作。热导检测器的热敏元件为热丝，如镀金钨丝、铂金丝等。当被测组分与载气一起进入热导池时，由于混合气的热导率与纯载气不同（通常是低于载气的热导率），热丝传向池壁的热量也发生变化，致使热丝温度发生改变，其电阻也随之改变，进而使电桥输出端产生不平衡电位而作为信号输出，记录该信号从而得到色谱峰。

（2）氢火焰离子化检测器（flame ionization detector，FID）。FID是多用途的破坏性质量型通用检测器，灵敏度高，线性范围宽，广泛应用于含碳有机物的常量和微量检测。主要原理：氢气和空气燃烧生成火焰，当有机化合物进入火焰时，由于离子化反应，生成比基流高几个数量级的离子；在电场作用下，这些带正电荷的离子和电子分别向负极和正极移动，形成离子流；此离子流经放大器放大后，可被检测。

（3）火焰光度检测器（flame-photometric detector，FPD）。FPD为质量型选择性检测器，主要用于测定含硫、磷的化合物。在使用时，通入的氢气量必须多于通常燃烧所需的氢气量，即在富氢情况下燃烧得到火焰。广泛应用于石油产品中微量硫化合物及农药中有机磷化合物的分析。主要原理：组分在富氢火焰中燃烧时，组分不同程度地变为碎片或分子，由于外层电子互相碰撞而被激发；当电子由激发态返回低能态或基态时，发射出特征波长的光谱，这种特征光谱通过滤光片后被测量。如硫在火焰中产生 $350 \sim 430$ nm 的光谱，磷产生 $480 \sim 600$ nm 的光谱，其中 394 nm 和 526 nm 分别为含硫和含磷化合物的特征波长。

（4）电子捕获检测器（electron capture detector，ECD）。ECD是浓度型选择性检测器，对电负性的组分能给出极显著的响应信号，用于分析卤素化合物、一些金属螯合物和甾族等亲电子化合物。主要原理：检测室内的放射源放出 β 射线（初级电子），与通过检测室的载气碰撞产生次级电子和正离子，在电场作用下，分别向与自己极性相反的电极运动，形成基流；当具有负电性的组分（即能捕获电子的组分）进入检测室后，捕获了检测室内的电子，变成带负电荷的离子，由于电子被组分捕获，使得检测室基流减少，产生色谱峰信号。

（5）氮磷检测器（nitrogen-phosphorus detector，NPD）。NPD是高选择性质量型检测器，可用于测定含氮、磷的有机化合物。其响应机理主要有气相电离理论和表面电离理论，通常认为气相电离理论能更好地解释NPD工作原理。气相电离理论认为氮、磷化合物先在气相边界层中热化学分解，产生电负性的基团；该电负性基团再与气相的铷原子（Rb）进行化学电离反应，生成 Rb^+ 和负离子，负离子在收集极释放出一个电子，并与氢原子反应，同时输出组分信号。

2. 各检测器主要适用范围

（1）TCD通用性强，性能稳定，线性范围最大，定量精度高，操作维修简单，廉价，易于推广普及，适合常量和半微量分析，特别适合永久性气体或比较纯净的样品分析。TCD不适用于环境监测和食品农药残留等样品的痕量分析，其主要原因有：TCD检测限大，样品选择性差，即对非检测组分抗干扰能力差；易被污染，基线稳定性变差。

（2）FID特别适合于有机化合物的常量到微量分析，是农药产品有效成分含量测试的常规方法。其抗污染能力强，检测器寿命长，日常维护保养工作也少。由于FID响应有一定的规律性，在复杂的混合物多组分的定量分析时，特别对于一般的常规分析，可以不用纯化合物校正，简化了操作，提高了工作效率。

（3）FPD是一种高灵敏度、高选择性的检测器，对磷和硫元素特别敏感，主要用于含磷、硫的有机化合物和气体硫化物中磷、硫的微量或痕量分析，如有机磷农药、水质污染中的硫醇等。

（4）ECD特别适合于环境监测和生物样品的复杂多组分和多干扰物分析，但有些干扰物和待定性、定量分析的组分有着近似的灵敏度（几乎无选择性），特别是在做痕量分析时，还应对样品进行必要的前处理，或改善柱分离以防止出现定性错误。ECD 分析对电负性样品具有较高的灵敏度；ECD 几乎对所有操作条件敏感，其对干扰物和目标物都具有高灵敏度的特性使得 ECD 的操作难度较大，有很小浓度的敏感物就可能造成对分析的干扰。

（5）NPD 对含氮、磷的化合物选择性好、灵敏度高，适合做样品中含氮、磷的微量和痕量分析。NPD 灵敏度大小与化合物的分子结构有关，如检测含氮化合物时，对易分解成氰基（—CN）的灵敏度最高，其他结构尤其是硝酸酯和酰胺类响应小。

（二）液相色谱技术

液相色谱是以液体为流动相的色谱技术。样品被流动相带入色谱柱中，由于与色谱柱固定相发生作用的大小或强弱不同，样品各组分以不同的速度沿流动相流动的方向移动，从而先后从固定相中流出。高效液相色谱法（high performance liquid chromatography，HPLC）与经典液相色谱法相比，HPLC 填料颗粒极细且规则，采用高压输液设备而不是自然液位差来输送流动相，故又称高压液相色谱法（high pressure LC，HPLC）。超高效液相色谱（ultra performance liquid chromatography，UPLC）粒度更小，可达 1.7 μm，压力更高，分析时间更快。

Waters 公司在 2004 年首次提出的超高效液相色谱能实现目标组分的超高效和高通量的分析，分析速度加快了 10 倍。高效液相色谱法现阶段的检测器有紫外检测器、二极管阵列检测器、荧光检测器、示差折光检测器、蒸发光散射检测器和质谱仪等。这些检测器的发展极大地推动了高效液相色谱法在农药残留检测领域的应用。图 2-5 为液相色谱可分析化合物，表 2-6 为气相色谱与液相色谱应用的对比，图 2-6 为气相色谱与液相色谱应用的二维示意。

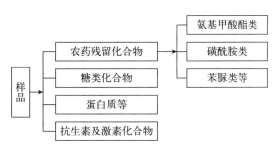

图 2-5 液相色谱可分析化合物

表 2-6 气相色谱与液相色谱应用的对比

项　　目	气相色谱	液相色谱
流动相	以气体作为流动相	以液体作为流动相
流动相作用	流动相只起运载样品分子的能力	流动相具有运载样品分子和选择性分离的双重作用
分析物范围	较窄	宽泛
适用分析物	只适用于沸点较低、热稳定性好的中小分子化合物的分析	尤其适用于高沸点、大分子（中小分子也适用）、强极性和热稳定性差的化合物的分析
示例	甲拌磷：相对分子质量为 260.38；沸点为 118～120 ℃；熔点为 −15 ℃ 毒死蜱：相对分子质量为 350.59；熔点为 42.5～43 ℃；沸点为 200 ℃；熔点为 42.5～43 ℃	多菌灵：相对分子质量为 191.2；熔点为 302～307 ℃ 阿维菌素：B1a 的相对分子质量为 873.09，B1b 的相对分子质量为 859.06；熔点为 150～155 ℃

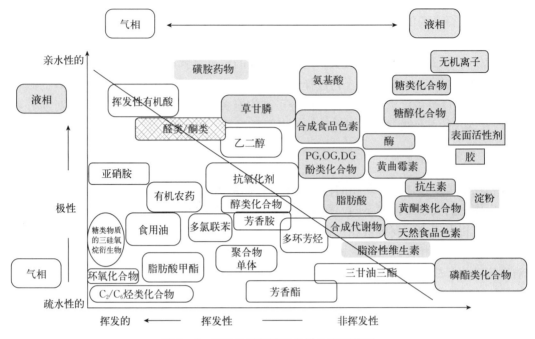

图 2-6 气相色谱与液相色谱的应用范围

液相色谱法对于气相色谱法不能分析的相对分子质量大、熔沸点高、热不稳定的农药理论上都可以进行有效的分离分析。因此，液相色谱法对于分析分离不挥发性、热敏感性化合物以及大分子化合物具有独特优势，是一种对多组分、复杂混合体系分离效率较高的方法。

（三）质谱技术

质谱技术（mass spectrography）是将样品转化为运动的带电气态离子，在磁场中按质荷比大小进行分离并记录的分析方法。质谱仪具有很强的结构鉴定能力，灵敏度高、定性能力强，可以确定化合物的分子质量、分子式甚至是官能团。但一般的质谱仪（MS/MS 除外）只对单一组分有良好的定性作用，对于直接引入质谱仪的混合物是无能为力的。现阶段与质谱技术联用的各种分离富集技术，能够在很大程度上解决这一问题。质谱与色谱的联用技术融合了色谱的高分离能力和质谱的强结构鉴定能力。它将农药残留分析从最初的依靠色谱技术对一种或几种农药的残留分析发展成能同时对不同种类的多种农药残留进行分析，实现了多组分、高灵敏度、高通量、定性及定量分析。

离子源是质谱仪三大组成部分之一，它的主要作用是将待分析样品电离成离子（分子离子和碎片离子等），形成由不同质荷比离子组成的离子束，并赋予一定的能量，使其快速飞向分析器。离子源的性能决定了离子化效率，很大程度上决定了质谱仪的灵敏度。质谱仪的离子源种类有很多的研究成果，如最经典的电喷雾电离（electrospray ionization，ESI）、电子轰击电离（electron impact ionization，EI）、化学电离（chemical ionization，CI）、快原子轰击电离（fast atom bombardment，FAB）、基质辅助激光解吸电离（matrix - assisted laser desorption ionization，MALDI）和大气压化学电离（atmospheric pressure chemical ionization，APCI）等。目前农药分析方面广泛使用的离子源有电子轰击电离、化学电离、电喷雾电离和大气压化学电离。电子轰击电离和化学电离源主要用于气相色谱-质谱联用仪，适用于易气化的有机物样品分析。电喷雾电离和大气压化学电离源属于常压电离技术，其离子化过程发生在大气压下，主要用于液相色谱-质谱联用仪。

　　气相色谱与质谱的联用仪器（GC-MS）是最早开发的色谱联用仪器。图 2-7 为北京市农业环境监测站开发的 GC-MS 检测多种类农药残留的质谱总离子流图。

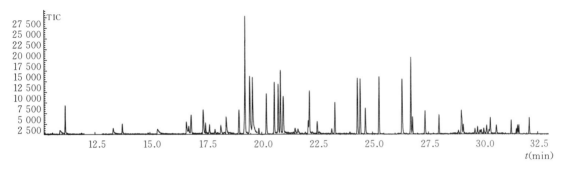

图 2-7　GC-MS 检测多种类农药残留的质谱总离子流图

　　质谱一般会得到两个图。第一个图为总离子流图，反映的就是色谱柱流出物质随时间得到的仪器检测信号。其与气相色谱基本一样，即色谱图。第二个图为即时质谱图，该图为即时的，即对应于总离子流图的任意一个时刻，都有相应的质子图。鼠标右键双击总离子流图的任意地方，就可以得到一张该时刻的质谱图。其意义为该时刻从色谱柱流出的物质的质谱信息。

　　一般做定量分析时，先要确定待测物质的分析条件，使分离物质能够较好地单一分离出来，得到较好的色谱峰，同时确定峰的保留时间。做未知样品时，找到该待测物质的保留时间处的色谱峰，点击得到该峰的质谱图，再与标准谱库检索对照，如果质谱图的离子碎片大小、高度、比例都基本相同，即可初步确定为该物质，即定性。未知物与标准物谱图的匹配度标准，不同仪器、不同仪器条件甚至不同样品环境下都不完全相同，要结合实际情况、实际经验以及其他仪器结果综合判定。找到该待测物质的保留时间处的定量离子峰，对峰面积积分，进行定量分析。要保证该定量离子没有被干扰，不然定量会不准。

　　进行有机物结构分析时，通常需要先对该化合物的某种离子进行选择，之后通过碰撞诱导解离表征碎片离子，这时就需要使用串联质谱（tandem mass spectrometer）。串联质谱技术的基本思想是，先用一级质谱筛选出所要研究的离子，使其进入碰撞区与惰性气体发生碰撞，通过碰撞诱导解离产生的产物再由二级质谱进行分析。这些谱图不仅可以提供离子碎裂过程中彼此间的亲缘关系，而且可以为化合物结构特征的了解提供重要的信息。串联质谱的应用可以有效降低干扰物的影响，提高仪器灵敏度，已成为化合物结构分析与确证的有效手段。

　　液相色谱-串联质谱（LC-MS/MS）为农药残留检测提供了强有力的分析手段，可以对极性农药进行有效分离、定性和定量分析，无需衍生化。MS/MS 具有抗干扰能力强及定性准确、灵敏度高的特点，使得复杂基质如葱、姜、蒜、韭菜等样本中农药的多残留分析技术和能力得到了提升，弥补了样品前处理不能较好地去除基质干扰的不足，是复杂基质中农药多残留分析的有效手段。目前有大量采用超高效液相色谱-电喷雾电离串联质谱同时定性、定量检测农产品中有机磷、氨基甲酸及其代谢物、磺酰脲类、酰胺类、吡啶类、苯氧羧酸类等几十到几百种农药残留。例如，试样用 QuEChERS 方法或固相萃取净化进行前处理，MRM 监测模式外标法定量在 15 min 内，分析物在 μg/kg 质量浓度水平，对于 80% 以上的目标物，定量下限可达到 1.0 μg/kg；3 个水平的加标回收率为 60%～120%，*RSD* 值小于 20%。

（四）直接离子化质谱技术（原位质谱分析）

质谱技术是分析测试技术中同时具备灵敏度高、特异性好、响应速度快的常用方法。对于绝大多数质谱仪器而言，从待测物离子产生到获得离子的响应信号仅仅需要毫秒级的时间。但完成一个实际样品的定性和定量分析，需要前处理、色谱分离，往往需要数小时以上甚至几天的时间。2004 年电喷雾解吸电离（DESI）技术文章的发表，在常压下对固体表面上痕量待测物直接离子化，成功地获得了不同表面上痕量物质的质谱，为实现无需样品前处理的常压快速质谱分析打开了一个窗口，随即在国际上掀起了基于直接离子化技术的快速质谱分析研究热潮，标志着常压快速质谱分析技术研究新时代的来临。如解吸电喷雾离子源（desorption electrospray ionization，DESI）、实时直接分析技术（direct analysis in real time，DART）和介质阻挡放电离子源（dielectric barrier discharge ionization，DBDI）、大气压固体分析探头（ASAP）、电喷雾萃取离子化（EESI）等。

大气压直接质谱分析技术泛指能够在无需样品前处理的条件下直接对各种复杂基体样品进行快速分析的新兴质谱技术。因为快速质谱分析的关键是新兴的复杂基体样品的直接离子化技术，因此在一般的讨论中，快速质谱分析技术的重点是离子化技术。直接离子化技术开发体现了从传统封闭式到敞开式，从块状固体样品到各种固体，再扩大到包括膏体、胶体、液体、气体等各种形态的样品，从二维平面电离到三维空间电离，从非生命静物分析到生命过程的活体分析的思维过程。

大气压直接质谱以某种能量产生初级离子，通过一定步骤实现复杂基体中能量与电荷的传递，并根据待测物分子物理、化学性质的差异，对能量和电荷进行选择性吸收，从而引发复杂基体样品中待测物的离子化。对于表面上的样品，辅助解吸技术对样品进行解吸电离，对于喷雾的液体或气体样品，初级离子束与中性样品喷雾进行微萃取电离。值得注意的是，初级离子的产生与样品处理过程并不是一定严格的完全独立的。有些离子源初级离子的产生与样品解吸处理在时间上和空间上是同步的。例如，激光解吸技术，光子用于待测物的解吸，又用于待测物的电离。在 DESI 技术中，电喷雾产生的带电液滴也是既起解吸作用又起电离作用。

在实际应用方面，在保持离子源性能的前提下进行小型化和集成化是该领域的重要发展方向之一。小型直接离子化装置应满足各种无需样品前处理的原位、实时、在线、非破坏、高通量、高灵敏度、高选择性、低耗损的分析检测要求。可以预见，新型离子化技术与小型质谱仪结合进行现场分析将成为未来发展的重要趋势，能快速地将质谱技术推广到各种野外环境的现场应急检测、流程监控、排放物检测与控制、突发事件处理等方面。

1. ASAP 应用实例　针对草莓生产中重点关注的生长调节剂和杀菌剂（多菌灵、莠去津、氯吡脲、6-苄氨基嘌呤、乙霉威、腈菌唑、多效唑、烯酰吗啉、嘧菌酯、氟硅唑、喹禾灵、咪鲜胺及抗蚜威内标物），采用大气压固体分析探头（atmospheric pressure solids a-nalysis probe，ASAP），无需色谱分离和色谱柱平衡及维护，能够在 20～30 s 内快速获得样品提取液中目标物的质谱定性和定量数据信息，可在草莓或西瓜等风险监测与评估、应急检测等工作中应用。图 2-8 为草莓样品直接分析的辛硫磷谱图。

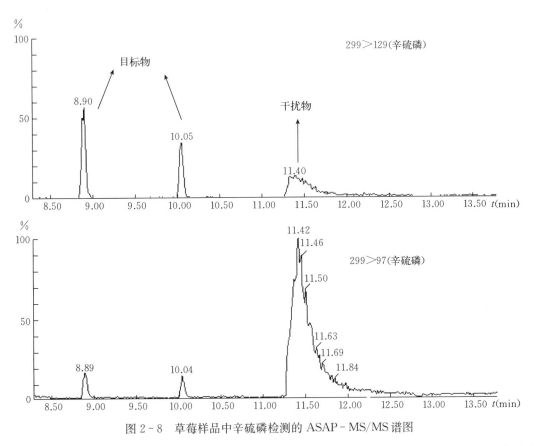

图 2-8　草莓样品中辛硫磷检测的 ASAP-MS/MS 谱图

2. DART 应用实例　实时直接分析（DART）为新型原位电离新技术，是继电喷雾离子化（ESI）及大气压化学电离（APCI）成功解决了生物和有机分子的分析之后，又一个具有革命性的当代质谱离子化技术，用以满足实验室对样品高通量分析的要求和对现场、无损、快速、低碳、原位、直接分析的需求。该技术由美国的 Robert Cody 博士和 Jim Laramee 博士于 2002 年发明，于 2005 年由 JEOL 和 IonSense 公司将其商品化并获得当年匹兹堡仪器博览会金奖和美国 R&D 100 创新大奖。

DART 原理是在常温常压下，载气（如氦气或氮气）经放电产生的激发态原子，解吸并离子化样品中的化合物，进而以质谱或串联质谱检测。该技术不需要（如 ESI）引入其他溶剂来影响离子的形成过程，真正实现直接、快速或无损、无接触分析。由于溶剂、基质（如蛋白质）、盐类对 DART 离子化过程不产生抑制效应，因而该技术对样品基质不需要进行特殊的前处理或烦琐、冗长、耗溶剂的色谱分离。通过自动化样品扫描功能和基于苹果 iPod Touch 图形化的操作界面，DART 结合串联质谱（MS/MS）或高分辨质谱（HRMS）能充分实现几秒钟内的快速、高通量的样品分析，大大提高了大批量样品的瞬时定量和定性分析能力。其特点包括：

（1）直接分析。DART 基本不需要样品制备，样品分析时间很短（几秒钟），满足了现代社会对高通量样品快速分析的需求。

（2）操作简便、节省人力。研究人员仅需要调节 DART 源的温度和正负极，不必花费太多时间和精力去优化其他操作参数。

（3）绿色、低碳、无损。分析过程几乎不需要化学溶剂，仅以氮气或氦气等作载气，耗能少，且减少了外来污染源。

（4）可在常压下分析液体、固体、气体样品，或任何形状的样品（如叶子、植株、农产品、包装材料）。

（5）能同时离子化极性、中极性和弱极性的活性组分、药物、毒物、糖类、脂类和残留有机物。对中性化合物如食用油中的甘油三酯、蜡、聚合物，以及螯合盐等同样灵敏有效，且不需像 ESI 或 MALDI 那样必须先行溶解样品。

（6）不产生明显的加合盐离子，无多电荷离子。离子信号仅包括所有能离子化的待测组分的单电荷离子，简化定量分析和谱图解析。

（7）样品分析非常简便。样品可以手动置放，或自动传输至 DART 出口和质谱仪离子采样口之间。

（8）能与众多主流质谱厂商（如 AB SCIEX、Agilent、Bruker、ThermoFisher、Waters、Shimadzu、JEOL 等）各种类型的质谱仪〔如飞行时间（TOF）、离子阱（Ion Trap、Orbitrap）、三重四极杆〕及各类混联质谱联用。

（五）农药速测技术

1. 酶抑制技术（有机磷和氨基甲酸酯类农药整体性速测） 酶抑制技术于 20 世纪后期开始应用于农药残留分析，常用来检测食品中的有机磷和氨基甲酸酯类农药残留量。这两类杀虫剂对人和动物的毒性较强，尽管品种繁多，但是毒性作用机理相同，都是神经传导抑制剂。酶抑制法（包括速测仪、速测卡条等）具有前处理简单、能快速灵敏地检测和适用于现场测定的优点等。如果首先由酶抑制快速测定仪进行粗测，对筛选出来的不合格样品再进行色谱确证，将会有效缩短测定时间，提高测样效率，但不能定性定量。

在特定的一段时期内，由于色谱法检测准确、灵敏度高，但成本高，测定时间长，且需要具有一定技术水平的专业人员才能操作，而酶抑制法具有不需要大型分析仪器、操作相对简便、速度快、适合现场快速检测和大批样品筛选检测等优点。因此，酶抑制法作为一种检测农药的常用方法曾得到广泛应用。另外，有些人为减少大型仪器分析中巨大的工作量，先用酶抑制法对大量抽检样本进行粗筛，筛选出有问题（抑制率＞70％）的样本，再用气相色谱法定量分析。这种做法是存在问题的，因为酶抑制速测法只对有机磷和氨基甲酸酯类化合物起作用，会造成漏检。

当前，随着检测技术的发展和软硬件条件的改善，酶抑制速测法已经逐渐从主流检测市场上消失。其原因：一是因为农药残毒速测仪器的检出限不能满足法规的要求；二是本身只能对样品进行粗筛，目标物种类很有限，也存在假阴性假阳性较高的问题；三是随着检测技术的发展和条件的改善，速测法的优势无法体现。目前，在一些特定场合，针对特定目标物和特定需求，速测法还有存在的空间，但已经不能满足主流检测市场或政府部门决策参考和技术依据的需要。

2. 酶联免疫吸附测定技术（特异性检测） 酶联免疫吸附测定（enzyme linked immunosorbent assay，ELISA）是 20 世纪 70 年代发展起来的，以抗原与抗体的特异性、结合反应的可逆性为基础的检测技术，是免疫分析中应用最广泛、发展最迅速的固相酶技术。目前广泛应用在分析化学、生物学和临床医学领域。传统的 ELISA 多用于分析水样，改进后的ELISA 能够分析果蔬基质或更为复杂的样品。测定的对象由农药和真菌毒素逐渐地扩展到其他物质的测定，如环境污染物。近年来，ELISA 技术正逐步在食品安全检测中推广应用，检测分析的对象涉及微生物、农药、天然毒性物、食品成分和伪劣食品等。

ELISA 灵敏度高、实用性强、选择性好，但只能作为弥补经典化学分析方法和仪器检测不足的方法应用。因为一种试剂盒只对特定一种或几种化合物起作用，当需要对多种化合物进行检测时，ELISA 便派不上用场，但该技术在临床上对特定指标进行检测方面应用广泛。

（六）其他检测技术

毛细管电泳（capillary eletrophoresis，CE）是 20 世纪 80 年代初以电泳技术为基础迅速发展起来的一种新型色谱技术。CE 包含电泳和色谱技术及其交叉内容，也称高效毛细管电泳（HPCE）。通过向毛细管柱两端施加高压直流电场，使待测物离子因迁移率的不同而达到高效分离的目的。对于不带电荷的分子，已开发出胶束电动色谱法（MEKC），拓宽了CE 的应用范围。CE 设备操作简单、取样量少、分析速度快、分离效率高，已发展成为一种实用性的农药残留分析技术，在医药学、生命科学、分析化学和食品科学等领域都得到了广泛的应用，是近几年来发展最为迅速的领域之一。CE 可以与原子吸收分光光度计（AAS）、电感耦合等离子体质谱仪（ICPMS）和电感耦合等离子体原子发射光谱仪（ICP-AES）联用。测定对象从无机小分子到有机大分子，从带电化合物到中性化合物，几乎涵盖了除挥发性和难溶物之外的各种分子。

四、农药多残留检测方法实例

（一）NY/T 761 及规范操作要点

《蔬菜和水果有机磷、有机氯、拟除虫菊酯和氨基甲酸酯类农药多残留的测定》（NY/T 761）目前是各级农产品质检机构常用的标准方法，也是历届全国农产品质量安全检测技能大赛农药残留定量检测的必考方法。下面对该方法操作以及规范操作要点进行介绍。

1. 农药标准溶液配制

（1）单个农药标准溶液。准确称取一定量的农药标准品，用甲醇（液相部分农药）或丙酮（有机磷农药）或正己烷（菊酯和有机氯）稀释，逐一配制成 1 000 mg/L 的单一农药标准储备液，储存在 −18 ℃以下冰箱中，可保存一年。使用时，根据各农药在对应检测器上的响应值，吸取适量的标准储备液。用有机溶剂或空白基质溶液稀释配制成所需的标准工作液。

（2）农药混合标准溶液。根据各农药在仪器上的响应值，逐一吸取一定体积的单个农药储备液，分别注入同一容量瓶中。用相应溶剂稀释至刻度配制成农药混合标准储备溶液，使用前用溶剂或空白基质溶液稀释成所需浓度的标准工作液。一般保存期不超过一个月。

空白基质溶液为不含农药残留物的样品经标准方法处理后的试样溶液，目的是尽量确保空白基质溶液中基质物质的种类及含量与样品中一致，达到补偿基质效应的效果。

2. 有机磷部分

（1）检测范围。敌敌畏、乐果、甲基对硫磷、杀螟硫磷、喹硫磷、伏杀硫磷、氧乐果、马拉硫磷、甲胺磷、毒死蜱、杀扑磷、乙酰甲胺磷、三唑磷、丙溴磷、水胺硫磷、甲基异柳磷、久效磷、磷胺、亚胺硫磷。

（2）操作步骤。

试样制备：按 GB/T 8855 抽取蔬菜水果样品，取可食部分，经缩分后，将其切碎，充分混匀放入食品加工器粉碎，制成待测样，放入分装容器中，－20～－16 ℃冷冻保存、备用。图 2-9 为检测人员进行样品制备。

 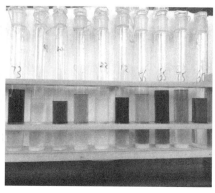

图 2-9　样品制备

提取：准确称取 25.0 g 试样放入样品瓶中，加入 50.0 mL 乙腈，在匀浆机中高速匀浆 2 min 后用滤纸过滤。滤液收集到装有 5～7 g 氯化钠的 100 mL 具塞量筒中，收集滤液 40～50 mL。盖上塞子，剧烈振荡 1 min，在室温下静止 30 min，使乙腈相和水相分层。图 2-10 中左图为自动匀浆机，右图为匀浆后的抽滤装置。

图 2-10　样品溶液自动匀浆机（左）与匀浆后的抽滤装置（右）

净化：从具塞量筒中吸取 10.00 mL 乙腈溶液，放入 150 mL 烧杯中，将烧杯放在 80 ℃水浴锅上加热，杯内缓缓通入氮气或空气流，蒸发近干，加入 2.0 mL 丙酮，盖上铝箔，备用。

将上述备用液完全转移至 15 mL 刻度离心管中，再用约 3 mL 丙酮分 3 次冲洗烧杯，并转移至离心管，最后定容至 5.0 mL。在旋涡振荡器上混匀，分别移入两个 2 mL 样品瓶中，供色谱测定。如样品过于混浊，应用 0.2 μm 滤膜过滤后再进行测定。

3. 有机氯、菊酯部分

（1）检测范围。氯氰菊酯、溴氰菊酯、氰戊菊酯、甲氰菊酯、氯氟氰菊酯、氟氯氰菊酯、联苯菊酯、三唑酮、腐霉利、三氯杀螨醇、五氯硝基苯、氟虫腈和乙烯菌核利。

（2）操作步骤。

提取步骤：同有机磷部分。

净化步骤：从 100 mL 具塞量筒中吸取 10.00 mL 乙腈溶液，放入 150 mL 烧杯中。将烧杯放在 80 ℃水浴锅上加热，杯内缓缓通入氮气或空气流，蒸发近干。加入 2.0 mL 正己烷，盖上铝箔，待净化。

将弗罗里硅柱依次用 5.0 mL 丙酮＋正己烷（10＋90）、5.0 mL 正己烷预淋洗、条件化。当溶剂液面到达柱吸附层表面时，立即倒入上述待净化溶液，用 15 mL 刻度离心管接收洗脱液，用 5 mL 丙酮＋正己烷（10＋90）冲洗烧杯后淋洗弗罗里硅柱，并重复一次。将盛有淋洗液的离心管置于氮吹仪上，在水浴温度 50 ℃条件下，氮吹蒸发至小于 5 mL，用正己烷定容至 5.0 mL，在旋涡振荡器上混匀，分别移入两个 2 mL 自动进样器样品瓶中，待测。

4. 氨基甲酸酯部分

（1）检测范围。涕灭威亚砜、涕灭威砜、灭多威、3-羟基克百威、涕灭威、克百威、甲萘威、异丙威、速灭威、仲丁威。

（2）操作步骤。

提取步骤：同有机磷部分。

净化步骤：从 100 mL 具塞量筒中准确吸取 10.00 mL 乙腈相溶液，放入 150 mL 烧杯中，将烧杯放在 80 ℃水浴锅上加热。杯内缓缓通入氮气或空气流，将乙腈蒸发近干；加入 2.0 mL 甲醇＋二氯甲烷（1＋99）溶解残渣，盖上铝箔待净化。

将氨基柱用 4.0 mL 甲醇＋二氯甲烷（1＋99）预洗、条件化。当溶剂液面到达柱吸附层表面时，立即加入样品溶液，用 15 mL 离心管收集洗脱液，用 2 mL 甲醇＋二氯甲烷（1＋99）洗烧杯后过柱，并重复一次。将离心管置于氮吹仪上，水浴温度 50 ℃，氮吹蒸发至近干。用甲醇准确定容至 2.5 mL。在混合器上混匀后，用 0.2 μm 滤膜过滤，待测。

柱后衍生条件：0.05 mol/L 氢氧化钠溶液，流速 0.3 mL/min；邻苯二甲醛（OPA）衍生化试剂，流速 0.3 mL/min；水解温度，100 ℃；衍生温度，室温。

色谱分析：吸取 20.0 μL 标准混合溶液（或净化后的样品）注入色谱仪中，以保留时间定性，以样品溶液峰面积与标准溶液峰面积比较定量（图 2-11）。

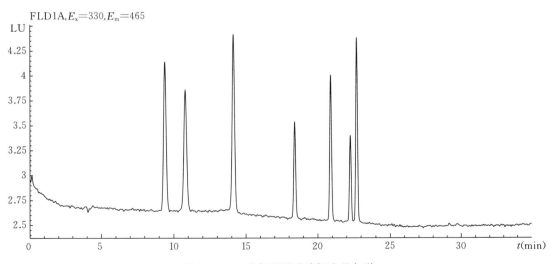

图 2-11　7 种氨基甲酸酯标准品色谱

5. NY/T 761 前处理操作要点

前处理操作要注意规范性,尤其在技能比赛过程中。以下是编者在一线工作中总结出的部分要点:

(1) 天平使用要规范。规范称量步骤,注意调水平、预热、调零等。称量时,如果称过量,一定不要放回原样品盒。尽量不要将样品沾到称样瓶紧邻瓶口的地方,否则在加入乙腈提取液的时候,不容易把它冲刷下去,带来系统误差。称毕,要做好记录。清理干净天平及台面后,填写天平使用记录。

(2) 如果添加标准溶液,加标体积不能超过 1 mL。移液管要规范使用(必须润洗、竖直吸取、液面平视、一看二靠三停等)。如需要自己配制,则要按照标准溶液配制方法规范操作。

(3) 检查匀浆机刀头是否干净,用水和丙酮空转清洗一遍,再进行样品匀浆。注意转速要缓慢增大至 12 000 r 左右,否则样品会溅出。

匀浆时,要把样品打碎、打均匀,以使农药充分提取,可以定时 2 min,样品与加标样的匀浆时间尤其要等同;将匀浆好的试样转入时摇匀,分 2 次倒入,用玻璃棒引流,尽量倒干净。玻璃棒引流操作正确。

(4) 具塞量筒事先放入 7 g NaCl(用称量纸送入底部)。氯化钠的量要适量,太少分层不明显。

(5) 过滤的步骤中,用漏斗架进行过滤,滤纸要叠好。如含有胶质或黏稠的难过滤样品,可用抽滤装置。

(6) 剧烈振摇时,塞子一定要塞紧,不要出现漏液。振荡完后,要稍微拧松一下盖子再拧紧。否则,静置完后,盐凝结盖子不容易打开。

(7) 静置时,时间不能少于 30 min,否则乙腈相与水相分层不彻底。当遇到乳化严重的情况,可采用离心分层。

(8) 用移液管移取 10.00 mL 乙腈提取液时,注意移液管各项规范操作要点。

(9) 将烧杯放置氮吹仪上吹干,注意氮吹仪导管不要接触液面。通入氮气流量不能过大,氮气流速至液面微微抖动即可。吹干至近干(剩半滴至一滴即可),拿出后用洗耳球吹一下。加入丙酮(有机磷)或正己烷(有机氯)2 mL,盖上铝箔。当使用旋转蒸发时,要蒸至还剩几滴时拿出,摇动并用洗耳球吹至近干。

(10) 有机磷部分,甲胺磷、敌敌畏、氧乐果等回收率偏低,浓缩时应控制好温度和浓缩速度,浓缩液一定不能蒸干。

(11) 转移至离心管时,用约 3 mL 丙酮分 3 次冲洗烧杯。定容 5 mL 后,在旋涡振荡器上混匀。如样品混浊,则过 0.2 μm 滤膜。过滤膜时,先将滤膜在注射器上装好,倒入溶液,弃去几滴后直接过滤在样品瓶中即可。

(12) 有机氯部分,过柱步骤,预淋洗、活化固相萃取柱时,一定不能让柱子干(液面低于筛板之下),否则影响回收,带来误差。固相萃取小柱用量筒依次量取 5 mL 丙酮+正己烷(体积比 1∶9)、5 mL 正己烷活化。当液面接近筛板上表面时倒入样品溶液。

(13) 洗脱时,事先将 10 mL 丙酮+正己烷量好,放置在试管中。少量多次(至少 3 次)清洗烧杯,依次过柱。

(14) 将离心管在 40 ℃的水浴氮吹至小于 5 mL,用正己烷定容。在旋涡振荡器上混匀。

(15) 氨基甲酸酯部分,要注意衍生试剂及药品的保存,避免失效。配制好的试剂尽量充入氮气,2 周之内衍生能力没有明显降低。

（16）试验过程中应注意，该记录的时候必须进行记录，并注意控制时间。

（二）QuEChERS 方法

QuEChERS 方法是以一种快速、简便、价格低廉的分析方法实现高质量的农药多残留分析。随后的研究进一步证实有超过 200 种农药残留可用该法分析，其中包括含脂肪的基质体系。QuEChERS 法较之传统方法具有以下优势：①回收率高，对大量极性及挥发性的农药品种的回收率大于 85%；②精确度和准确度高，用内标法进行校正；③分析时间短，能在 30～40 min 内完成 10～20 个预先称重的样品测定；④溶剂使用量少，污染小且不使用含氯化物溶剂；⑤操作简便，无须良好训练和较高技能便可很好地完成；⑥使用很少的玻璃器皿；⑦方法十分严格，在净化过程中有机酸均被除去；⑧所需空间小，在小的、可移动的实验室便可完成；⑨乙腈加到容器后立即密封，使其与工作人员的接触机会少；⑩所耗费的溶剂价格低廉；⑪样品制备过程中所使用的装置简单。其缺点是检出限不够低，净化效果不理想，存在转换上机溶剂的问题。

本方法后来衍生为欧盟方法（EN 15662：2008）和美国 AOAC 方法（AOAC 2007.01）。目前已经在一些国家广泛用于农药监督机构的评估和验证试验以及农产品市场监测。总体来说，此法使用单一的乙腈缓冲液进行浸提，再用无水硫酸镁与柠檬酸钠或醋酸钠缓冲体系振荡促使其分层；使用 PSA（primary secondary amine）去除组分中的脂肪酸，无水硫酸镁去除水分，得到的浸提液可用带有 MS 检测器的 LC 或 GC 进行农药多残留分析。《蔬菜、水果中 51 种农药多残留的测定　气相色谱-质谱法》（NY/T 1380—2007）是国内最早采用 QuEChERS 方法进行前处理并使用分析保护剂补偿基质效应的标准方法。2018 年 6 月 21 日发布的国家标准《食品安全国家标准　植物源性食品中 208 种农药及其代谢物残留量的测定　气相色谱-质谱联用法》（GB 23200.113—2018），是针对植物源性食品中多农药残留分析的 GC-MS/MS 方法，有 QuEChERS 方法和 SPE 方法可选择，方法测试了 23 种基质，最终确定 208 种农药品种。

QuEChERS 方法的步骤可以简单归纳为：①样品粉碎；②单一溶剂乙腈提取分离；③加入 $MgSO_4$ 等盐类除水；④加入乙二胺-N-丙基硅烷（PSA）等吸附剂除杂；⑤上清液进行 GC-MS、LC-MS 检测。

表 2-7 包括 QuEChERS 法样品制备方法及依据 GC-MS 的最小检出限（LOQ）列出可供选择的两种方法。a 方案依靠 LVI 得到最小检出限，b 方案则是在不分流模式下采取样品浓缩再用甲苯替换为增加注入样品数量的方法获得最低检出限。

此法最后得到的乙腈浸提液浓度为 1 g/mL。在 GC-MS 达到小于 10 ng/g 的检测限时，需要 8 μL 大体积进样量或者对浸提液进行浓缩，再将溶剂置换成甲苯（4 g/mL）。采用本方法，2 μL 不分流进样即能达到预期的灵敏度。如果实验室没有 MS，也可以根据分析要求选择不同的检测器。

要点讨论：

（1）NaAc·3H₂O 可用无水 NaAc 替代，但每个样品的无水 NaAc 的使用量为 1.5 g，而不是 1 g。

（2）无水 $MgSO_4$ 在使用前最好加热至 500 ℃（保持 5 h 以上），以去除邻苯二甲酸酯和水分。

（3）氨丙基固相吸附剂可替代 PSA，但每毫升浸提液用量为 75 g。

（4）对长期储存（大于 10 年）的农药溶液来说，甲苯是最合适的溶剂。这主要是因为甲苯挥发性小，能与乙腈混溶，以及对农药的高溶解度和稳定性。然而，并非所有农药在甲苯中的浓度均达 10 ng/mL。在某些情况下，乙腈、丙酮、甲醇以及乙酸乙酯也可使用，但长期储存其稳定性可能成为问题。储存过久的溶液也应定期替换。

表 2-7　官方分析化学家协会（AOAC）方法的总流程

步骤	程　序
0	取大于 1 kg 的样品，用食品加工器粉碎，称取其中 200 g 试料放入匀浆机高速匀浆
1，2	准确称取 15.0 g 试料放入 50 mL 离心管（FEP，氟化乙烯丙烯共聚物材料）中
3～5	加入 15 mL 含 1% 醋酸的乙腈溶液 + 1.5 g 无水硫酸钠 + 6 g 无水硫酸镁 + 150 μL 内标溶液
6，7	剧烈振荡 1 min，然后以 1 500×g 离心 1 min
8，9	移取 1～8 mL 上清液至离心管中，每毫升上清液加入 150 mg 无水硫酸镁 + 50 mg PSA，轻微振荡
10	以 1 500×g 离心 1 min
11a～16a	移取 0.5～1 mL 上清液到气相色谱进样瓶，加入三苯磷酸酯（TPP）工作液
	移取 0.15～0.3 mL 上清液到液相色谱进样瓶，加入 0.45～0.9 mL 6.7 mmol/L 甲酸溶液
11b～14b	移取 0.25 mL 离心液（步骤 10）到液相进样瓶，加入 TPP 工作液和 0.86 mL 0.67 mmol/L 甲酸溶液
15b	移取 4 mL 离心液（步骤 10）到锥形离心管，加入 TPP 和 1 mL 甲苯
16b～18b	在 50 ℃ 氮吹浓缩至 0.3～0.5 mL，加甲苯定容至 1 mL
19b～21b	加入 0.2 mg 无水硫酸镁，剧烈振荡，1 500×g 离心 1 min。移取约 0.6 mL 离心液至气相进样瓶
17a/22b	用大体积进样（LVI）气质联用，或 LC-MS/MS 进行分析

（5）内标物选择非常重要。首先确定样品中不含此物，在 LC-MS/MS 或 GC-MS 条件下完全回收。在本方法中，一种廉价的稀释液 d10-对硫磷用作内标液。稀释的毒死蜱或甲基毒死蜱也适应宽范围的选择性 GC 检测器，但是价格非常昂贵。有时也可用些不常用的化合物作内标物，但是其稳定性必须认真考察。

（6）在此方法中，最多 250 种农药能被添加配成溶液。如果单个溶液均以甲苯为溶剂，那么混合液将由 100% 甲苯组成，这样对校正标准溶液的制备是不理想的。标准溶液可以用乙腈制备，但对一些农药而言可降低其稳定性。尽管在 0.1% 乙酸溶液中稳定性大大改善，但降解是不可避免的。一个可供选择的方法，是通过在相同进样瓶中溶解多种农药参照品来制备农药混合物。

（7）三苯磷酯酸酯（TPP）工作液用乙腈溶液制备，主要因为步骤 3 加入的乙腈溶液中含有 1% 醋酸，后续步骤中可提高某些农药的稳定性。

（8）如果样品脂肪量超过 1%，添加同等数量 PSA 吸附剂用作分散固相萃取。随着脂肪量的增加，第三相（乳化层）将形成，由于部分非极性农药进入第三层导致回收率大大下降。多数非极性农药（如滴滴涕）在约 5% 脂肪量时的回收率小于 70%，但对极性较强的气谱分析或液谱分析的农药而言，当脂肪量高于 15% 时也能完全回收。

（三）GB 23200.8—2016 中气相色谱-质谱法

庞国芳等通过对几百种农药色谱-质谱特征和提取净化效率的评价，建立了一种同时测定水果、蔬菜中 500 种农药残留的方法。适用于苹果、柑橘、葡萄、甘蓝、芹菜、番茄中 500 种农药及相关化学品残留量的测定，其他蔬菜和水果可参照执行。

主要步骤：称取 20 g 水果、蔬菜样品，用 40 mL 乙腈均质提取，经过盐析、离心。

GB 23200.8—2016：取 20 mL 上清液通过 Envi-18 柱，用乙腈洗脱，洗脱液浓缩后再用串联的 Envi‐Carb 柱和 Sep‐Pak 氨基柱净化，用乙腈＋甲苯（3∶1）洗脱农药，洗脱液浓缩至 0.5 mL，用正己烷进行溶剂交换后，定容至 1.0 mL。加入内标，用气相色谱‐质谱法测定 500 种农药。线性相关系数 $r \geqslant 0.990$。用 6 种水果、蔬菜在 $0.001 \sim 2.4$ mg/kg 的 3 个添加水平进行回收率和精密度实验。446 种农药平均回收率全部在 $60\% \sim 125\%$，其中，436 种农药的相对标准偏差低于 25%，占 97.8%；有 10 种农药的相对标准偏差为 $25\% \sim 30\%$，占 2.2%。方法的检出限为 $0.006\,3 \sim 0.8$ mg/kg。本方法适用于苹果、柑橘、葡萄、甘蓝、番茄、芹菜的检测。

（四）农药残留检测技能竞赛各环节评分要求

近年来，各地农业部门为激发广大农产品质量安全检测技术人员学习专业理论、钻研技术的热情，加快农产品质量安全检测高技能人才培养，促进基层检测技术人员能力水平提高，更好地发挥检测体系的支撑保障作用，联合工会及人力资源和社会保障部门联合举办农产品质量安全检测技能竞赛活动，在社会上形成了很大反响。

（1）理论考试范围。主要包括农产品质量安全相关法律法规、检验检测基础知识、检测机构管理规范和实验室操作技能知识等内容，为相应职业的《国家职业技能标准》高级工（国家职业资格三级）及以上相关知识。

（2）考试题型。第三届检测技能大赛以理论知识考试和现场操作考核相结合的形式进行，其中理论知识考试占 30%，现场操作考核占 70%。

理论知识考试采用闭卷方式，时间为 90 min，题型包括选择题、判断题、简答题和论述题。

（3）比赛内容。蔬菜、水果样品试样制备及前处理过程，加标回收，试液的上机测定，测定结果根据仪器测定数据进行计算，填写原始记录。

决赛重点考核相关大型定量检测仪器设备的操作使用，气相色谱、液相色谱、柱后衍生仪器的原理与使用，仪器条件准备（包括安装色谱柱、换衬管等）、上机测试至结果处理。

（4）结合 NY/T 761 中方法及长期检测和培训经验，现总结部分参考评分项目（表 2‐8）和检测项目、方法及参考仪器（表 2‐9）供参考。

表 2‐8　参考评分项目

考核环节	内容	配分（分）	评分标准	分值（分）
样品前处理（35）	制样	5	1. 正确去皮，去核，缩分，切成小块	2.5
			2. 正确用搅拌机制样，样品打成泥，无明显颗粒	2.5
	提取	14	1. 正确使用电子天平	4
			2. 正确加入乙腈	4
			3. 正确使用旋涡振荡器	2
			4. 正确使用脱水装置	2
			5. 正确过滤	2
	净化	16	1. 静置分层充分	2
			2. 正确取上清液	4
			3. 正确使用氮吹仪	6
			4. 正确定容	1
			5. 正确使用旋涡振荡器	2
			6. 正确过滤	1

（续）

考核环节	内容	配分（分）	评分标准	分值（分）
其他操作（15）	时间	3	1. 比赛共 150 min，时间超过，3 分全扣	3
	操作文明	5	1. 规定着装	1
			2. 不违反实验室规定	1
			3. 工作台清理	1
			4. 实验器皿洗涤	1
			5. 标记清晰	1
	安全	2	1. 安全操作	2
	熟练度	5	1. 操作熟练	5
检测结果（15）	结果准确性	15	1. 准确性：计算回收率，3 个回收率均在 60%～120%，得分为（100%－A）×8；如有一个样品回收率小于 60% 或大于 120%，得分为（100%－A）×8×0.4（A 为平均回收率与 100% 差值的绝对值）；两个或两个以上样品回收率小于 60% 或大于 120%，得 0 分	8
			2. 精密度：$RSD \leqslant 1\%$，得 7 分；$1\% < RSD \leqslant 3\%$，得 5 分；$3\% < RSD \leqslant 5\%$，得 4 分；$5\% < RSD \leqslant 8\%$，得 3 分；$8\% < RSD \leqslant 10\%$，得 1 分；$RSD > 10\%$，得 0 分	7
数据处理（15）	定性分析	5	1. 根据给出的标准溶液图谱和样品图谱的保留时间，定性准确	1
			2. 检测条件填写正确、规范	1
			3. 有效数字填写正确	2
			4. 原始记录整洁、规范	1
	定量分析	10	1. 根据标准公式和样品图谱数据，计算样品中各农药质量分数 ω，结果准确	3
			2. 回收率结果计算准确	3
			3. 精密度结果计算准确	4
离线色谱工作站操作（20）	新建方法	3	1. 程序升温表设置正确	1
			2. 测量信息设置正确	1
			3. 保存方法到指定路径	1
	序列	4	1. 参数设置正确	3
			2. 保存序列到指定路径	1
	曲线	5	1. 标准曲线设置正确	3
			2. 保存标准曲线到指定文件夹	2
	计算	5	1. 未知图谱处理正确	2
			2. 含量计算正确	2
			3. 保存及填写审计追踪信息	1
	报告	3	1. 报告格式正确	1
			2. 正确打印报告	1
			3. 其他	1
合计				100 分

表 2－9　检测项目、方法及参考仪器

检测项目	检测方法	参考仪器
甲胺磷、甲拌磷（甲拌磷砜、甲拌磷亚砜）、氧乐果、对硫磷、甲基对硫磷、毒死蜱、敌敌畏、敌百虫、乙酰甲胺磷、三唑磷、水胺硫磷、杀螟硫磷、马拉硫磷、伏杀硫磷、亚胺硫磷、特丁硫磷、倍硫磷、辛硫磷、丙溴磷、治螟磷、蝇毒磷、灭线磷、杀扑磷、乐果、甲基异柳磷、二嗪磷、滴滴涕、六六六、氯氰菊酯、氰戊菊酯、甲氰菊酯、氯氟氰菊酯、氟氯氰菊酯、溴氰菊酯、联苯菊酯、氟胺氰菊酯、氟氰戊菊酯、氯菊酯、三唑酮、百菌清、异菌脲、五氯硝基苯、乙烯菌核利、三氯杀螨醇、腐霉利、涕灭威（涕灭威砜、涕灭威亚砜）、克百威（三羟基克百威）、甲萘威、灭多威、多菌灵、吡虫啉、氟虫腈（氟甲腈、氟虫腈硫醚、氟虫腈砜）、啶虫脒、苯醚甲环唑、哒螨灵、嘧霉胺、甲氨基阿维菌素苯甲酸盐、烯酰吗啉、虫螨腈、咪鲜胺、嘧菌酯、二甲戊灵、噻虫嗪、氟啶脲、灭幼脲、阿维菌素、除虫脲	《蔬菜和水果中有机磷、有机氯、拟除虫菊酯和氨基甲酸酯类农药多残留的测定》（NY/T 761—2008）《水果和蔬菜中 500 种农药及相关化学品残留量的测定　气相色谱-质谱法》（GB/T 23200.8—2016）	GC LC GC－MS GC－MS/MS LC－MS/MS
保棉磷、苯霜灵、苯酰菌胺、苯线磷、吡唑醚菌酯、丙环唑、稻丰散、稻瘟灵、地虫硫磷、多效唑、二苯胺、氟虫脲、氟硅唑、氟环唑、氟铃脲、己唑醇、甲基毒死蜱、甲硫威、甲霜灵、腈苯唑、腈菌唑、精二甲吩草胺、抗蚜威、喹硫磷、联苯三唑醇、磷胺、硫线磷、氯苯胺灵、氯苯嘧啶醇、氯硝胺、氯唑磷、醚菊酯、嘧菌环胺、灭蝇胺、扑草净、炔螨特、噻菌灵、噻螨酮、噻嗪酮、三唑醇、杀虫脒、戊菌唑、戊唑醇、烯唑醇、溴螨酯、异丙甲草胺、异丙威、莠灭净、仲丁威、唑螨酯	《水果和蔬菜中 450 种农药及相关化学品残留量的测定　液相色谱-串联质谱法》（GB/T 20769—2008）《植物性食品中除虫脲残留量的测定》（GB/T 5009.147—2003）	

（五）食品中农药残留限量标准及检测方法标准示例

目前农药残留检测的不同方法均有相应的国家标准或行业标准，操作要点、检测原理及所用仪器设备均可参照执行。为方便使用，下面列出现行的部分农药残留国家标准方法供参考。

检测方法标准：

GB 23200.1—2016　食品安全国家标准　除草剂残留量检测方法　第 1 部分：气相色谱-质谱法测定　粮谷及油籽中酰胺类除草剂残留量

GB 23200.2—2016　食品安全国家标准　除草剂残留量检测方法　第 2 部分：气相色谱-质谱法测定　粮谷及油籽中二苯醚类除草剂残留量

GB 23200.3—2016　食品安全国家标准　除草剂残留量检测方法　第 3 部分：液相色谱-质谱/质谱法测定　食品中环己酮类除草剂残留量

GB 23200.4—2016　食品安全国家标准　除草剂残留量检测方法　第 4 部分：气相色谱-质谱/质谱法测定　食品中芳氧苯氧丙酸酯类除草剂残留量

GB 23200.5—2016　食品安全国家标准　除草剂残留量检测方法　第 5 部分：液相色谱-质谱/质谱法测定　食品中硫代氨基甲酸酯类除草剂残留量

GB 23200.6—2016　食品安全国家标准　除草剂残留量检测方法　第 6 部分：液相色谱-质谱/质谱法测定　食品中杀草强残留量

GB 23200.7—2016　食品安全国家标准　蜂蜜、果汁和果酒中 497 种农药及相关化学品残留量的测定　气相色谱-质谱法

GB 23200.8—2016　食品安全国家标准　水果和蔬菜中 500 种农药及相关化学品残留

量的测定　气相色谱-质谱法

GB 23200.9—2016　食品安全国家标准　粮谷中 475 种农药及相关化学品残留量的测定　气相色谱-质谱法

GB 23200.10—2016　食品安全国家标准　桑枝、金银花、枸杞子和荷叶中 488 种农药及相关化学品残留量的测定　气相色谱-质谱法

GB 23200.11—2016　食品安全国家标准　桑枝、金银花、枸杞子和荷叶中 413 种农药及相关化学品残留量的测定　液相色谱-质谱法

GB 23200.12—2016　食品安全国家标准　食用菌中 440 种农药及相关化学品残留量的测定　液相色谱-质谱法

GB 23200.13—2016　食品安全国家标准　茶叶中 448 种农药及相关化学品残留量的测定　液相色谱-质谱法

GB 23200.14—2016　食品安全国家标准　果蔬汁和果酒中 512 种农药及相关化学品残留量的测定　液相色谱-质谱法

GB 23200.15—2016　食品安全国家标准　食用菌中 503 种农药及相关化学品残留量的测定　气相色谱-质谱法

GB 23200.16—2016　食品安全国家标准　水果和蔬菜中乙烯利残留量的测定　液相色谱法

GB 23200.17—2016　食品安全国家标准　水果和蔬菜中噻菌灵残留量的测定　液相色谱法

GB 23200.18—2016　食品安全国家标准　蔬菜中非草隆等 15 种取代脲类除草剂残留量的测定　液相色谱法

GB 23200.19—2016　食品安全国家标准　水果和蔬菜中阿维菌素残留量的测定　液相色谱法

GB 23200.20—2016　食品安全国家标准　食品中阿维菌素残留量的测定　液相色谱-质谱/质谱法

GB 23200.21—2016　食品安全国家标准　水果中赤霉酸残留量的测定　液相色谱-质谱/质谱法

GB 23200.22—2016　食品安全国家标准　坚果及坚果制品中抑芽丹残留量的测定　液相色谱法

GB 23200.23—2016　食品安全国家标准　食品中地乐酚残留量的测定　液相色谱-质谱/质谱法

GB 23200.24—2016　食品安全国家标准　粮谷和大豆中 11 种除草剂残留量的测定　气相色谱-质谱法

GB 23200.25—2016　食品安全国家标准　水果中噁草酮残留量的检测方法

GB 23200.26—2016　食品安全国家标准　茶叶中 9 种有机杂环类农药残留量的检测方法

GB 23200.27—2016　食品安全国家标准　水果中 4，6-二硝基邻甲酚残留量的测定　气相色谱-质谱法

GB 23200.28—2016　食品安全国家标准　食品中多种醚类除草剂残留量的测定　气相色谱-质谱法

GB 23200.29—2016 食品安全国家标准 水果和蔬菜中唑螨酯残留量的测定 液相色谱法

GB 23200.30—2016 食品安全国家标准 食品中环氟菌胺残留量的测定 气相色谱-质谱法

GB 23200.31—2016 食品安全国家标准 食品中丙炔氟草胺残留量的测定 气相色谱-质谱法

GB 23200.32—2016 食品安全国家标准 食品中丁酰肼残留量的测定 气相色谱-质谱法

GB 23200.33—2016 食品安全国家标准 食品中解草嗪、莎稗磷、二丙烯草胺等110种农药残留量的测定 气相色谱-质谱法

GB 23200.34—2016 食品安全国家标准 食品中涕灭砜威、吡唑醚菌酯、嘧菌酯等65种农药残留量的测定 液相色谱-质谱/质谱法

GB 23200.35—2016 食品安全国家标准 植物源性食品中取代脲类农药残留量的测定 液相色谱-质谱法

GB 23200.36—2016 食品安全国家标准 植物源性食品中氯氟吡氧乙酸、氟硫草定、氟吡草腙和噻唑烟酸除草剂残留量的测定 液相色谱-质谱/质谱法

GB 23200.37—2016 食品安全国家标准 食品中烯啶虫胺、呋虫胺等20种农药残留量的测定 液相色谱-质谱/质谱法

GB 23200.38—2016 食品安全国家标准 植物源性食品中环己烯酮类除草剂残留量的测定 液相色谱-质谱/质谱法

GB 23200.39—2016 食品安全国家标准 食品中噻虫嗪及其代谢物噻虫胺残留量的测定 液相色谱-质谱/质谱法

GB 23200.40—2016 食品安全国家标准 可乐饮料中有机磷、有机氯农药残留量的测定 气相色谱法

GB 23200.41—2016 食品安全国家标准 食品中噻节因残留量的检测方法

GB 23200.42—2016 食品安全国家标准 粮谷中氟吡禾灵残留量的检测方法

GB 23200.43—2016 食品安全国家标准 粮谷及油籽中二氯喹磷酸残留量的测定 气相色谱法

GB 23200.44—2016 食品安全国家标准 粮谷中二硫化碳、四氯化碳、二溴乙烷残留量的检测方法

GB 23200.45—2016 食品安全国家标准 食品中除虫脲残留量的测定 液相色谱-质谱法

GB 23200.46—2016 食品安全国家标准 食品中嘧霉胺、嘧菌胺、腈菌唑、嘧菌酯残留量的测定 气相色谱-质谱法

GB 23200.47—2016 食品安全国家标准 食品中四螨嗪残留量的测定 气相色谱-质谱法

GB 23200.48—2016 食品安全国家标准 食品中野燕枯残留量的测定 气相色谱-质谱法

GB 23200.49—2016 食品安全国家标准 食品中苯醚甲环唑残留量的测定 气相色谱-质谱法

GB 23200.50—2016 食品安全国家标准 食品中吡啶类农药残留量的测定 液相色

谱-质谱/质谱法

2018 年 6 月 21 日发布的国家标准，自发布之日起 6 个月正式实施：

GB 2763.1—2018 食品安全国家标准 食品中百草枯等 43 种农药最大残留限量

GB 23200.108—2018 食品安全国家标准 植物源性食品中草铵膦残留量的测定 液相色谱-质谱联用法

GB 23200.109—2018 食品安全国家标准 植物源性食品中二氯吡啶酸残留量的测定 液相色谱-质谱联用法

GB 23200.110—2018 食品安全国家标准 植物源性食品中氯吡脲残留量的测定 液相色谱-质谱联用法

GB 23200.111—2018 食品安全国家标准 植物源性食品中唑嘧磺草胺残留量的测定 液相色谱-质谱联用法

GB 23200.112—2018 食品安全国家标准 植物源性食品中 9 种氨基甲酸酯类农药及其代谢物残留量的测定 液相色谱-柱后衍生法

GB 23200.113—2018 食品安全国家标准 植物源性食品中 208 种农药及其代谢物残留量的测定 气相色谱-质谱联用法

GB 23200.114—2018 食品安全国家标准 植物源性食品中灭瘟素残留量的测定 液相色谱-质谱联用法

GB 23200.115—2018 食品安全国家标准 鸡蛋中氟虫腈及其代谢物残留量的测定 液相色谱-质谱联用法

正式公布的限量标准：

GB 2763—2016 食品安全国家标准 食品中农药最大残留限量

GB 2761—2017 食品安全国家标准 食品中真菌毒素限量

GB 2762—2017 食品安全国家标准 食品中污染物限量

表 2-10 为从 GB 2763—2016 中引用的部分蔬菜中农药残留限量值示例。

表 2-10 部分蔬菜中农药残留限量值示例

韭菜		芹菜		菜豆		菠菜		草莓	
农药	残留限量 (mg/kg)	农药	残留限量 (mg/kg)	农药	残留限量 (mg/kg)	农药	残留限量 (mg/kg)	农药	残留限量 (mg/kg)
丁硫克百威	0.05	百菌清	5	阿维菌素	0.1	除虫脲	1	苯氟磺胺	10
毒死蜱	0.1	敌百虫	0.2	毒死蜱	1	毒死蜱	0.1	啶酰菌胺	3
多菌灵	2	丁硫克百威	0.05	代森锰锌	3	二嗪磷	0.5	二嗪磷	0.1
氟胺氰菊酯	0.5	毒死蜱	0.05	多菌灵	0.5	氯氟氰菊酯	0.5	腐霉利	10
氟苯脲	0.5	氟胺氰菊酯	0.5	氟酰脲	0.7	马拉硫磷	2	克菌丹	15
氟虫腈	0.02	氟苯脲	0.5	二嗪磷	0.2	溴氰菊酯	0.5	氯化苦	0.05
氟氯氰菊酯	0.5	氟虫腈	0.02	马拉硫磷	2	增效醚	50	马拉硫磷	1
腐霉利	0.2	乐果	0.5	杀虫单	2	茚虫威	3	醚菌酯	2
氯氟氰菊酯	0.5	氯氟氰菊酯	0.5	五氯硝基苯	0.1	虫酰肼	10	灭菌丹	5
氯氰菊酯	1	氯氰菊酯	1	辛硫磷	0.05	阿维菌素	0.05	溴甲烷	30
四聚乙醛	1	马拉硫磷	1	溴螨酯	3	百菌清	5	溴螨酯	2

第五节 农药残留检测重点问题解析

一、农药残留检测过程怎样确保检测质量，要实施哪些质量控制措施？

质量控制：满足质量要求的操作技术和活动。通过有计划的监控手段，科学的统计方法，对检测过程及结果实施质量监控，以确保检测质量和检测结果的准确性。

样品检测前做好各项准备工作，主要包括仪器设备、试剂、药品、环境、容器等的准备。

仪器设备的检查：每次检测工作开始前，应对检测仪器设备进行必要的检查和维护，调整仪器工作条件，使仪器处于最佳工作状态。用标准溶液检查仪器灵敏度，对达不到灵敏度要求的仪器应及时维护，必要时维修，没有达到要求前不能进行样品检测。

试剂和药品的检查：每进一批试剂和药品，按检测方法对试剂进行符合性检验，对其进行杂质的检查，排除试剂对检测结果的干扰，如有必要应进行处理后再使用。

环境的检查：检测工作中，应对实验室、样品储藏室、前处理室和仪器室等环境进行控制，保证环境的温湿度符合检测的要求。天平室要注意称样时的温湿度要在规定范围内，如果偏离，如湿度太高，应进行除湿，直到稳定在规定范围内，才能进行称量。样品前处理室要进行控温，防止试剂的过度挥发，影响结果的准确性。

检测用器皿的检查：农药残留检测所用容量瓶、移液管等器皿，使用前要进行有效清洗，防止造成交叉污染。另外，刻度试管在最后定容使用时，必须每一支都要校准，这是因为不同批次试管间偏差会较大。

样品测定时，要做试剂空白、样品空白（无干扰样品用于基质匹配标准溶液），以确定有无干扰。外标法定量，每10个样品进一个标准溶液，每15个样品做一个添加回收率。为保证标准和样品在相同检测环境下，应使用基质匹配标准溶液进行定量。

可以选用的质量控制方法通常有以下几种：

1. 标准物质监控 为了防止实验室在长期工作条件下仪器设备、工作环境和分析人员状态出现偏差，应定期使用有证标准物质和次级标准物质（参考物质）进行内部质量控制。进行标准物质监控时，质量控制样品测定值必须落在保证值范围之内，否则本批结果无效。

2. 复现性检测 使用人员比对、仪器比对等进行复现性检测。

使用人员比对：在同等环境、设备、方法的条件下，不同人员测同一个参数。

仪器比对：在同等环境、人员、方法的条件下，使用不同仪器测同一个参数。

3. 样品复测 利用相同或不同方法，对留存的样品进行重复检测。做重复分析的保留样品，应是在保留期内未被污染的样品，且测定参数应不会发生降解和变化。

4. 能力验证和实验室比对 参加各类外部比对试验和能力验证活动。

5. 加标回收率监控 为了防止检测出现明显偏差，采取在样品中添加标准测定加标回收率方法进行检测质量监控，这是实验室内经常用以自控的一种质量控制技术。

6. 空白加标回收 在没有被测物质的空白样品基质中，加入定量的标准物质，按样品的处理步骤分析，得到的结果与理论值的比值，即为空白加标回收率。

样品加标回收：相同的样品取两份，其中一份加入定量的待测成分标准物质。两份同时按相同的分析步骤分析，加标的一份所得的结果减去未加标一份所得的结果，其差值同加入标准物质的理论值之比，即为样品加标回收率。

对于它的计算方法，给定了一个理论公式：

$$加标回收率＝(加标试样测定值－试样测定值)÷加标量×100\%$$

应当注意：①同一样品的子样取样体积必须相等；②各类子样的测定过程必须按相同的操作步骤进行；③加标量应尽量与样品中待测物含量相等或相近，并应注意对样品容积的影响；加标量不能过大，一般为待测物含量的 0.5～2.0 倍，且加标后的总含量不应超过方法的测定上限；④加标溶液的浓度宜较高，加标物的体积应很小，一般不超过原始试样体积的 1%。

农药检测添加一般以该样品的最大残留限量和方法定量限作为必选的浓度，即回收率试验必须选至少 2 个添加浓度。当没有最大残留限量值参照时，以方法定量限和高于方法定量限 10 倍的浓度做添加回收率，每一个浓度进行 5 次以上的重复试验。添加回收率结果应以接近 100% 为最佳，但由于杂质干扰、操作误差等诸多因素的影响，实际结果会有很大偏差。回收率参考范围见表 2-11。

表 2-11　不同添加水平对回收率的要求

添加水平（mg/kg）	范围（%）	相对标准偏差（%）
≤0.001	50～120	≤35
0.001～0.01	60～120	≤30
0.01～0.1	70～120	≤20
0.1～1	70～110	≤15
>1	70～110	≤10

二、什么是基质效应，如何产生？怎样减少其影响？

1. 基质效应　指样品中除分析物以外的其他成分对待测物测定值的影响，即基质对分析方法准确测定分析物的能力的干扰；按照欧盟农药残留分析质量控制规程中的定义，基质效应是指样品中的一种或多种非目标组分对待测物浓度或质量测定准确度的影响。

根据基质对检测信号响应值的不同影响，基质效应可分为基质增强效应和减弱效应。增强效应是指基质成分的存在减少了色谱系统活性位点与待测物分子作用的机会，使得待测物检测信号增强的现象，如甲胺磷、氧乐果在气相或气质中。减弱效应是指基质成分的存在使仪器检测信号减弱的现象，如部分农药在样品中液质离子化效率会降低，导致信号值减弱。在气相色谱分析中，大多数农药表现出不同程度的基质增强效应；而离子减弱效应在液质分析中，是比较常见和突出的现象，是液质分析的主要缺点之一。

如图 2-12 所示，多数农药都有不同程度的基质增强效应，甲胺磷、乙酰甲胺磷、速灭磷、氧乐果、磷胺、甲基嘧啶磷农药增强效应较强，而百菌清在基质里面被降解。

2. 可能影响基质效应的因素　涉及基质的浓度、基质的种类和性状、分析物的化学结构、性质、分析物在基质中的浓度、进样技术、进样口的结构、活性位点的数量、衬管、柱子的污染状况等。极性较强的农药更易产生基质效应，同一化合物在不同化学环境和色谱系统中也会有所不同。

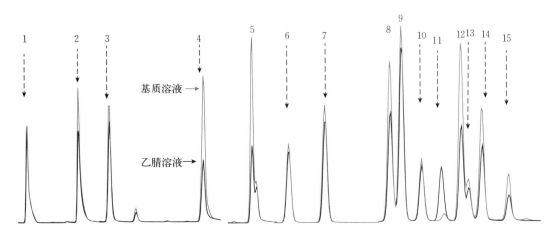

图 2－12　在乙腈溶剂与基质溶剂中部分农药（1 mg/L）的基质增强效应

1. 敌敌畏　2. 甲胺磷　3. 速灭磷　4. 乙酰甲胺磷　5. 氧乐果　6. β-六六六　7. 乙烯菌核利　8. 磷胺
9. 甲基毒死蜱　10. δ-六六六　11. 百菌清　12. 甲基嘧啶磷　13. 甲霜灵　14. 甲基对硫磷　15. 对氧磷

3. 评价方法

（1）较简单的采用相对响应值法。

$$基质效应（matrix\ effect）（\%）＝B/A×100\%$$

式中：A——在纯溶剂中农药的响应值；

　　　　B——样品基质中添加的相同含量农药响应值。

（2）比较复杂的采用标准曲线测定法。配制 3 组标准曲线。第 1 组标准曲线，是用有机溶剂配制成含系列浓度待测组分和内标的，可以做 5 个重复。第 2 组标准曲线，是将 5 种不同来源或不同品种的空白样品经提取后，加入与第 1 组相同系列浓度的待测组分和内标后制得。第 3 组标准曲线，采用与第 2 组相同的空白样品，在提取前加入与第 1 组相同系列浓度的待测组分和内标后，再经提取后制得。通过比较 3 组标准曲线待测组分的绝对响应值、待测组分与内标的响应值比值和标准曲线的斜率，可以确定基质效应对定量的影响。第 1 组测定结果，可评价整个系统的重复性。第 2 组测定结果同第 1 组测定结果相比，若待测组分响应值的相对标准偏差明显增加，表明存在基质效应的影响。第 3 组测定结果，若待测组分响应值的相对标准偏差明显增加，表明存在基质效应和提取回收率因样品来源不同而产生共同影响。

4. 基质效应的去除办法及基质匹配标准溶液的配制　基质效应的去除有杂质干扰物的充分净化，进样技术及系统操作的优化，对仪器系统的正确操作和维护，标准加入法（standard additions）与同位素内标法，使用基质匹配标准溶液（matrix‑matched standard calibration），保护剂（masking reagent）的使用，统计校正等。

目前，许多农药残留检测标准方法都是使用基质匹配标样来进行校准，以使标样中的基质环境与样品中的相同，其一般配制过程：先用空白样品按照所依据的检测方法，经过提取净化、定容，制备成空白基质溶液，然后把基质溶液作为溶剂配制和稀释成上机测试用标准溶液即可。但要注意几点：一是基质相同或相似；二是样品中待测物浓度与基质匹配标准中浓度要相近；三是要注意现用现配。

由于基质效应与基质的类型有很大的关系，严格来说需要每种类型样品都要匹配相应基质标准，这对日常检测来说并不现实。我们认为可以采用以下策略。

一是针对每一类型基质经过评价，选择一种通用基质进行配制。例如，将黄瓜作为蔬菜的通用基质，将西瓜作为水果的通用基质。二是细分，如采用白菜、甘蓝、番茄、黄瓜和油菜分别作为白菜类、甘蓝类、茄果类、瓜类和叶菜类蔬菜的校准基质。三是作为一种替代方法，混合物通用基质已有文献进行过评价，但准确性需要考察。不同类型农作物的通用基质可通过与其水分、糖、脂肪和脂肪酸的含量匹配来选择。选择的通用基质匹配标准应尽量使其标准曲线的斜率与所应用基质匹配校准的斜率相一致。

还有一个选项是分析物保护剂的应用。这类化合物可以是糖类、糖醇、糖衍生物、二醇类、聚酯类之一或混合物，用它代替基质来配制标准溶液，因其稳定性要优于样品基质。将该种试剂在进样前加入样品中，能起到保护待测物不被进样口附近活性位点吸附的作用，它被称之为分析保护剂（analyte protectants）。国内最早应用分析保护剂的报道是黄宝勇等2006年发表于《分析测试学报》的"应用分析保护剂补偿基质效应与气相色谱-质谱快速检测果蔬中农药多残留"，关于分析保护剂的选择及其适用性、优缺点等可参考该文。图2-13显示了分析保护剂对多种农药补偿基质效应的效果（相对响应值越靠近1，说明基质影响越小）。

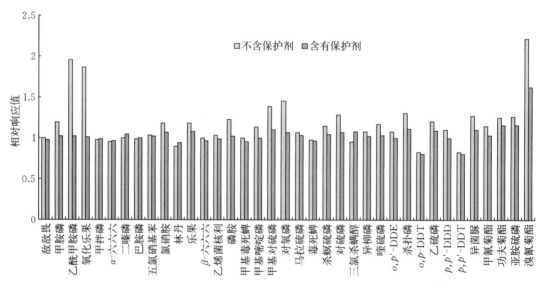

图2-13　分析保护剂对农药残留基质效应补偿效果

5. HPLC/MS基质效应　一般认为液相色谱-质谱中基质效应可能源于待测组分与生物样品中的基质成分在雾滴表面离子化过程中的竞争。其竞争结果会显著地降低（离子抑制减弱效应）有时也会增加（离子增强）目标离子的生成效率及离子强度，进而影响测定结果的精密度和准确度。由于基质中某些干扰组分的存在会使待测组分离子生成的速度与标准样品相比有显著不同，使得信号响应值产生较大变异。也有人认为基质效应是由于待测组分与基质中内源性物质共洗脱而引起的色谱柱超载所致。引起基质效应的成分一般为生物样品（如蔬菜、乳、血液等）中内源性物质，也可能是药物的多个代谢产物，或者一同服用的不同药物。这些成分常因在色谱分析中与目标化合物分离不完全或未被检测到而进入质谱后产生基质效应。

在常规液相色谱-质谱法的方法确证过程中，一般采用同一来源的空白样品配制系列标准样品和质控样品，其结果往往是方法的精密度和准确度良好。但在方法的实际应用中，因所测定的样品具有不同的来源，使得样品基质成分同标准样品和质控样品相比有一些不同。因基质成分的不同，使得含同样浓度目标化合物的不同来源样品的测定结果大不相同，从而对测定结果的精密度和准确度带来直接的、严重的影响。因而在方法建立阶段应对基质效应进行相关的研究，否则因基质效应的存在有时会导致错误的判断和结论。

三、载气如何选择和使用？GC 载气不纯会带来什么问题？

载气，作为气相色谱用的气体，要求其化学稳定性好，纯度高，价格便宜并易取得，能用于所用的检测器，常用的载气有氮气、氢气、氦气、氩气等。

选择何种气体作载气，首先要考虑使用何种检测器。电子捕获检测器常用氮气纯度大的；火焰光度检测器常用氮气和氢气；氢火焰检测器宜用氮气作载气，也可用氢气；用热导池检测器时，选用氢或氦作载气，能提高灵敏度。气相色谱上所用的载气大多是氮气，特别是 ECD 检测器，对氮气的要求很高，要求纯度达到 99.999％。

3 种主要的气体污染是氧气、水分和烃类杂质。氧气和水分可以通过管道连接头扩散进入载气流，烃类杂质由管道内的润滑脂和润滑油、空气压缩机或气体发生器的塑料管产生。

载气中氧气的存在可导致固定相氧化，改变样品的保留值，缩短色谱柱的使用寿命或损坏色谱柱。

载气中水的存在可导致部分固定相或硅烷化担体发生水解，甚至损坏柱子。

气体中有机化合物或烃类杂质的存在可导致出现负峰、鬼峰，背景噪声增加和托尾现象，污染检测器，检测器灵敏度降低。

气体中夹带的粒状杂质可能使气路控制系统失灵。

载气纯度如何保证：载气纯度对延长色谱柱寿命、降低噪声背景干扰和保持峰型完整的影响至关重要。为了减少气体污染物，应该使用脱氧管、除水装置和除烃类装置，并及时更换。脱氧管失效，无法保证氮气的脱氧效果。通常是将高纯气体与气体净化器（捕集阱）联合使用。捕集阱的安装应尽可能靠近气相色谱仪以减少阀与仪器之间的污染。

从图 2-14，我们可以了解到，气瓶或气体发生器出来的气体，依次通过减压阀、管道系统（包括挠性管或猪尾管）、稳压阀和调节阀。因此，操作使用高压气瓶时，必须十分小心：

为了防止气瓶跌倒，应该用锁链或安全绳捆绑并靠墙存放。

为避免气体流速的干扰，建议在气瓶与备用气瓶之间安装调节阀，尤其对载气来说，安装调节阀是非常重要的。例如，当色谱柱正在升温时，载气供应不足将严重损坏气相色谱柱。使用二级减压阀，将从气瓶出来的气体压力调节到所需的工作压力。

在更换气瓶和安装减压阀时，应尽量远离。

新安装完成的气瓶减压阀，尤其是在其刚开始使用的 24 h 内，应完全打开，目的是防止减压阀内部的压力降低造成压力不稳。一般来说，气瓶总压力下降到初始压力的 10％时需要更换气瓶,最迟到 5% 时必须更换。因为随着气瓶压力下降,杂质如水分、碳氢化合物和小颗粒会集中在气体中,大大降低了气体纯度。表 2-12 为不同用途气体推荐的净化器。

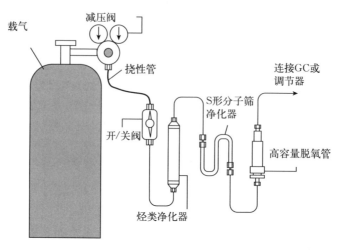

图 2-14 载气管路连接

表 2-12 不同用途气体推荐的净化器

气源类型	推荐净化器
载气	烃类、水分、氧气
FID/FPD（燃气）	烃类
FID/FPD（尾吹气）	烃类
FID/FPD（助燃气）	烃类
BCD（尾吹气）	氧气、水分
TCD（尾吹气、参比气）	烃类、水分、氧气

四、如何更换气相色谱脱氧管?是否需要一直通着载气?

脱氧管分为两种,一种可以观察到内部脱氧剂的情况,另一种是全金属外壳,无法观察到内部脱氧剂情况。当脱氧剂由亮绿色变为黑色,则表明脱氧管失活。如果无法观察到,应定期进行更换。

由于脱氧管价格较高,容量较小,更换时必须小心操作,避免更换时进入氧气。一旦空气中的氧气进入,会立即造成脱氧管失效。小号脱氧管只有不足 30 mL 的氧气吸附容量,一些劣质产品的氧气吸附容量可能更小。成品脱氧管出入口端均有螺丝密封,更换时不能随便打开更换,以避免更换时进入氧气,建议按照如下步骤操作:

（1）把载气打开一点,让载气通过接头以较慢的速度放空。

（2）拧松脱氧管进气端螺丝,移动到载气接头边上,用载气冲脱氧管接头的同时快速拧下螺丝,并连接好载气接头。整个过程不要断载气。

（3）拧紧进气端接口后,拧松出气端螺丝,这个时候可以看到载气从脱氧管中流出。

（4）保持载气供应,拿下螺丝,快速接好管线接头,检查气密性,更换完成。

除此之外,在更换载气钢瓶的时候也要注意避免空气进入系统,以免造成脱氧管失活。

因此，在更换钢瓶时，应注意置换排出减压表中的空气。如果不置换，直接拧紧钢瓶和减压表的连接处，中间将有 10 mL 左右的空气被封闭在系统内，对脱氧管的寿命影响极大。

五、分析农药残留时，GC 系统活性位点对有机磷类农药的吸附如何避免？

有机磷农药，是指含有磷元素的有机磷类化合物。GC 分析中，有些有机磷农药（如甲胺磷、乙酰甲胺磷、敌敌畏、氧乐果等）经常会出现色谱峰形不好看、拖尾，响应低，保留时间不稳定等现象。造成这些现象的主要原因是系统活性位点的吸附，例如，①进样口的衬管和石英棉容易对一些有机磷农药产生吸附作用；②样品瓶、进样针对有机磷吸附；③色谱柱的吸附等；④基质的干扰吸附等。由于进样口等位置活性位点吸附，经常出现检测结果偏差，使得定量结果不能真实反映样品中有机磷农药残留量，给检测带来一定影响。

那么在 GC 分析有机磷类农药残留时，应注意什么？该如何避免系统中各活性位点对农药的吸附？

可从以下几个方面入手：①更换衬管和石英棉，可在测样之前多进几针基质样品或高浓度的标准溶液来饱和，以掩盖活性位点；②增加样品分析保护剂的使用，如山梨醇等；③使用惰性衬管和样品瓶，或用硅烷化试剂二氯二甲基硅烷钝化衬管、进样瓶上的活性位点；④使用专用农药残留色谱柱检测；⑤采用基质空白溶液配制标准溶液来定性、定量。

由于长期使用，汽化室和衬管内常聚集大量的高沸点物质，当分析高沸点物质时，就会出现多余的峰，给分析带来影响。因此，要经常用有机溶剂清洗汽化室和衬管。汽化室的清洗过程：卸掉色谱柱，在加热和通气的情况下，由进样口注入无水乙醇或丙酮，反复几次，最后加热通气干燥。

六、GC 衬管和进样口为什么要保养与维护？如何操作？

当衬管或进样口被污染时，常会造成样品色谱特征的变化，如导致峰不对称（拖尾或前伸）、谱图变形、色谱峰变小或消失等，其主要原因：

衬管的内壁被污染，或有进样隔垫碎屑，易导致分析结果重现性差（如保留时间、峰面积重现性差）或出现鬼峰。

衬管内的石英玻璃毛等装填物填装不当，或装填物、衬管内壁有活性位点，易导致实验结果重复性差。

气相色谱仪长时间运行后，进样口经常残留有凝固的样品。当进样口有样品残留时，①如果凝固样品残留在进样隔垫上面或下面，易导致进样器进样时针尖不好插入；②如凝固样品残留在分流管路部分内部，会导致管路内径变细，甚至堵塞；③当进样口温度比通常工作温度高很多时，之前凝固样品可能会出现鬼峰，影响分析结果的重现性。

为保证仪器的分离效果，以及分析结果的精密度、准确性，降低因衬管和进样口被污染给测定结果带来的影响，需经常保养衬管和进样口。一般分为日常保养和定期保养。

1. 衬管的保养

（1）衬管的日常保养。清洗衬管是常用的保养方法，适用于衬管内壁被污染或有进样隔垫碎屑。首先，从仪器中小心取出衬管，用镊子或其他小工具小心移去衬管内的残留杂屑和装填物如玻璃毛，移取过程不要划伤衬管表面。先将衬管上端的石墨压环（或硅橡胶环）卸下，这上面易附着溶剂，会导致鬼峰。将衬管泡在有机溶剂（如丙酮）里，然后，用蘸有溶剂（如丙酮等）的纱布擦洗衬管内壁。如果衬管内壁上的严重污垢部分擦不掉，可将衬管浸于有机溶剂（如丙酮等）中放置数小时，直到能用蘸溶剂的纱布擦净内壁。最后，烘干（或吹干）衬管，装入新的填充物，装好衬管。

（2）衬管的定期保养。衬管内的装填物填装不当，或装填物、衬管内壁有活性位点，可能导致分析样品被吸附或分解，直接导致实验结果重现性差。当衬管或装填的石英棉活性过高时，有些农药样品的色谱峰会出现重现性差现象，结果也会有很大的偏差。

一般分析极性样品时，要及时更换或硅烷化衬管和装填的玻璃棉。衬管和玻璃棉的硅烷化处理，可按如下操作：首先，将衬管、石英棉用丙酮等有机溶剂清洗，晾干后在5％二甲基氯硅烷（DMCS）-正己烷中浸泡一夜。然后，取出浸泡后的衬管、石英棉，立即用甲醇清洗2~3次，再在甲醇中浸泡1 h左右。浸泡后取出，晾干后，装好衬管。

2. 进样口的保养

（1）进样口的日常保养。首先，要确保仪器各部件处于正常工作状态。检查气源（建议低于2MPa时更换气瓶），检查是否漏气，进样口温度不要超过隔垫的最高使用温度，在进样前要注意样品的净化处理，使用质量好的进样器，减少隔垫碎屑的干扰。

（2）进样口的定期保养。更换隔垫；清洗或更换进样针；进行泄漏测试和维修；清洗或更换衬管/内插件；更换O形环；清洗或更换分流平板和金属垫片（SSI）等。

关于进样隔垫，注意不宜过分拧紧，且要使用针尖锋利的进样器。由于进样等原因，进样口隔垫的上面或下面，可能会残留凝固的样品，拆下后可先用脱脂棉蘸取丙酮、甲苯等有机溶剂擦拭零件，对擦不掉的有机物，可将零件泡在有机溶剂里一段时间后再擦除或轻轻地刮掉，或者放在有机溶剂里超声。注意不要对仪器部件造成损伤。

3. 分流平板和分流管路的清洗

（1）分流平板的清洗。分流平板最为理想的清洗方法是在溶剂中超声处理，烘干后使用。也可以选择合适的有机溶剂直接清洗，例如，从进样口取出分流平板后，首先采用甲苯等惰性溶剂清洗，再用甲醇等醇类溶剂进行清洗，烘干后备用。

（2）分流管路的清洗。在检修过程中，无论分流管路是否堵塞，都需要对分流管路进行清洗。分流管路的清洗，一般选择丙酮、甲苯等有机溶剂。对堵塞严重的分流管路部分，如果用单纯清洗的方法很难清洗干净，可选取粗细合适的钢丝对分流管线进行简单的疏通，然后再用丙酮、甲苯等有机溶剂进行清洗。由于事先不容易对分流部分的情况做出准确判断，对手动分流的气相色谱仪来说，在检修过程中对分流管路进行清洗尤其重要。

对于用压力传感器和流量传感器控制的气路系统（EPC），EPC控制分流，即使有细小的进样隔垫碎屑进入EPC与气体管线接口处，也可能对EPC部分造成堵塞。所以每次检修都要对仪器的EPC部分进行检查。

操作过程中尽量戴手套操作，防止静电或手上的汗渍等对电路板上的部分元件造成影响。

七、气相色谱柱如何进行老化处理?

新色谱柱不能马上使用，还需要进行老化处理。用过一款时间的柱子，也需要定期老化。

（1）老化的目的。老化的目的有两个：一是为了彻底除去填充物中的残余溶剂和某些挥发性杂质，二是促进固定液均匀地、牢固地分布在单体的表面上。气相色谱柱的固定相，通常是以涂覆的形式分布在柱管管壁内侧（毛细管柱）或载体表面（填充柱）上的，对于一根新的气相色谱柱，外层固定相与载体的结合往往较弱，在高温下使用会缓慢流失，造成基线起伏和噪声升高。为了避免这一现象发生，可以预先在较高温度下（一般为色谱柱的耐受温度）加热一段时间，使结合较弱的固定相挥发出去，从而使后面的分析不受干扰。此外，对使用时间较长的气相色谱柱可进行老化操作，可以除去色谱柱中残留的污染物。

（2）老化的方法。把柱子与汽化室连接，与检测器一端要断开，同时，将检测器用闷头堵上，以氮气为载气，确保载气流过毛细管柱 15～30 min。程序升温（5 ℃/min）到老化温度。温度通常为其温度上限。特殊情况下，可加热至高于操作温度 10～20 ℃，但是一定不能超过色谱柱的温度上限，那样极易损坏色谱柱。此外，不要将程序升温的速度设定得太慢。当达到老化温度后，记录并观察基线。按比例放大基线，以便容易观察。初始阶段，基线应持续上升，在达到老化温度后 5～10 min 开始下降，并且会持续 30～90 min。当达到一个固定的值后，基线就会稳定下来。如果在 2～3 h 后基线仍无法稳定，或在 15～20 min 后仍无明显的下降趋势，那么有可能是系统装置有泄漏或污染。遇到这样的情况时，应立即将柱温降至 40 ℃以下，尽快地检查系统，并解决相关的问题。如果还是继续老化，不仅对色谱柱有损害，而且始终得不到正常稳定的基线。另外，老化的时间也不宜过长，不然会降低色谱柱的使用寿命。

一般来说，涂有极性固定相和较厚涂层的色谱柱老化时间较长，而弱极性固定相和较薄涂层的色谱柱所需时间较短。如果色谱柱没有与检测器连接就进行老化，那么老化后，谱柱末端部分可能已被破坏。要先把柱末端 10～20 cm 部分截去，再将色谱柱连接到检测器上。

温度限定是指色谱柱能够正常使用的应用温度范围。温度上限通常有两个数值。较低的数值是恒温极限，在此温度下，色谱柱可以正常使用，而且无具体的持续时间限制。较高的数值是程序升温的升温极限。该温度的持续时间通常不多于 10 min。高于温度上限的操作，则会降低色谱柱的使用寿命。

八、怎样改善农药后流出组分的峰形和分离度？

气相色谱是将样品汽化后导入色谱柱进行分离分析，柱温直接影响样品中各组分的色谱行为。多数情况下，大部分样品组分复杂、沸程较宽，在这种情况下，如果使用恒温分析，则各组分难以完全分离并且峰形较差。同时，以低极性色谱柱为例，宽沸程的复杂样品在恒温模式下进行分析，柱温设定太高，则分离度下降，柱温设定太低，则分析时间延长。因此，应该用柱温程序升温方法来改善后流出组分的峰形。

目前，程序升温是改善复杂混合样品分离最主要的手段。采用柱温程序升温方式，可有效分离多组分、宽沸点范围的复杂样品。由于初温较低，在逐渐升温的过程中，不同沸点的物质逐渐汽化，最终在柱子中分离开。程序升温的条件，包括起始温度、维持起始温度的时间、升温速率、最终温度、维持最终温度的时间，通常都要反复实验加以选择。针对复杂的样品，一般先设定一个升温程序，初温 40 ℃或 50 ℃不保持，以 10～20 ℃/min 升温速率升至最高温度，如 280～300 ℃，最高温度视色谱柱的温度上限而定。记录色谱图，观察分离情况。如果在一段时间内出现空白或色谱峰非常少，则根据升温程序计算这一段时间的温度，然后提高其升温速率。如果某一段时间内出现大量的色谱峰堆积，根据升温程序计算这一段时间的温度，降低其升温速率；若仍然分不开，则将本段时间升温起点的温度保持 5～10 min，观察其分离，反复调整至分离度和峰形良好。

九、气相色谱 FPD 和 ECD 检测器使用要注意什么？

（一）FPD 的使用

（1）FPD 用氢气作载气最佳，氦气次之，氮气最差。

（2）建议 FPD 使用温度＞250 ℃，且必须不低于升温程序的最高温度。

（3）FPD 的气流量，一般氢气为 60～80 mL/min，空气为 100～120 mL/min，而尾吹气和柱流量之和为 20～25 mL/min。

（4）必须在温度升高后再点火，关闭时，应先熄火再降温。

（5）滤光片表面应清洁无污物，勿用手触摸其表面。

（6）如使用氢气发生器，应密切关注碱液水分的消耗情况。

（7）气路要安装气体过滤器和氧气捕集器。

（8）为防止检测器被污染，检测器温度设置不应低于色谱柱实际工作的最高温度。一旦检测器被污染，轻则灵敏度明显下降或噪声增大，重则点不着火。消除污染的办法是拆开检测器按操作说明进行清洗或请工程师完成。

（二）ECD 的使用

（1）要保证载气的高度纯净；应该使用脱氧管和除水装置，并及时更换。

（2）操作温度不应太低。操作温度为 250～350 ℃，否则检测器很难平衡，建议使用温度为 300 ℃；无论色谱柱温度多么低，ECD 的温度均不应低于 250 ℃。

（3）在分析样品时要保证样品净化，尽量减少样品污染检测器，如果样品较"脏"，最好用高温度烧检测器并用高流量的尾吹气吹扫。

（4）关闭载气和尾吹气后，用堵头封住 ECD 出口，避免空气进入。在不使用 ECD 时，必须使用死堵将 ECD 的口堵死，防止被氧化。

（5）载气及尾吹气的流速之和一般为 60 mL/min。

（6）如果 ECD 被污染，可以用高温烧，或者用氢气还原。

（7）日常关机后最好保留氮气尾吹。

（8）高纯氮气载气在小于 2 MPa 时最好更换新的氮气。

（9）晚上仪器不用时可以将检测器温度降至 100 ℃左右，电流降至最小。

十、基线漂移问题如何确定来源？不同来源如何解决？

在 GC 中使用程序升温时，常常会出现基线漂移的现象，出现这种现象的原因通常有以下几个：色谱柱流失、进样垫流失、进样器污染或检测器污染、气体流速的变化。如果使用高灵敏度检测器，即便是微弱的柱流失或系统污染，都可能带来显著的基线漂移现象。为了提高定性和定量分析的可靠性，应尽可能地降低或消除基线漂移。

1. 确定基线漂移问题来源的方法　首先，把柱子从色谱仪上取下，堵住检测器的入口，再观察在程序升温时基线的漂移情况。如果基线不稳，那么污染来自检测器；如果基线是稳定的，证明检测器良好。此时，用一小段熔融石英管，把进样器和检测器连接起来，走一个升温程序，观察基线漂移情况，此时反映的是进样器的污染情况。如果基线不稳，可以确定问题来自进样口；如果基线稳定，证明检测器和进样口均未被污染，此时把柱子重新装上，走同样的升温程序，来确定是不是柱子流失造成的基线漂移。

2. 样品和进样器带来的基线漂移的处理　色谱柱上，如果有高分子不挥发性物质残留，那么在程序升温时就容易产生基线漂移。因为这些物质的保留性较强，在柱中移动缓慢，可以采用重新老化的方法，将这种强保留组分从柱子上赶出，但这种方法增加了固定液氧化的可能性。此外，还可以使用溶剂冲洗色谱柱（冲洗之前，请阅读柱子的使用注意事项，以便选出合适的溶剂），也可以安装保护柱，这样可以预防问题发生。

如果是进样器被污染造成基线漂移，可以通过更换进样垫、衬管和密封圈来解决，同时，用溶剂冲洗进样口。维护完毕之后，用一段熔融石英管将进样器和检测器连接起来，进一针空样，以确认进样器已经干净。

3. 检测器产生的基线漂移的处理　由检测器带来的基线漂移，通常是由补偿气或者燃气当中少量的烃类物质引起的，使用高纯气体净化器处理补偿气或者燃气，可以减少这种基线漂移；使用高纯气体发生器，可以改善 FID 的基线稳定性；正确的检测器维护，包括定期的清洗，可以减少这种漂移。

4. 柱子流失带来基线漂移的处理　在使用新柱之前，按照本文前述的老化方法可以使柱流失降低。另外，长时间低温老化相对于短时间高温老化有利于降低色谱柱流失。

如果在载气中含有少量的氧气、水分，或者气体管路漏气，在高温条件下，固定液就容易被氧化，从而造成柱流失，带来基线漂移。一旦固定液被氧化，必须使用高纯载气老化数小时，才有可能使基线趋于水平，这种对固定液的破坏是无法弥补的。所以，如果有氧气连续通过色谱柱，即便进行老化，基线也无法降到水平。因此，在实验过程中，应在气体管路当中使用高质量的氧气/水分过滤器，同时，用高质量的电子检漏仪严格检漏。

十一、含多个异构体峰如何进行定量？

很多菊酯类农药、烯酰吗啉等存在顺反异构体，如氯氰菊酯在气相色谱中会出 4 个峰，4 个峰的峰面积各不相同，如何准确计算样品中氯氰菊酯的含量呢？

氯氰菊酯共有 4 个顺反异构体、8 个手性对映异构体：一对低效顺式，一对低效反式，一对高效顺式和一对高效反式。常规 GC 柱分析时，出峰顺序为一低顺、二低反、三高顺、四高反。色谱条件控制得好，出 4 个峰，分析条件不恰当，有时只能出 3 个峰。

首先，定性。选择氯氰菊酯标准溶液进样，记录 4 个异构体色谱峰的保留时间（t_R）。在各种操作条件不变的情况下，进未知物组分，当未知色谱峰 t_R 与氯氰菊酯标准品的 4 个异构体色谱峰 t_R 相同时，可初步确定未知色谱峰是氯氰菊酯异构体之一。

其次，定量。第一，配制已知浓度的氯氰菊酯标准溶液，进样，计算 4 个异构体峰的峰面积，将 4 个峰的峰面积相加得出总峰面积，用各个峰面积除以总峰面积，算得相对百分数，乘以氯氰菊酯标准溶液的浓度，即为各个异构体峰的浓度。计算公式如下：

$$w_i = (A_i / \sum A) \times 100\% \times f$$

式中：w_i——氯氰菊酯单峰浓度；

A_i——氯氰菊酯单峰面积；

$\sum A$——氯氰菊酯 4 个峰面积总和；

f——氯氰菊酯实际总浓度。

最后，用样品峰面积除以标准品峰面积，乘以标准品中各个峰的浓度即为样品中的单峰浓度。将这 4 个峰的浓度相加即为样品中氯氰菊酯总浓度。其计算公式如下：

$$w_s = (A_s/A_i) \times w_i$$

式中：w_s——样品中的单峰浓度；

A_i——标准品中的单峰面积；

A_s——样品中对应的色谱峰峰面积；

w_i——标准品中对应氯氰菊酯单峰浓度。

十二、色谱分析如何定性定量？复杂样品分析时，如何避免假阳性结果？

定性分析，就是确定色谱图中每个色谱峰究竟代表什么组分。色谱分析中，利用保留时间定性是最基本的定性方法：相同的物质在同一色谱条件下，应该有相同的保留时间。但是，相反的结论却不成立，即在相同色谱条件下，具有相同保留时间的两个色谱峰，不一定是同一物质。

分别将未知样品和已知标准物倒在同一根色谱柱上，用相同的色谱条件分析，获得色谱图后进行对照比较。如果未知样品中的某个峰与标准品的保留时间相同，则可初步推测是该化合物，但是否肯定是该化合物，则要用质谱进行确证。分析中经常会碰到复杂基质样品，由于杂质成分与待测化合物性质相似或接近，就可能在色谱行为上表现一致，反映在色谱图中，就是出现与待测化合物标准品保留时间一致的色谱峰，可能是单一组分峰，也可能是多组分重叠峰。对于这些峰，仅靠保留时间定性，就容易出现误判。出现这种情况，多半是样品未净化完全、杂质峰干扰效应等，尤其在含硫化合物较多的葱、姜、蒜样本的有机磷农药残留检测中经常出现。

定量分析，就是根据色谱峰峰高或峰面积来计算样品中各组分的含量，常用的定量方法有峰面积百分比法、归一化法、内标法、外标法和标准加入法。

避免出现假阳性结果的方法有：

（1）样品中添加标准品，对比保留时间并测定加标回收率，看色谱峰及面积是否变化。

（2）改变色谱柱升温程序，看样品中该色谱峰保留时间与标准品保留时间有无差别变化。

（3）利用两根不同极性的色谱柱，或不同类型检测器进行双柱、双检测器定性。

（4）采用质谱或二级质谱进行全扫描并与标准物质质谱图对比，将主要定性离子和组成比例与谱库中对比，看是否一致。

十三、何谓反相柱、正相柱？

"反相"和"正相"是液相色谱法早期提出的概念，当时键合相色谱柱尚未出现，固定相被涂覆在载体表面，极易流失。为此，科学家对流动相的使用，给出了合理的建议：流动相极性与固定液极性应具有较大差别，以减少固定液流失。固定相极性弱于流动相时的液相色谱法，被称为反相色谱法，固定相极性强于流动相时的液相色谱法，被称为正相色谱法。尽管目前键合相色谱柱已成为主流，但这一概念在色谱方法开发、预测出峰顺序等方面仍具有重要的意义。

由上面的介绍可知，具体的色谱方法、色谱柱属于正相还是反相，不仅取决于固定相极性，同时，还取决于流动相极性。C_{18}（硅胶键合十八烷基硅烷）、C_8（硅胶键合辛基硅烷）、phenyl（硅胶键合苯基硅烷）等色谱柱，由于固定相极性极低，因而是标准的反相柱；Silica（硅胶）、NH_2（硅胶键合氨丙基硅烷）具有较高的极性，主要用于分离带有极性基团的化合物，所用流动相的极性通常低于这些固定相，因而是标准的正相柱。CN（硅胶键合腈丙基）色谱柱的极性介于正相和反相之间。当流动相极性超过 CN 时，它属于反相柱；反之，则是正相柱。

十四、液相色谱柱规格对分析结果会产生何种影响?

色谱柱内径决定载样量，载样量与内径的平方成正比。色谱柱长度与塔板数成正比，与柱压成正比，柱长越长，分离度越好，但时间会越长。粒径影响涡流扩散相，粒径越小，涡流扩散相越小，柱效越高，粒径与柱效近似成反比。粒径越小，压力也越大，压力与粒径的平方成反比，但粒径越小，分离度会越高。填料孔径对分析对象的相对分子质量有限制，当孔径为分析物尺寸的 5 倍以上时，分析物才能顺利通过孔隙，孔径处于 6～12 nm 的色谱柱，适用于相对分子质量小于 10 000 的分析物；孔径为 30 nm 的色谱柱，可以满足相对分子质量处于 10 000 以上的大分子化合物分析。

十五、液相色谱分析中如何才能提高分离度?

通过分离度计算公式可以了解影响分离度的要素，下式为分离度（R_s）计算公式：

$$R_s = 1/4(N^{0.5})(\alpha-1)[k/(k+1)]$$

N 表示柱效（Efficiency），反映色谱柱性能。柱效越高，分离度越好。在其他条件恒定的情况下，塔板数增加一倍，分离度仅提高 40%。操作中，可通过下面两种方式增加塔板数，进而提高分离度：其一，使用长柱或双柱串联，但这也会使分离时间大大延长；其二，使用细粒径填料的色谱柱，但这需要耐更高压力的液相色谱系统。相比之下，后者更为可取。

α 表示选择性（selectivity），反映色谱柱-流动相体系分离两个化合物的能力。选择性主要与固定相、流动相组成以及柱温等因素有关，与保留值也密切相关，其中，固定相和流动相组成影响较大。以最常见的反相模式为例，反相柱（包括 C_{18}、C_8、PH 等）是以分配作用对化合物进行保留的，不同化合物的分离是基于它们在键合相与流动相中分配系数的差异，如果两种化合物的水溶性、在烷烃-水体系的分配系数等方面存在明显差异，那么这些化合物通常能够利用反相柱达到分离；PH 柱对有苯环的化合物具有特殊保留。正相模式下，硅胶柱、氨基柱、氰基柱与带有极性基团的化合物之间，存在极性相互作用，对化合物的基团具有选择性，常常用于结构类似物、异构体化合物的分离。流动相方面，降低流动相的洗脱强度，通常可以增大分离度。而有机溶剂类型也会影响分离，比如反相条件下，乙腈和甲醇的选择性就存在很大差异，这种差异需要在实践中摸索，但无论如何，多种溶剂类型带给我们更多实现分离的可能。

k 表示随着容量因子 k 的增大，分离度也随之增加，这种影响在 k 值较低时非常明显。当 k 值大于 10 时，k 值增加对分离度的影响就不再显著，这就说明，无原则地提高 k 值以增大分离度是没有意义的。增加键合相密度，能够提高 k 值。另外，改变键合基团类型也能改变 k 值，比如在反相色谱中，随着键合相碳链长度的增加，k 值逐渐增大。

十六、什么是梯度洗脱？什么情况下使用梯度洗脱？

为了改善分析结果，某些操作需要连续改变流动相中各溶剂组分的比例，以连续改变流动相的极性，使每个分析组分都有合适的容量因子 k，并使样品中的所有组分可在最短时间内实现最佳分离，这种洗脱方式称为梯度洗脱。

梯度洗脱可在下列情形中发挥重要作用：

（1）在等度下具有较宽 k 值的多种样品分析。

（2）大分子样品分析。

（3）样品含有强保留的干扰物，在目标化合物出峰后设置梯度洗脱，将干扰物洗脱出来，以免其影响下一次数据采集。

（4）分析方法建立时，不知道其洗脱情况，使用梯度洗脱，找出其较优的洗脱条件。

十七、如何保养与维护液相色谱柱？

色谱柱的使用寿命，除了与所分析的样品、流动相及使用频率有关，最主要的是与日常的维护密切相关。色谱柱的使用寿命，主要是根据柱效和柱压两个指标来衡量，如果一支色谱柱柱效太低，或者柱压太高，通常被认为该色谱柱的使用寿命已经结束。因此，延长色谱柱使用寿命的关键，是消除引起柱效下降和柱压升高的因素。可通过以下几点完成色谱柱的日常维护工作。

1. 流动相的 pH 由于硅胶基质的填料中存在 Si—C 和 Si—O 键，流动相超过其 pH 范围将会导致硅胶基质溶解和键合相碳链断裂，使柱效下降，寿命变短。由于流动相的 pH 控制不当而对色谱柱造成的损害，通常很难使色谱柱恢复。因此，必须认真对待，严格控制流动相的 pH。

2. 去除样品和流动相中的固体颗粒 样品和流动相中含有的固体颗粒物质，会堵塞色谱柱筛板，筛板被堵不仅会引起柱压升高，而且还会引起柱效下降，因为筛板的堵塞会引起液流不均，导致色谱峰形拖尾、变宽，甚至出现双峰，从而使柱效下降。因此，建议使用超纯水和色谱纯试剂，在分析前对样品进行超声、针筒过滤，流动相过 $0.45\ \mu m$ 滤膜，尤其是流动相中加入了缓冲盐（如 Na_2HPO_4 等），必须过滤。

3. 使用保护柱或在线过滤器 样品和流动相经过滤后，并不能完全消除固体颗粒物质，因为泵的磨损、密封圈和管路的老化，也会产生固体颗粒物，这些固体颗粒被流动相带入色谱柱，堵塞筛板，导致柱压升高、柱效下降。保护柱和在线过滤器上都有筛板，其孔径与色谱柱筛板径相同，因此，可以阻止固体颗粒物质到达色谱柱，有效防止色谱柱筛板的堵塞。由于柱压升高在分析故障中占很大的比例，因此，除了对样品和流动相进行过滤外，建议在色谱柱进样端加上保护柱或在线过滤器。

4. 正确使用缓冲盐 缓冲液可以提供离子平衡的反离子，并使流动相保持一定的离子强度和 pH，减少拖尾。缓冲盐通常易溶于水，难溶于有机溶剂，因此，缓冲盐使用不当会致其析出，堵塞填料基质上的空隙，使填料板结，柱压上升；同时，阻碍了基质上键合的碳链自由舒展，使色谱柱的保留能力下降，柱效降低。

缓冲盐析出后，去除非常困难，因此，正确使用缓冲盐对延长色谱柱使用寿命非常重要。正确使用缓冲盐的目的是防止缓冲盐析出，其方法可归结为一句话：使用前要过滤，使用后要冲洗。具体方法如下：

（1）等度条件。使用缓冲盐前，用过滤后的流动相以 1.0 mL/min 流速冲洗 20～30 倍柱体积，然后再使用含有缓冲盐的流动相；使用后去除缓冲盐的方法，是用过渡流动相以 1.0 mL/min 流速，冲洗 30 倍柱体积，然后以纯有机溶液，冲洗 30 倍柱体积保存。

（2）梯度条件。用含有缓冲盐的流动相进行梯度洗脱之前，用与初始流动相组成相同的过渡流动相以 1.0 mL/min 流速，冲洗 30 倍柱体积，再开始梯度的运行；分析完成后，再用过渡流动相以 1.0 mL/min 流速，冲洗色谱柱 30 倍柱体积，最后，以纯有机溶液冲洗 30 倍柱体积保存。

（3）在使用缓冲液的过程中还要注意以下几点。①避免使用盐酸盐，盐酸盐对钢质有腐蚀作用；②缓冲液最好要现配现用，往往缓冲液是良好的菌类培养液，隔天或放置长时间实验时会发生很多怪现象；③使用缓冲液要及时掌握 pH 范围，做到胸中有数；④清洗液路和柱子时，有温控可加热到 30 ℃易于冲洗；⑤长时间用缓冲溶液要注意观察接头处有无析出，若有白色盐类析出，定期用 10% 硝酸冲洗液路（拆下柱子，冲洗 30 mL 10% 硝酸溶液，再用 5 倍水冲洗）。

5. 防止强保留物质在色谱柱中存留 强保留物质和大分子化合物在色谱柱中累积，对样品中的化合物产生额外的保留行为，不仅引起峰形变宽、拖尾，还使柱子寿命变短。样品溶液走完要立即用强溶剂冲柱子。

十八、什么是柱后衍生？柱后衍生方法有什么要求

柱后衍生技术，即利用衍生反应使被测物与相应的试剂之间发生化学反应，以改变被测物的化学和物理性质，使其得到检测。例如，将发色基团或荧光集团键合到样品中去，多级放大检测灵敏度。在许多情况下，反应在室温进行得非常缓慢，因此，反应器可以加热。许多方法需要顺序加入两种或两种以上的试剂，这时可添加一个试剂泵。反应完成后，衍生液体流入检测器进行检测。柱后衍生仪自动将从 HPLC 流出的洗提液与试剂溶液的液流混合。混合液通过反应器，在反应器内充分反应。

1. 柱后衍生通过许多途径提高 HPLC 的灵敏度

（1）许多选择性试剂可以选择，使被分析物容易被检测。

（2）由于首先对样品进行分离，样品的基质在分析之前被净化或保留在色谱柱上，只有净化后的样品进行反应，省去了大量的样品提纯操作。因为没有基质的干扰，反应的重现性也很好。

氨基甲酸酯是广泛使用的杀虫剂，美国环保署方法 USEPA 531.2 和官方分析化学家协会 AOAC 29.A05 方法以及 NY/T 761 中方法均是在柱后将氨基甲酸酯水解后衍生，应用梯度洗脱和荧光检测进行检测。

氨基甲酸酯的一般结构，是 N-甲基取代氨基甲酸酯，有不同的成酯基团。氨基甲酸酯的分离，可用 C_{18} 以水/甲醇梯度洗脱。其出峰顺序根据其相对的疏水性，疏水性最强的最后被洗脱出来。分析过程：氨基甲酸酯首先被氢氧化钠溶液在 100 ℃ 水解形成醇、碳酸盐和甲胺，然后甲胺与邻苯二甲醛（OPA）反应形成一种高荧光的衍生物，进入荧光检测器被检测。图 2-15 为某型号柱后衍生仪反应流程。

2. 柱后衍生方法的要求 标准样品的基线或出峰经常会不理想，不是漂移就是出峰差，可以从以下几点找原因：

（1）试剂的稳定性。试剂必须在运行一批次样品时足够稳定。如果不稳定则信号会相应变化。

（2）反应速度。当衍生试剂与柱洗脱液混合时，反应必须迅速、完全。反应时间越长，反应器容积越大，而反应容积增大会造成峰形变形。

（3）重现性。当衍生试剂与柱洗脱液混合时，反应受到许多因素的影响。反应的重现性，与泵的流速精密度和温度密切相关。所以，泵保持稳定的流速、反应器保持恒定的温度，是至关重要的。

（4）试剂的最低检测信号。试剂（包括其副产物）的荧光背景产生连续的噪声。如果试剂产生的荧光信号高于分析物，那么分析物将会淹没在试剂背景信号中。基线的噪声和背景信号成正比。

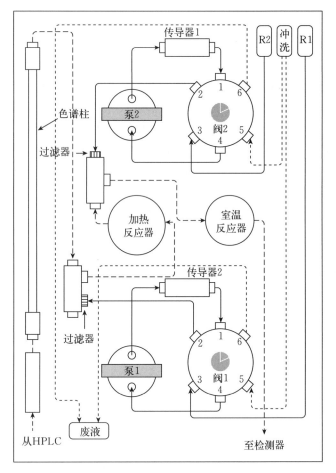

图 2-15 柱后衍生仪反应流程

（5）溶解性。所有的物质必须处于溶解状态，包括洗提液、试剂和新形成的衍生物。沉淀将堵塞反应管和接头。

（6）流体的不均一性。基线噪声与洗提液和试剂泵的流动噪声有关。不均匀的流速会产生不均匀的混合，导致背景信号噪声。

（7）激发波长与反射波长要根据所检测化合物设置正确。

应用实例：PICKERING 柱后衍生氨基甲酸酯分析的柱后条件。

衍生试剂 1：水解衍生试剂 CB 130。

衍生试剂 2：100 mg 邻苯二甲醛（OPA）、2 g 巯基乙醇溶解于 950 mL CB 910。

反应器 1：100 ℃，0.5 mL。

反应器 2：环境温度。

衍生试剂流速：0.3 mL/min。

检测：荧光检测器，激发波长 $\lambda_{ex}=330$ nm，发射波长 $\lambda_{em}=465$ nm。

氨基甲酸酯分析柱 0846250（4.6 mm×250 mm），C_{18}，5 μm。

氨基甲酸酯分析所用的衍生试剂为水解试剂 NaOH。注意：在第一次安装时，试剂瓶、管线和泵应该用甲醇冲洗，以减少可能的荧光背景。

十九、质谱分析如何定性？离子丰度比的偏差范围怎么确定？

1. 单级质谱定性　确认应该遵循以下原则：检出物质与标准物的色谱保留时间应一致；选择 3 个以上监测离子〔欧盟规定的最低要求是质荷比（m/z）大于 200，需要 2 个离子；m/z 大于 100，需要 3 个离子〕；所有选择离子应在分析中同时出现；所选择的离子峰之间绝对丰度比变化的最大允差，应小于±30%。只有满足上述各项原则，才能对检出的农药予以确认。图 2-16 为韭菜样品中氰戊菊酯的检出确认示意。

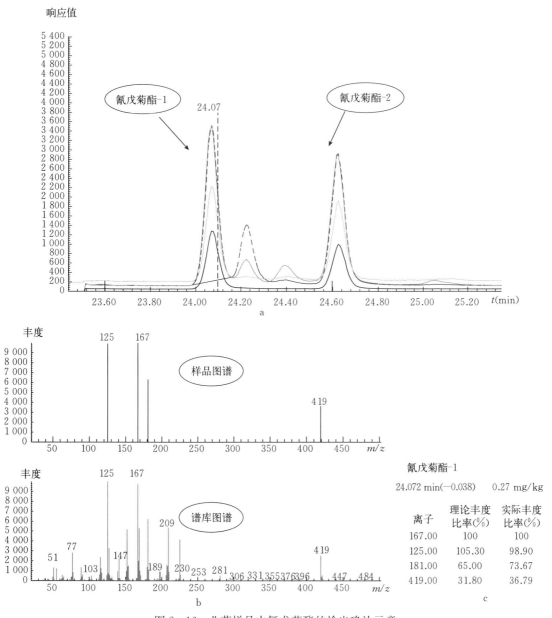

氰戊菊酯-1

24.072 min（-0.038）　　0.27 mg/kg

离子	理论丰度比率(%)	实际丰度比率(%)
167.00	100	100
125.00	105.30	98.90
181.00	65.00	73.67
419.00	31.80	36.79

图 2-16　韭菜样品中氰戊菊酯的检出确认示意

a. 提取离子色谱图，m/z 167，125，181，419　　b. 样品质谱图谱与标准谱库图谱的对照

c. 定性定量结果

当标样不是使用基质匹配标样时，由于基质成分的影响，样品与标样离子丰度比变化有可能更大一些。必须仔细扣除本底，否则会得出相反的结论，当然这需要具有一定的经验，尤其在两化合物峰部分重叠时：首先在峰各部位检查其质谱图，如果是两个化合物，则会出现两种不同谱图，选择在恰当的位置定位扣除本底是技术水平高低的表现之一。

2. 串级质谱定性 农药目标物的定性一般应该遵循以下原则：选择同一母离子的 2～3 个子离子通道，所选离子对应同时出现；所选择的母离子与子离子之间的丰度比应在一定的变异范围内；检出物质与标准物的保留时间应一致。一级质谱母离子信号也可由样品中的基质或杂质带入，因此选择各目标化合物的两对特征二级碎片离子来进行定性，以排除假阳性误差。这种方法也满足欧盟的一个分析物确证至少要达到 4 分的定性要求，即母离子 1 分，两个子离子各 1.5 分。如果干扰物也同时具有这两对离子对，那么将根据样品中子离子丰度比的偏差范围是否在合理范围内来确定，至少应满足欧盟定性确证时相对离子丰度的最大允许相对偏差有关规定，参考欧盟指令文件 Method validation and quality control procedures for pesticide residues analysis in food and feed. In：SANCO/12571/2013。欧盟推荐的应用不同质谱技术定性确证时，离子丰度比率的相对最大允许偏差参见表 2 - 13。

表 2 - 13 不同质谱技术定性离子丰度比率的相对最大允许偏差

离子比率 （最小/最大强度）	最大允许偏差 （单级气质 EI 源）	最大允许偏差 （液质、串级气质单级气质 Cl 源）
0.50～1.00	±10%	±30%
0.20～0.50	±15%	±30%
0.10～0.20	±20%	±30%
<0.10	±50%	±30%

二十、标准中重复性限是什么含义，如何计算得到？两次平行测定的结果如何判断是否符合要求？

（一）标准中的精密度含义

（1）当精密度用绝对项表示时。例如，在重复性条件下获得的两次独立测试结果的绝对差值不大于 0.2 mg/kg。

过去有些标准往往这样规定精密度，它的含义侧重是两个结果之间的离散程度。

（2）当精密度用相对项表示时。例如，在重复性条件下获得的两次独立测试结果的绝对差值不大于这两个测定值算术平均值的 20%。

这种规定侧重的是两个结果相对平均值的离散程度。

（3）当精密度与分析浓度有关时。在重复性条件下获得的两次独立测试结果的测定值，在以下的平均值差范围内，这两个测试结果的绝对差值不超过重复性限（r）。目前，多数标准都采用这种描述来对精密度进行要求。

重复性限是方法开发验证，是对大量数据统计而得，是两次测试结果的绝对差较大概率（一般 95%）下不应超过这个数值，日常检测平行结果之差不能大于标准中 r；如果标准中不止一个浓度时，可以用线性内插法计算。

（4）当有 3 次及以上平行测定结果时，可以采用相对标准偏差（RSD）来进行精密度判定。

（二）有关定义

重复性限：一个数值，在重复性条件下，两次测试结果的绝对差小于或等于此数的概率为 95%。重复性限用 r 来表示。

重复性限的计算：

$$r = 2.8S_r$$

其中，S_r 为重复性标准差。

再现性限：一个数值，在再现性条件下，两次测试结果的绝对差小于或等于此数的概率为 95%。再现性限用 R 来表示。

再现性限的计算：

$$R = 2.8S_R$$

其中，S_R 为再现性标准差。

（三）有关计算来源

如果一个估计量是 n 个独立估计量的和或差，每个估计量的标准差均为 σ，则和或差的标准差为 $\sigma/\sqrt{n}$。重复性限 r 和再现性限 R 均为两个测试结果之间的差，因而相应的标准差为 $\sigma\sqrt{2}$。在常规的统计工作中，为了检查两个测试（或测量）结果之间的差异，往往用这个标准差的 Z 倍作为临界差。Z 为临界差系数，它的值依赖于与临界差相应的概率水平及测量结果所服从的分布。对于重复性限和再现性限，概率水平规定为 95%。在准确度（正确度与精密度）的分析中，我们一般假定基本分布是近似正态的。对于标准正态分布，95% 的概率水平下，$Z = 1.96$，因此，$Z\sqrt{2} = 2.77$，对于一般的统计使用，将 $Z\sqrt{2}$ 修约为 2.8。

（四）平行结果判定应用实例

采用线性内插法计算 2 次农药残留检测平行结果的重复性判定实例。

问：小王在重复性条件下测定某农药含量分别为 0.43 mg/kg 和 0.37 mg/kg。且已知标准中该农药在 0.10 mg/kg 浓度时，重复性限（r）为 0.04；该农药在 0.50 mg/kg 浓度时，重复性限（r）为 0.14，请问该农药平行结果是否符合要求？

答：根据线性内插法计算。

两者含量平均值为

$$(0.43 + 0.37)/2 = 0.40 \text{ mg/kg}$$

根据公式

$$(X_0 - X_1)/(X_2 - X_1) = (Y_0 - Y_1)/(Y_2 - Y_1)$$

计算 0.40 mg/kg 处的重复性限

$$\begin{aligned}
Y_0 &= Y_1 + (Y_2 - Y_1) \times (X_0 - X_1)/(X_2 - X_1) \\
&= 0.04 + (0.14 - 0.04) \times (0.40 - 0.10)/(0.50 - 0.10) \\
&= 0.115
\end{aligned}$$

因为两次测试结果的绝对差 $0.43-0.37=0.06<0.115$，所以该农药平行结果符合方法要求。

第六节　农药残留检测色谱图解析

一、气相色谱检测色谱图解析

1. 双柱定性定量实例　将未知样品和已知标准品放在同一根色谱柱上，用相同的色谱条件分析，获得色谱图后进行对照比较，如果未知样品中的某个峰与标准品中某一农药出峰的保留时间相同，则可初步推测是该化合物。即在相同色谱条件下，用标准品色谱峰保留时间为样品定性，若有相同保留时间（在一定误差范围内）则初步判断为相同农药。根据与已知标准峰面积的对比计算含量。

但是，实际上有很多物质（包括干扰物质）会跟某种农药具有相同的保留时间，即具有相同保留时间也不一定是相同的物质，虽然更准确有效的方法还是应用质谱来确认，但当没有质谱时双柱定性也是一种相对有效的方法。双柱定性就是指相同样品，在相同条件下，在两个不同极性的色谱柱上，分别进行定性和定量。当在两根不同极性的色谱柱上都确定是检出了某一种农药，且含量也相差不大，则认为双柱定性检出为阳性。也就是说，在一根色谱柱上检出，假阳性概率很高，还要换一根不同的色谱柱，如果也检出了同种农药，那假阳性的概率就低多了。图 2-17 与图 2-18 为同一有机氯混标溶液在不同类型色谱柱上的色谱

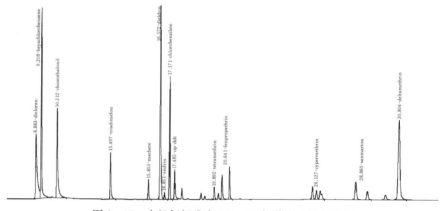

图 2-17　有机氯标准在 DB-17 色谱柱上的色谱图

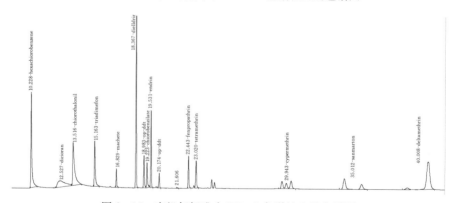

图 2-18　有机氯标准在 DB-1 色谱柱上的色谱图

图有显著不同。但是，当样品中干扰物质很多时，双柱定性仍可能会产生误判，则应进一步用质谱进行确证，方可下结论。

2. GC 系统吸附农药谱图实例　GC 在经过一段时间的样品注入后，系统被不挥发性杂质覆盖，会影响部分极性较强的有机磷类农药的出峰。如图 2-19 所示，乙酰甲胺磷、氧乐果等标准正常出峰，经过一段时间后，乙酰甲胺磷、氧乐果标准出峰变弱变小（图 2-20）。这是典型的分析有机磷类农药残留时，活性位点对农药的吸附现象，活性位点的形成是经多次进样后不挥发性杂质对系统持续污染而形成的。当出现这种情况时要对系统进行清洗或更换维护。

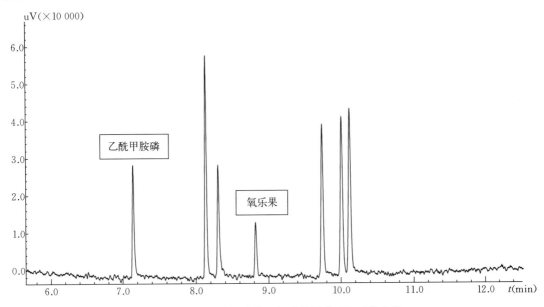

图 2-19　乙酰甲胺磷、氧乐果标准 GC 正常出峰

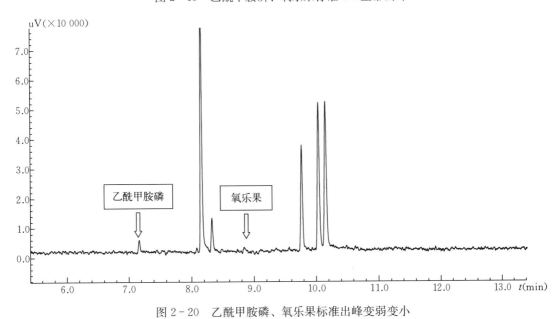

图 2-20　乙酰甲胺磷、氧乐果标准出峰变弱变小

另外，还有一种情况，基质效应导致出峰保留时间发生变化，如果不使用基质匹配标准，使标准和样品中农药在相同位置出峰，则会造成漏检，见图2-21。

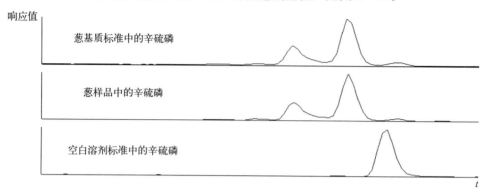

图2-21 辛硫磷标准在样品中保留时间发生迁移

3. ECD检测器倒峰谱图实例 如果色谱图基线出现明显较多较大的倒峰，将会严重影响色谱峰的积分及定量准确度，见图2-22和图2-23。这种情况需要查找原因，经维修维

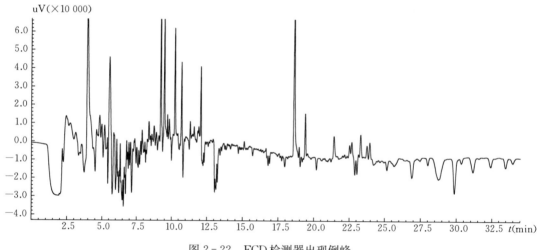

图2-22 ECD检测器出现倒峰

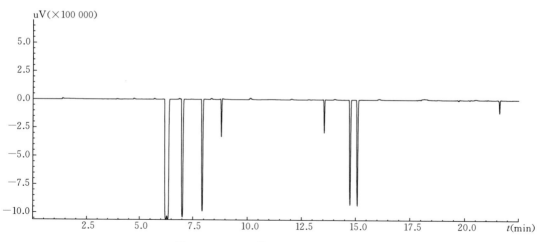

图2-23 ECD检测器出现大量倒峰

护正常后，再行进样分析。出现倒峰可能性较大的原因首先是检测器污染，其次是色谱柱的问题。检测器污染要高温烘一段时间或进行专业清洗，如仍无改善则需更换。

4. 色谱柱老化谱图实例 新色谱柱连接上后不能马上使用，需要进行老化处理。用过一段时间的色谱柱或久置不用的色谱柱也需要进行老化。如果在连续进溶剂样品发现有大量杂峰，基线较高时，也要进行老化。图 2-24 为老化后进样的情况，我们看到基线仍然前高后低，说明色谱柱没有老化彻底，应继续老化。如图 2-25 所示，基线已经基本平稳。

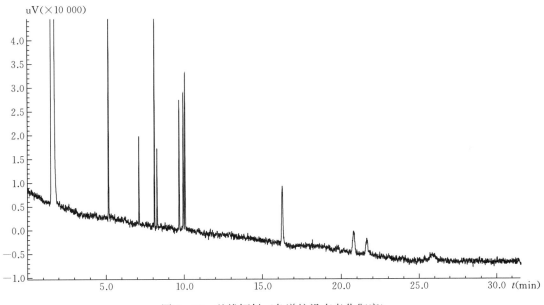

图 2-24 基线倾斜（色谱柱没有老化彻底）

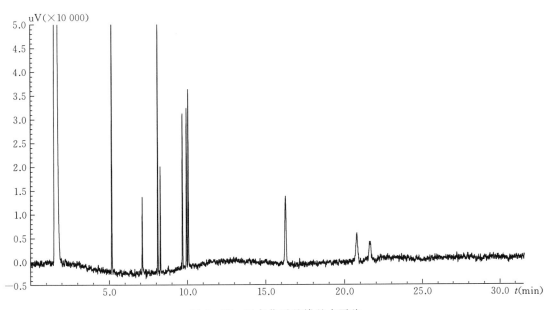

图 2-25 经老化后基线基本平稳

还有一种情况如图 2-26 所示，进样后谱图出现很多巨大杂质峰，这种情况先不用考虑老化，应该首先考虑是不是样品前处理净化过程有问题，如净化不彻底、固相萃取柱失效或操作不规范等。

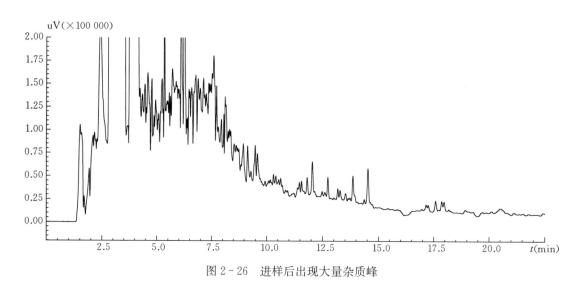

图 2-26　进样后出现大量杂质峰

5. 色谱峰积分不当实例　色谱峰的峰面积直接决定农药含量，所以应保证积分的基线和起始点准确。图 2-27 是色谱峰积分有偏差的例子：左边色谱峰积分的基线位置太低，增大了实际峰面积。另外，异构体峰距离较大时，应该分别进行积分。图 2-28 则显示了保留时间在 13.5 min 的色谱峰积分面积过小，这样定量出来的含量会减少一半左右。在数据处理时一定要避免积分不当导致检测结果出现错误。

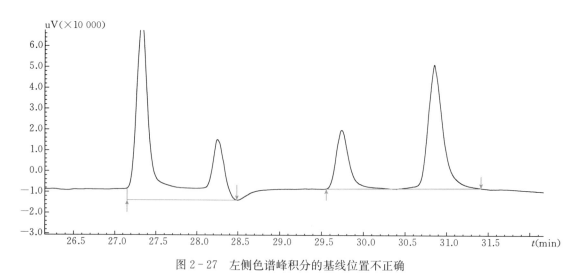

图 2-27　左侧色谱峰积分的基线位置不正确

还有一种情况，当两个相邻谱峰没达到基线分离的情况下（图 2-29），如果不能通过改变色谱条件进行完全分离，则应进行分割峰积分（图 2-30）。

6. 定量积分不当、定性不准实例　图 2-31 为对 19 min 处的氯氰菊酯标准进行了合并积分，图 2-32 为对某样品中氯氰菊酯进行的定量积分，这样进行定量操作是不妥当的。原因

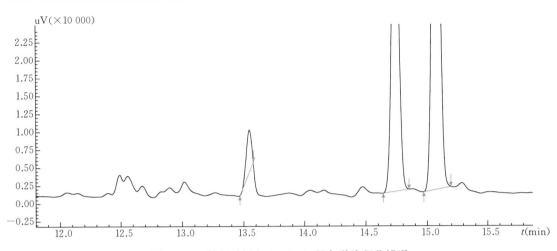

图 2 - 28　保留时间在 13.5 min 的色谱峰积分错误

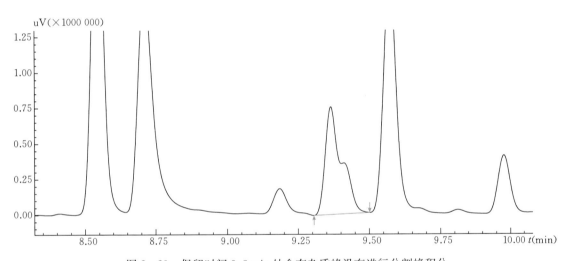

图 2 - 29　保留时间 9.3 min 处含有杂质峰没有进行分割峰积分

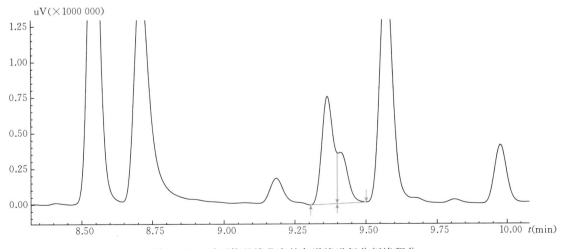

图 2 - 30　对不能基线分离的色谱峰进行分割峰积分

有两点：一是氯氰菊酯前两个异构体峰还不到定量限（10 倍信噪比）水平；二是从图谱看，该处基线不平稳，还有倒峰，干扰到了农药峰的准确积分，会严重影响合并积分后的峰面积，导致定量有偏差。

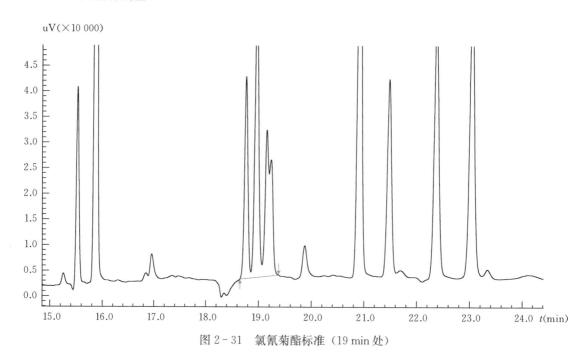

图 2-31　氯氰菊酯标准（19 min 处）

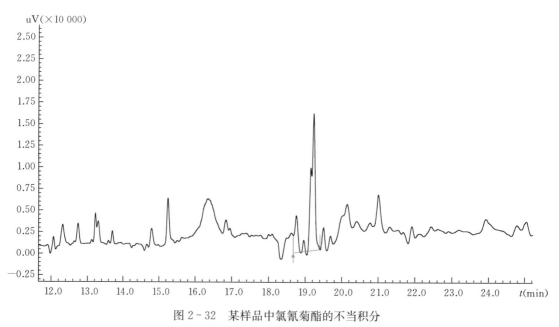

图 2-32　某样品中氯氰菊酯的不当积分

当积分窗口设置有问题时，就会产生漏检或假阳性。图 2-33 和图 2-34 分别为乙酰甲胺磷标准和样品中检出的实例。标准出峰时间为 6.427 min，样品中检出物出峰时间为 6.764 min，为积分窗口设置过大。这是气相色谱分析中典型的定性错误案例。应将定性参数中的过大积分窗口调小，如将范围（band）5％修改为默认区间 0.03 min 以内，再重新进行数据处理。另外，从峰形也可看出，它们的差异巨大。

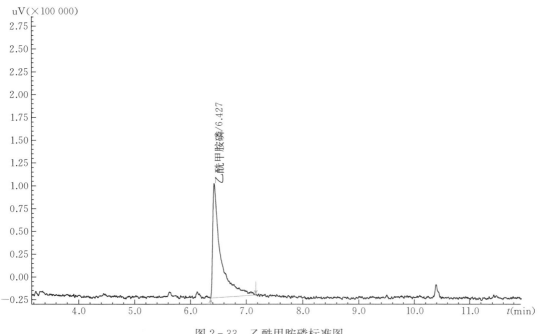

图 2-33　乙酰甲胺磷标准图

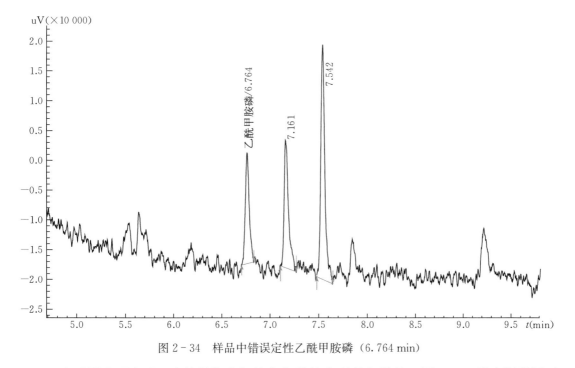

图 2-34　样品中错误定性乙酰甲胺磷（6.764 min）

7. 色谱图出现鬼峰　鬼峰是指未知的莫名其妙出现的色谱峰。图 2-35 是实际检测过程中出现的鬼峰的色谱图，图 2-36 显示同一标准溶液两次进样，有一次出现了鬼峰。鬼峰的出现主要有两个原因：一是上一针样品进样后未完全流出的组分，在本次样品检测过程中流出，这种情况可通过加长分析时间来判断；另一个原因是样品中存在不明物质。

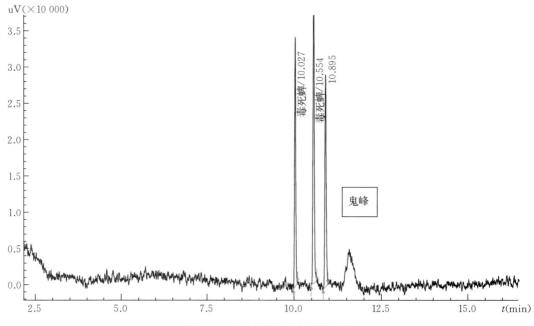

图 2-35　标准溶液中出现的鬼峰

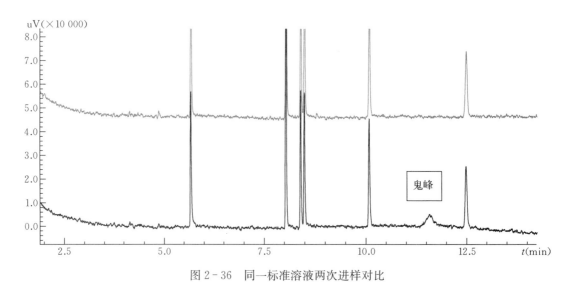

图 2-36　同一标准溶液两次进样对比

8. 自动积分效果不理想　有些情况下，样品检测完数据处理时软件是自动处理的，但很多时候色谱峰的自动积分效果不理想，这时有的检测员不进行甄别或不知道应该调整自动积分参数甚至也不知道如何调整。各积分参数是组合起来产生影响，如斜率、峰宽、最小积分面积等，但对积分位置有显著影响的积分参数是斜率（slope）。图 2-37 中显示乙酰甲胺磷（6.426 min 处）自动积分不正确，基线太高。其积分参数中斜率为 134 144 uV/min，当改变乙酰甲胺磷的积分参数斜率为 34 144 uV/min 时恢复正常，基线水平如图 2-38 所示。

实际工作中我们可以大跨度多次设置参数看积分效果，再进行微调整，找到适合的积分参数。

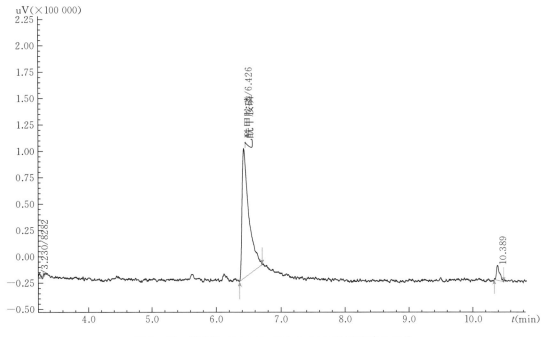

图 2-37 斜率为 134 144 uV/min 时乙酰甲胺磷的积分

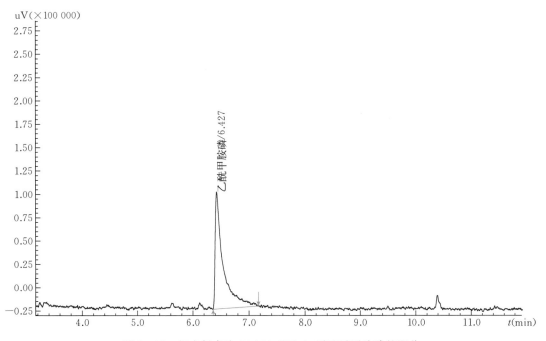

图 2-38 相应斜率为 34 144 uV/min 时乙酰甲胺磷的积分

图 2-39 显示氧乐果标准图中积分终点过于靠后，积分区域拉长了，容易把其他谱峰积入，应适当增加积分斜率，其积分参数斜率为 14 818 uV/min，经调整为 54 818 uV/min 后，谱峰积分见图 2-40。

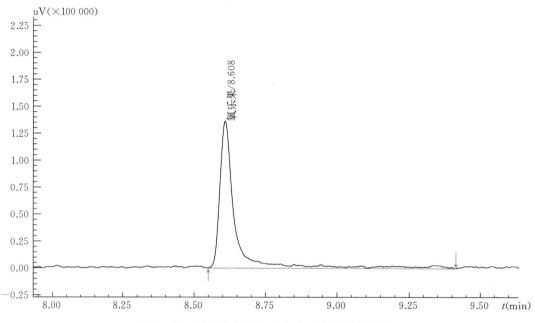

图 2-39　斜率为 14 818 uV/min 时氧乐果的积分

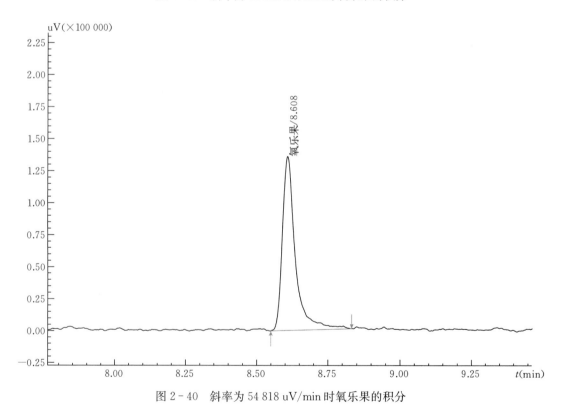

图 2-40　斜率为 54 818 uV/min 时氧乐果的积分

二、液相色谱实际检测谱图解析

液相色谱图的积分、图谱处理原则等与气相色谱类似，不再赘述。但液相色谱因使用有机溶剂作为流动相，比气相色谱操作要更复杂一些。溶剂系统、柱系统、检测系统（甚至衍生系统）等都要经反复测试、运行达到良好状态才可以测试样品。下面的实例是实际检测工作中有问题的原始谱图。出现图 2-41 的现象是因为色谱柱未经良好平衡或冲洗干净，应待仪器平衡好后，基线走平再行测试；出现图 2-42 的现象是因为色谱流路系统（包括衍生、检测系统）某个部位出现故障，应停止运行，分段排查故障，找到故障点予以修复。

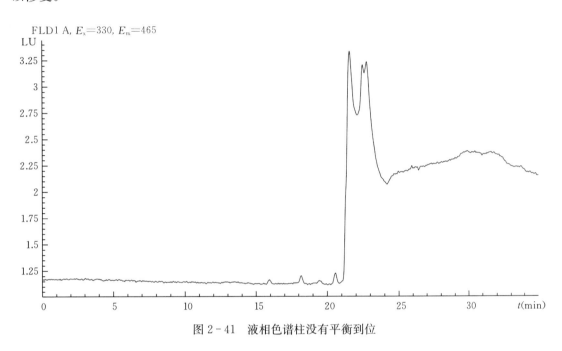

图 2-41　液相色谱柱没有平衡到位

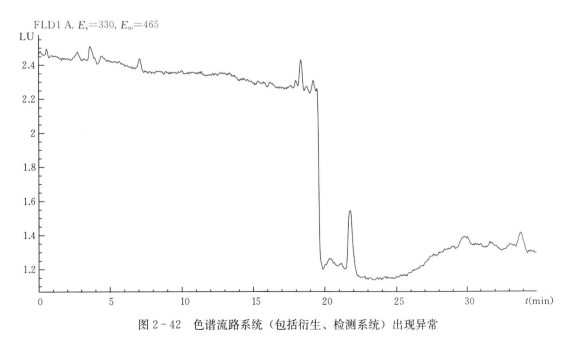

图 2-42　色谱流路系统（包括衍生、检测系统）出现异常

　　当使用柱后衍生检测氨基甲酸酯类农药时，各种条件需要细致把握才能走出良好的峰型。图 2-43 为氨基甲酸酯类农药残留色谱图，7 个峰分别为涕灭威亚砜、涕灭威砜、灭多威、三羟基克百威、涕灭威、克百威、甲萘威。在原始记录中，必须后附样品检测色谱图，应将目标物色谱峰明确、清晰地显示出来，不能过大（过大看不清整体），也不能过小（过小看不出具体积分位置），还不能出现条件不稳定的谱图。其中图 2-43a 为显示正常谱图，其他图为不合理或不理想谱图。

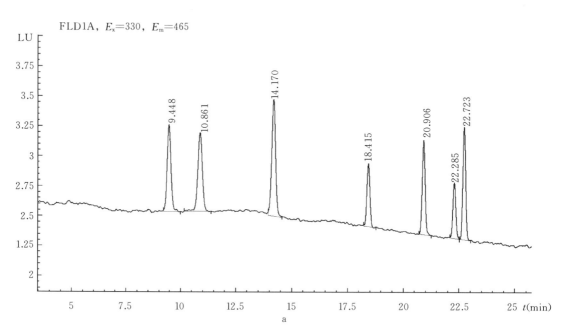

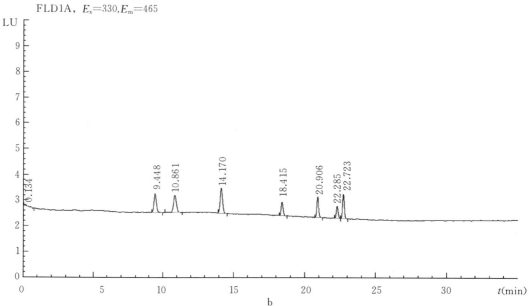

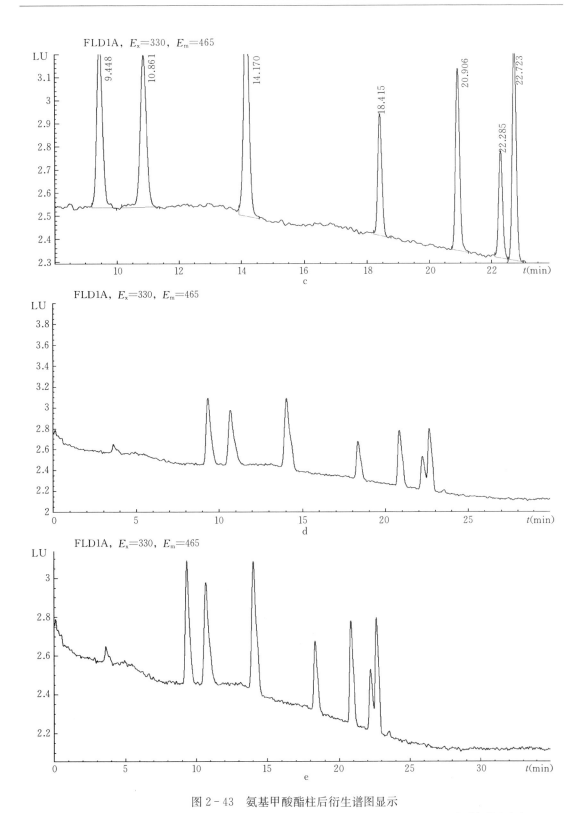

图 2-43　氨基甲酸酯柱后衍生谱图显示

a. 色谱峰显示正常　b. 色谱峰显示过小　c. 色谱峰显示过大　d. 农药衍生不彻底　e. 色谱条件未稳定

三、GC/MS 实际检测谱图解析

GC/MS 有两种离子采集模式，全扫描（SCAN）和选择离子扫描（SIM）方式。在方法开发之前为了确定每个化合物的保留时间，要采用全扫描方式以确定各自的出峰位置。但对农药的常规检测分析如果采用 GC/MS 的全扫描方式，大部分被测农药的检出限都达不到要求。为满足检出限要求，GC/MS 农药残留分析通常采用选择离子方式，选择的离子少，且其背景离子不被检测，信噪比大大提高，其检出限也更低。所以要根据出峰情况把相邻的几种化合物分在同一组，每种化合物可以扫描三个离子，以降低背景离子的信号，图 2-44 为 52 种农药标准的选择离子扫描方式总离子流色谱图。

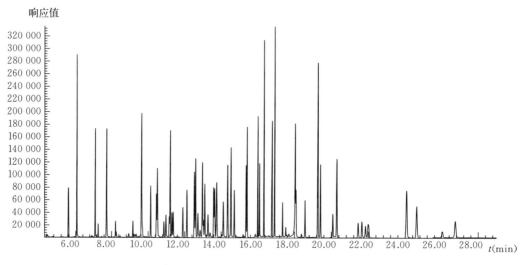

图 2-44　52 种农药混标总离子流色谱图

选择离子扫描方式分组按照以下原则进行：每个农药选择一个定量离子（目标离子），根据每组内化合物的多少选择 2~3 个参比离子。必须避免其与样品基质、柱流失物或溶剂等干扰物背景离子相同，通常要综合选择离子数较大且响应值较高的离子，试验表明质荷比（m/z）在 100 以下的离子选择要慎重。比如甲拌磷基峰为 75、乐果基峰为 87，但很多样品共提取物都会产生这些碎片离子，因此这些离子不能选择，所以 75 可以更换成 231，乐果的 87 可以更换成 229；敌敌畏的 145 容易被基质中离子干扰，可以改为 220。如果一组内化合物较多，为具有足够的循环数，则每个离子的驻留时间就少，或者每个化合物选择的离子数再减少（每个化合物不能少于 2 个离子），以使色谱峰的每秒循环数大于 2，从而具有足够的采样点。理想情况下，选择离子扫描方式可以有最大数量的离子组，这样每组离子数目最少，每个离子组在单位时间内能提高扫描次数，从而得到更精确的定量结果和良好的峰形。但不同组之间应该具有一定的时间间隔，最少应有 0.2~0.5 min。相近的异构体化合物因为碎片离子相同最好分在同一组；含卤素的化合物尽量选择其具有特异性的同位素离子组。对于定量离子，需要谨慎选择，基峰离子如果大于 100 应该是优先选择，但必须确保其不被其他来源离子干扰，否则必须更换。表 2-14 列出了选择离子扫描方式选择离子必须避开的主要碎片离子及可能的污染物来源。

表 2 - 14　选择离子扫描方式选择离子必须避开的主要碎片离子及污染物来源

质谱中主要碎片离子（m/z）	可能化合物类型及来源
18、28、32、40、44、14、16	水、氮气、氧气、二氧化碳
149	邻苯二甲酸酯（塑料盖或增塑剂）
355、281、207、147、73、429	聚二甲基硅氧烷（柱流失或隔垫）
502、219、69、131、264、614	全氟三丁胺（校正液漏气）
58	丙酮
43、59、61、73、89、103、133	乙氧基丙二醇、山梨醇（保护剂）
85	氟利昂
446、353、262、168、115、94	扩散泵油

以下显示了某 GC/MS 气质联用仪对毒死蜱进行定性和定量实例，图 2 - 45 是标准的信息，在一个界面中包含了总离子流图、离子重叠图、目标物质谱图、标准曲线和定量结果等信息。图 2 - 46 则为样品中毒死蜱定性、定量检出结果（各离子准确出峰且比例符合要求）。

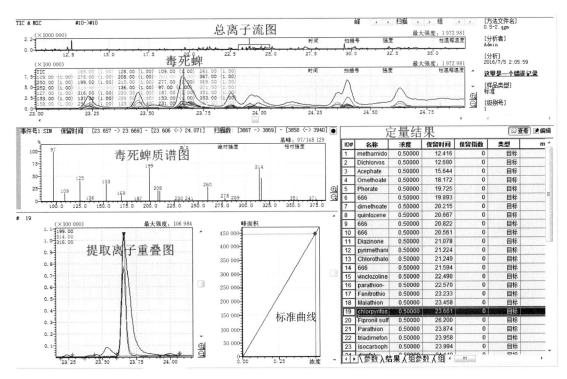

图 2 - 45　毒死蜱标准 GC/MS 处理谱图

单级质谱比较容易产生假阳性结果。阳性样品就是样品中检测出目标化合物（或超出限量标准），并排除系统污染等其他非待测样品本身含有的情况。假阳性样品，主要是由于基质干扰、污染、系统残留、定性错误等原因而误判样品检出目标化合物。样品污染、系统残留一类的假阳性样品主要与测试人员的测试技术有关，这些情况是要避免的。而定性错误这

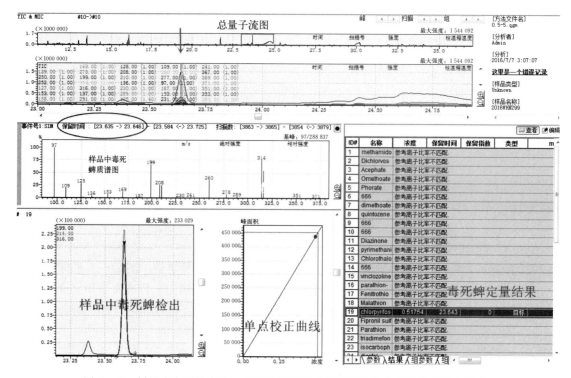

图 2-46　样品中毒死蜱定性、定量检出结果（各离子准确出峰且比例符合要求）

类样品要靠质谱解析获得，主要是需要将样品中测出的目标化合物的质谱图与标准品目标化合物质谱图进行比对。比对方法主要是看各离子质荷比是否一致，还需要核对相对离子丰度是否在允许的范围内。如果是串级质谱或者离子阱质谱，可以进行二级离子甚至三级离子的比对。图 2-47 为藕样品中氯菊酯的阳性检测结果；图 2-48 显示的是菠菜样品中功夫菊酯假阳性鉴定图谱，其中样品中 m/z 208 离子比例偏差超出范围；图 2-49 为黄瓜中 pp′-DDT 假阳性鉴定截屏图，其中样品中 m/z 165、237 离子比例偏差超出范围。

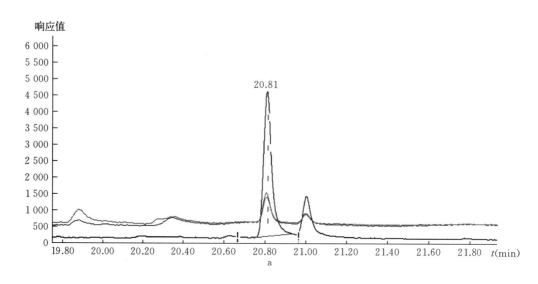

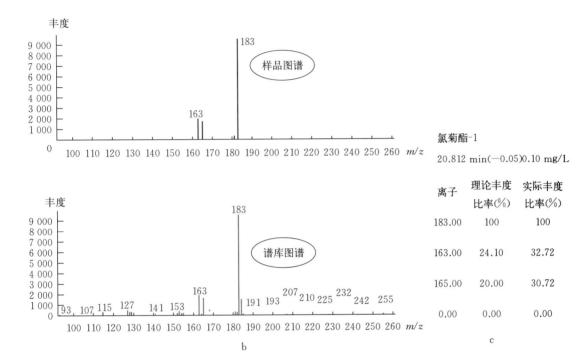

氯菊酯-1

20.812 min(—0.05)0.10 mg/L

离子	理论丰度 比率(%)	实际丰度 比率(%)
183.00	100	100
163.00	24.10	32.72
165.00	20.00	30.72
0.00	0.00	0.00

图 2-47 藕样品中氯菊酯的阳性检测结果

a. 总离子流色谱图 b. 样品质谱图谱与标准谱库图谱的对照 c. 定性定量结果

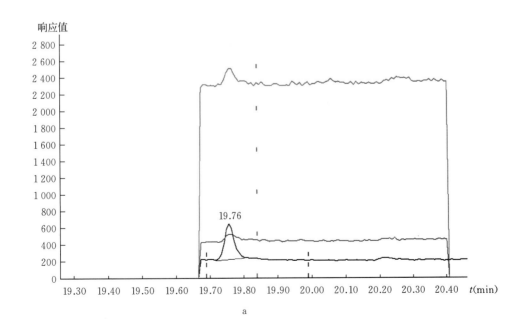

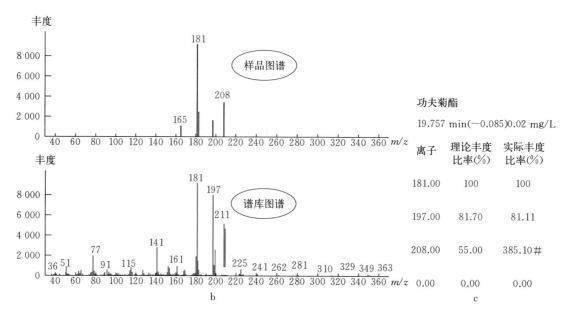

图 2-48 菠菜中功夫菊酯假阳性鉴定图谱（m/z 208 离子的比例偏差大）

a. 总离子流色谱图 b. 样品质谱图谱与标准谱库图谱的对照 c. 定性定量结果

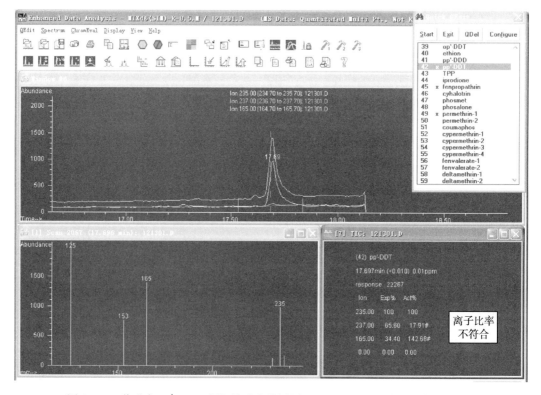

图 2-49 黄瓜中 pp'-DDT 假阳性鉴定截屏图（m/z 165、237 离子比例偏差大）

四、农药代谢及降解产物的检测

很多农药在施用后，经多种因素综合作用会产生一些代谢物，所以在检测时，为全面、准确反映其含量，应对主要代谢物、残留物都进行检测，再折算成原始含量。例如，氟虫腈是一种新型苯基吡唑类杀虫剂，是农业农村部推荐的高毒有机磷农药的重要替代品种之一，其对人畜安全性较高，对许多水生生物具有高毒性。评价氟虫腈在环境、产品中的残留性时，不能只局限于氟虫腈母体，应该结合氟虫腈的代谢产物做综合性的评价。氟虫腈可以降解的产物有氟甲腈、氟虫腈硫醚、氟虫腈砜。微生物是氟虫腈在土壤中降解的主导因子。氟虫腈在不同条件下的水解速率差异较大。弱酸性（pH 5.0）时，氟虫腈农药在 25 ℃和 50 ℃条件下水解半衰期分别为 144.4 d 和 119.5 d，具有较强的化学稳定性，为较难水解农药；中性（pH 7.0）时，在 25 ℃和 50 ℃温度条件下，水解半衰期分别为 123.8 d、39.8 d，常温下较为稳定，水解性较弱；弱碱性（pH 9.0）时，水解速率明显加快，25 ℃和 50 ℃温度条件下的水解半衰期分别为 10.0 d 和 8.1 h。

很多农药如甲拌磷、涕灭威、丁硫克百威等均会产生代谢产物。甲拌磷降解产物为甲拌磷砜、甲拌磷亚砜；涕灭威降解产物为涕灭威砜、涕灭威亚砜；克百威及其降解产物为三羟基克百威；苯菌灵需要检测苯菌灵和多菌灵；吡氟禾草灵需要检测吡氟禾草灵及其代谢物吡氟禾草酸之和，以吡氟禾草灵表示；代森锰锌要检测二硫代氨基甲酸盐（或酯），以二硫化碳表示；敌草快残留物敌草快阳离子，以二溴化合物表示；丁酰肼残留物为丁酰肼和 1, 1-二甲基联氨之和，以丁酰肼表示等。有些农药如丁硫克百威在某些样品中或在碱性条件下也会产生降解，其主要代谢产物是克百威和 3-羟基克百威。因此当检出克百威时要综合评判。

图 2-50 是蔬菜中丁硫克百威残留检测的液质质谱图，在芹菜基质中丁硫克百威部分降解为克百威和 3-羟基克百威（左），在黄瓜基质中丁硫克百威部分降解为克百威（右）。

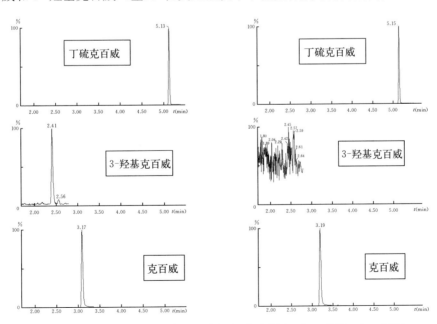

图 2-50 丁硫克百威在蔬菜中的降解液质质谱图（左：芹菜；右：黄瓜）

思 考 题

1. 样品中检出的农药并没有在该类产品中进行登记，这种情况如何处理？

2. 如果样品中检出了国家明令禁止使用的农药，但没有超过定量限，如何判定？

3. 常用植物生长调节剂有哪些？你对其性质、应用等有什么认识？

4. 农药残留检测过程是固定不变的吗？

5. 农药残留前处理过程哪些步骤可以调整或优化？前处理效率的提高与净化效果和方法回收率之间有什么关系？

6. 检出限的定义是什么？如何计算比较合理、真实？

7. 不同性质待测物净化应如何选择固相萃取柱？

8. 如何选择淋洗及洗脱溶剂？如何确定淋洗量及洗脱量？

9. 目前有哪些农药残留检测的先进方法？有何发展趋势？试着谈谈你的想法。

10. 什么方法是多残留检测的理想方法？有没有这样的方法？应该从哪几方面努力来改善检测方法？

11. 哪些做法能使农药检测结果尽量准确？

12. 检测结果等于限量值怎么判定？依据 GB 2763—2016 进行判定还有什么疑问？

13. 当使用检测仪器（如色谱或质谱）检测标准品时，出现部分（或全部）待测物色谱峰丢失或响应值大幅降低时，应如何处理？按不同情况分析原因。

14. 当农产品中痕量农药的母体化合物会产生有毒代谢物和降解产物时，如何进行检测和计算农药残留量？

第三章　重金属元素分析

第一节　重金属基础知识

一、重金属概述

金属元素是地壳岩石中的天然组成成分，是元素周期表中由硼（P）至砹（At）连线左侧除氢之外的所有元素的总称。化学中，根据密度把金属分为重金属和轻金属。重金属是指密度等于或大于 5 g/cm³ 的金属。

在元素周期表中，从原子序数 23 钒（V）至 92 铀（U），有天然金属元素 60 种，其中54 种的密度等于或大于 5 g/cm³。因此，从相对密度来讲，这 54 种金属元素都是重金属元素。但是，在进行元素分类时，这 54 种金属元素有的划归于稀土金属元素，有的划归于难熔金属元素。砷（As）和硒（Se）是非金属元素，但是由于砷（As）、硒（Se）的毒性和某些性质与重金属相似，所以将砷（As）和硒（Se）也列入重金属范围内。

二、重金属污染概况

重金属污染是指由重金属或其化合物造成的环境污染，主要由采矿、废气排放、污水灌溉和使用重金属超标制品等人为因素所致。因人类活动导致环境中的重金属含量增加，超出正常范围，直接危害人体健康，并导致环境质量恶化。重金属污染一般是指汞（Hg）、镉（Cd）、铅（Pb）、铬（Cr）及类金属砷（As）等生物毒性显著的元素污染，也包括一些具有一定生态毒性的其他重金属，如铜（Cu）、锌（Zn）、镍（Ni）、锡（Sn）等污染。虽然有些元素是人体和其他生物体所必需的微量元素，但是这些元素在人体和农产品生长过程中的适宜阈值范围很窄，小于或大于阈值都会产生不利影响。

大多数的重金属污染，是在长期的矿产开采、加工以及工业化过程中累积形成的，对人体健康构成危害的重金属绝大多数来自于工矿企业所排出的"三废"（废水、废渣、废气）。日本的水俣病和痛痛病都是由严重的重金属污染造成的。

近年来，我国的土壤重金属污染问题逐渐显现，形势严峻。2014 年《全国土壤污染状况调查公报》显示：全国土壤环境状况总体不容乐观，部分地区土壤污染较重，耕地土壤环境质量堪忧，工矿业废弃地土壤环境问题突出。全国土壤总的点位超标率为 16.1%，其中轻微、轻度、中度和重度污染点位比例分别为 11.2%、2.3%、1.5%和 1.1%。从土地利用类型看，耕地、林地、草地土壤点位超标率分别为 19.4%、10.0%、10.4%。从污染类型看，以无机型为主，无机污染物超标点位数占全部超标点位的 82.8%。从污染物超标情况看，镉、汞、砷、铜、铅、铬、锌、镍 8 种无机污染物点位超标率分别为 7.0%、1.6%、2.7%、2.1%、1.5%、1.1%、0.9%、4.8%。重污染企业及周边土壤超标点位 36.3%，固体废物集中处理处置场地土壤超标点位 21.3%。严重的重金属污染给人民健康也带来了较大的威胁。2009 年以来，我国已发生 30 多起严重的重金属污染事件，包括"儿童铅中毒事件""铬渣非法倾倒致污事件""镉米污染事件"等，对环境和居民健康造成了一定的损害。

三、重金属污染特点

重金属污染具有隐蔽性、持续性和富集性等特点。

重金属污染在视觉上难以识别，导致受到污染的食物被直接食用，受到污染的水被用于灌溉农田、养殖或直接饮用，受到污染的土壤被用于农业生产。重金属可以通过空气、饮水、食物等多种途径进入人体，从而对人体产生直接或间接的危害，而这种危害只有通过一定的技术手段才能发现，具有突出的隐蔽性。

重金属广泛分布在环境和生物体中，重金属污染与其他有机化合物的污染不同，很多有机化合物可以通过自然界本身物理的、化学的或生物的净化，发生分解或降解，而重金属及其化合物的性质很稳定，无法被生物降解，只能发生各种形态的转化、分散和迁移，如土壤中的汞可被微生物在一定条件下转化成更毒的甲基汞，从而产生持续性的污染和危害。

生物富集又称生物浓缩，是指生物有机体或处于同一营养级上的许多生物种群从周围环境中蓄积某种元素或难分解的化合物，使生物有机体内该物质浓度超过环境中浓度的现象。重金属污染是农产品中四大化学污染之一，食物中所含的重金属不能通过水洗、浸泡、加热、烹调等方法减少。重金属在环境和生物体中迁移转化的最大特点，是不能或不易被生物体分解转化后排出体外，只能沿食物链逐级传递，在生物体内浓缩放大，当累积到较高含量时，就会对生物体产生毒性效应。重金属的这一特性，使人们意识到，要有效减轻重金属对人体健康的危害，就必须避免或尽量减少有毒重金属进入食物链的机会。

四、土壤背景值与重金属污染

（一）土壤背景值

土壤背景值，也称为土壤本底值，是指未受污染影响下的土壤在自然界存在和发展过程中，本身原有的化学组成及其含量。土壤环境中自然存在的重金属，一般不会对农田生态环境和人体健康造成危害。相反，某些重金属［如铜（Cu）、锌（Zn）、铬（Cr）］对动物和人体健康还具有重要的生理功能。土壤重金属污染，是指土壤中重金属含量超过土壤环境背景值。由于人们从事工农业生产活动，使大量含重金属的工业"三废"物质和农业生产投入品（农药、化肥、有机肥）等通过各种渠道进入土壤环境，在土壤中的富集量超过土壤环境容量，从而引起土壤环境质量下降、作物生长受影响，导致农产品质量下降，并危及人类健康。土壤背景值是环境科学的基础数据，能够为确定土壤环境容量提供基础数据，是制定土壤质量标准的依据。将进入土壤中的污染元素的组成、数量、形态及其分布情况与背景值进行比较，能为确定土壤污染现状、污染程度提供参考。全国土壤（A层）背景值见表3-1。

表 3-1　全国土壤（A 层）背景值

元素	算数背景值（μg/kg）		几何背景值（μg/kg）		95％置信度范围值
	均值	标准差	均值	标准差	
As	11.2	7.86	9.2	1.91	2.5～33.5
Cd	0.097	0.079	0.074	2.118	0.017～0.333
Cr	61.0	31.07	53.9	1.67	19.3～150.2
Cu	22.6	11.41	20.0	1.66	7.3～55.1
Hg	0.065	0.080	0.040	2.602	0.006～0.272
Pb	26.0	12.37	23.6	1.54	10.0～56.1

（二）工业生产

工业生产中含重金属元素的"三废"（废水、废渣、废气）排放是土壤环境中重金属的主要污染源之一。含重金属元素的工业"三废"排放会直接引起城镇工矿区数千米或数十千米范围内的土壤污染。常见的重金属污染源主要来自工业污染，但是污染的途径和方式有一定的差别。此类污染物主要是通过间接方式进入土壤环境的，例如，污水灌溉、含重金属工业废渣通过堆肥施入农田，工业废气中的重金属主要是通过大气沉降进入土壤环境。不同的重金属污染来源和进入土壤环境的途径也不尽相同。

（1）镉的污染。主要来自有色金属开采与冶炼、电镀、染料等工业生产排放的"三废"。人为活动向大气中排放的镉量是大气中自然排放量的 5～6 倍，其中化石燃料燃烧、有色金属冶炼释放是大气中镉的主要来源。大气中的重金属虽能通过气流运动进行长距离的迁移，但距污染源的距离仍是影响土壤重金属含量的重要因素。

（2）铅的污染。主要来自有色金属开采与冶炼、制造、印刷、蓄电池、颜料等工业生产排放的"三废"。汽车尾气排放、化石燃料燃烧（石油、煤炭）、有色金属冶炼是大气中铅的主要来源。随着石油工业的发展，1924 年开始在汽油中添加四乙基铅（TEL）作为抗爆剂，这造成了世界性的铅污染。铅作为汽油抗爆剂在汽油燃烧中随汽车尾气排放，已成为环境中最为严重的铅污染源。

（3）铜的污染。主要来自含铜有色金属开采与冶炼、电镀、油漆、染料、农药等工业生产排放的"三废"。其中含铜有色金属冶炼、化石燃料，特别是煤炭燃烧释放是大气中铜的主要来源。大气中的铜沉降是土壤铜浓度增加的主要原因。在钢铁厂和燃煤电厂周围，大气铜的点源污染非常严重，例如，加拿大安大略地区熔炼厂 3 km 内的土壤铜含量浓度水平较 50 km 处的土壤铜高 100 倍。

（4）铬的污染。主要来自耐火材料生产、电镀、制革、印染等工业生产排放的"三废"。其中含铬废水是主要的污染源。在金属冶炼和化石燃料（石油、煤炭）燃烧时，可排出含铬废气。

（5）汞的污染。主要来自采矿、选矿、冶金电镀、化工、造纸、农药、肥料等工业"三废"排放。目前，全球由于人类活动向大气、水体和土壤中排放的汞每年已超过 20 000 t。

化石燃料燃烧、含汞金属矿物的冶炼是大气中汞的主要来源。汞具有独特的大气远距离传输特性，被公认为全球性的污染物。

（6）砷的污染。主要来自金属冶炼、医药、化肥、农药、玻璃等化工企业排放的"三废"。其中煤炭燃烧、金属冶炼是大气中砷的主要来源。据统计，煤在燃烧过程中，每消耗 1 t 煤要排放 2.5 g 砷进入大气。

（三）生活垃圾

生活垃圾，是指在城市日常生活中，或者为城市日常生活提供服务的活动中产生的固体废弃物，以及法律、行政法规视为城市生活垃圾的固体废物。目前，生活垃圾的主要处置方式是堆放或者填埋，因此，垃圾的主要危害对象是土壤。堆放的生活垃圾，不仅侵占大量土地，而且垃圾中的塑料袋、废金属、废玻璃等会遗留在土壤中，难以降解，严重影响土壤质量，造成土壤污染，并有可能危害农业生态环境。

城市生活垃圾中的重金属污染，既来源于垃圾体中金属制品或镀金属制品中金属离子溶出的直接贡献（如电池、废灯管、废旧电器及表面镀金属的各种废弃生活资料），也来源于含重金属成分的各类原材料在使用与废弃过程中的金属离子的释放（如含重金属的纸张、油漆、油墨及染料等）。重金属由于容易与有机物形成胶体及络合物，因此，垃圾中的重金属离子往往容易为有机物所络合进入渗滤液，导致渗滤液中的重金属浓度非常高。随着国民经济的发展和人民生活水平的提高，我国城市生活垃圾产生量逐年增加，垃圾中的重金属成分愈加复杂，重金属污染问题凸显，垃圾中最常见的重金属为铜、锌、镉、铅、镍、砷和汞。

（四）农业生产

农业生产中利用污水灌溉、农业投入品（化肥、农药、添加剂等）的使用等都是土壤重金属的主要来源。

1. 污水灌溉 我国的污水灌溉始于 20 世纪 50 年代，污水灌溉在节约用水、农作物增产方面有积极的作用，但同时污水中的重金属对土壤也会造成很大的危害。第二次全国污灌普查表明，全国 57 个典型污灌区中，受污染的土壤面积占调查面积的 14.6%。目前，我国污灌的土地面积约为 330 万 hm^2，有 64.8% 的面积受到重金属污染。其中，轻度污染面积约为 46.7%，中度污染面积为 9.7%，重度污染面积为 8.4%。污水灌溉的另一负面效应是造成土壤酸化，进而促使土壤中的镉、铬、铅等重金属活化，更易被植物吸收。为保护农田生态环境，防止土壤污染物通过农田灌溉水进入耕地，《农田灌溉水质标准》（GB 5084），对农灌用水重金属含量做了严格限制（表 3-2）。

表 3-2 农田灌溉水质标准 （mg/L）

项目	Pb	Cd	Cr^{6+}	Cu	As	Hg	Zn	Se
标准限制≤	0.2	0.01	0.1	0.5（水作） 1.0（旱作和蔬菜）	0.1（旱作） 0.05（水作和蔬菜）	0.001	2	0.02

2. 农业投入品使用 农业重金属污染的另一个主要来源是农业投入品中的重金属。化肥、农药等投入品的使用在农业生产中发挥了巨大的作用，是现代化农业的主要标志之一，

但某些含重金属的农业投入品的使用不当或过量，会造成土壤环境重金属污染。

磷肥使用与土壤镉污染具有一定的相关性，因为磷肥中含有一定量的镉及其他重金属。据统计，人类活动对土壤镉的贡献中，磷肥占 $54\%\sim58\%$。我国磷肥大部分使用的是低镉的磷矿资源，磷肥中的镉含量一般较低，合理使用不会造成严重的土壤镉污染。农业生产中磷肥特别是镉含量高的进口磷肥的使用是镉进入土壤的主要途径之一。

农药的大量使用也会产生重金属污染，农业生产特别是林业生产中使用的某些杀虫剂、除草剂、除锈剂中含有砷、铅等重金属。曾广泛应用于果树的砷酸铅、砷酸钠、砷酸钙、二甲基砷酸、甲基砷酸钠等在土壤中的残留时间可长达 $10\sim30$ 年，对土壤环境造成很大的危害。

其他农业生产活动，如施用石灰、有机废物和污泥等也会增加农田土壤镉等重金属的输入量。大量使用含铜、锌、镉等重金属含量高的有机肥，是造成农田土壤污染的另一个重要原因。厩肥、畜禽粪便等经过发酵处理后施到农田中，实现了废弃物的资源化利用，但是如果不对其中的重金属污染物进行严格的控制，势必会造成农田土壤中重金属污染物的累积。

第二节　重金属污染危害

农田土壤重金属污染会影响农作物的生长，降低产量，同时，重金属被农作物吸收后，在农产品中累积，通过食物链进入人体内。重金属可通过多种途径进入人体内，在人体富集，即使在较低摄入的情况下，也可对人体产生明显的毒性作用。

一、重金属污染对农作物的危害

农作物在生长、发育过程中所需的养分主要来自土壤。如果土壤中存在过量的重金属污染物，则会抑制农作物正常生长、发育和繁衍，国家标准规定了农用地土壤污染风险筛选值（表 3-3）。农作物重金属污染可能影响农作物的生态平衡，降低农作物的产量和质量。对于农作物来说，重金属污染物容易富集在根部，这与根系的特性和分泌物有关。一般土壤污染越严重，根系中吸收的重金属含量占总吸收量的比例越大，但是不同的农作物种类或同种类不同品种的农作物，从土壤中吸收转移重金属的能力是不同的。重金属对农作物的危害主要有两个特点：一是影响农作物的养分吸收和利用，引起养分缺乏；二是随着重金属污染物元素在农作物体内的积累，农作物的体内代谢平衡受到破坏，造成农作物发生生长障碍等现象。

表 3-3　农用地土壤污染风险筛选值（基本项目）（mg/kg）（GB 15618—2018）

序　号	污染物项目		风险筛选值			
			pH≤5.5	5.5<pH≤6.5	6.5<pH≤7.5	pH>7.5
1	镉	水田	0.3	0.4	0.6	0.8
		其他	0.3	0.3	0.3	0.6
2	汞	水田	0.5	0.5	0.5	1.0
		其他	1.3	1.8	2.4	3.4

（续）

序　号	污染物项目		风险筛选值			
			pH≤5.5	5.5<pH≤6.5	6.5<pH≤7.5	pH>7.5
3	砷	水田	30	30	25	20
		其他	40	40	30	25
4	铅	水田	80	100	140	240
		其他	70	90	120	170
5	铬	水田	250	250	300	350
		其他	150	150	200	250
6	铜	果园	150	150	200	200
		其他	50	50	100	100
7	镍		60	70	100	190
8	锌		200	200	250	300

　　重金属对农作物的毒害作用因农作物的种类、环境条件等不同而存在差异，在差异普遍性基础上，仍存在一定的规律性。室内生长箱栽培试验发现，蔬菜株高与重金属浓度有较好的负相关，根长抑制率与重金属浓度相关性次之，重金属对根伸长抑制作用最明显，蔬菜对铜的毒性响应比其他重金属敏感，但蔬菜在重金属严重污染的土壤中整体呈现较为良好的生长状态，表明重金属通过蔬菜吸收可对人体健康造成潜在的影响。GB 2762 明确规定了食品中重金属污染物的限量范围，以下是几种典型重金属对农作物的危害及其生态效应。

（一）汞

　　汞在自然界广泛存在，几乎所有的农作物中都含有痕量的汞，汞会影响农作物的生长。汞对农作物生长发育的影响主要有抑制光合作用、根系生长、养分吸收、酶的活性、根瘤菌的固氮作用等。通常有机汞和无机汞化合物以及蒸气还会对农作物产生毒害。食品中汞限量指标见表 3-4。

表 3-4　食品中汞限量指标

食品类别（名称）	限量（以 Hg 计）（mg/kg）	
	总汞	甲基汞
水产动物及其制品（肉食性鱼类及其制品除外）	—	0.5
肉食性鱼类及其制品	—	1.0
谷物及其制品		
稻谷、糙米、大米、玉米、玉米面（渣、片）、小麦、小麦粉	0.02	—
蔬菜及其制品		
新鲜蔬菜	0.01	—

（二）镉

重金属镉本身无毒性，但镉的化合物毒性很大，镉是农作物生长的非必需元素，是危害农作物生长的有毒元素，且是蓄积型的，引起中毒的潜伏期可达 10～30 年。当土壤镉浓度达到一定高度时，不仅能在农作物体内残留，而且也会对农作物的生长发育产生明显的危害，并且可通过食物链危害人类健康。食品中镉限量指标见表 3-5。

表 3-5　食品中镉限量指标

食品类别（名称）	限量（以 Cd 计）（mg/kg）
谷物及其制品	
谷物（稻谷除外）	0.1
谷物碾磨加工品（糙米、大米除外）	0.1
稻谷、糙米、大米	0.2
蔬菜及其制品	
新鲜蔬菜（叶菜蔬菜、豆类蔬菜、块根和块茎蔬菜、茎类蔬菜除外）	0.05
叶菜蔬菜	0.2
豆类蔬菜、块根和块茎蔬菜、茎类蔬菜（芹菜除外）	0.1
芹菜	0.2
水果及其制品	
新鲜水果	0.05

（三）铅

重金属铅在环境中比较稳定，作物受铅的毒害与其对铅的敏感度有关，通常认为铅对农作物是有害的，一般情况下，土壤含铅量增高会引起农作物产量下降。铅对农作物的危害主要是影响光合作用，蒸腾也会受到抑制，并且会在农作物体内富集，间接影响人体健康。食品中铅限量指标见表 3-6。

表 3-6　食品中铅限量指标

食品类别（名称）	限量（以 Pb 计）（mg/kg）
谷物及其制品〔麦片、面筋、八宝粥罐头、带馅（料）面米制品除外〕	0.2
麦片、面筋、八宝粥罐头、带馅（料）面米制品	0.5
蔬菜及其制品	
新鲜蔬菜（芸薹类蔬菜、叶菜蔬菜、豆类蔬菜、薯类除外）	0.1
芸薹类蔬菜、叶菜蔬菜	0.3
豆类蔬菜、薯类	0.2
蔬菜制品	1.0
水果及其制品	
新鲜水果（浆果和其他小粒水果除外）	0.1
浆果和其他小粒水果	0.2
水果制品	1.0

（四）砷

砷是土壤中的类金属污染物，砷在土壤中多以砷酸盐（五价）和亚砷酸盐（三价）形态存在。无机态亚砷酸盐的毒性比砷酸盐类强，有机砷易在土壤中转化为无机砷。低浓度的砷对许多农作物生长有刺激作用，高浓度的砷则有危害作用，砷中毒会阻碍作物的生长发育。食品中砷限量指标见表3-7。

表3-7　食品中砷限量指标

食品类别（名称）	限量（以As计）(mg/kg)	
	总砷	无机砷
谷物及其制品		
谷物（稻谷除外）	0.5	—
谷物碾磨加工品（糙米、大米除外）	0.5	—
稻谷、糙米、大米	—	0.2
水产动物及其制品（鱼类及其制品除外）		0.5
鱼类及其制品	—	0.1
蔬菜及其制品		
新鲜蔬菜	0.5	—

（五）铬

重金属铬无毒性，Cr^{3+} 和 Cr^{6+} 都有毒性，Cr^{6+} 毒性更大且具有腐蚀性，对皮肤和黏膜表现出强烈的刺激性和腐蚀作用。Cr^{6+} 化合物易溶，对农作物的毒性较强；而 Cr^{3+} 化合物难溶，难以被农作物吸收。微量的 Cr^{3+} 是农作物必需的，但当农作物体内累积过量的铬就会引起毒害作用，直接或间接地给人类健康带来危害。食品中铬限量指标见表3-8。

表3-8　食品中铬限量指标

食品类别（名称）	限量（以Cr计）(mg/kg)
谷物及其制品	
谷物	1.0
谷物碾磨加工品	1.0
蔬菜及其制品	
新鲜蔬菜	0.5

（六）铜

重金属铜是农作物生长的必需元素，农作物缺铜则致整株萎蔫，但过量铜也会危害作物生长，抑制营养的吸收，特别是铁的吸收，农作物铜中毒表现为失绿症和生长受阻。

二、重金属对渔业生产的危害

重金属对水产动物的毒性一般以汞最大，银、铜、镉、铅、锌次之，锡、铝、镍、铁、钡、锰等毒性依次降低。重金属对水产动物的毒害有内毒和外毒两方面。内毒为重金属通过鳃及体表进入体内，与体内主要酶类的必要基——氢硫基中的硫结合成难溶的硫醇盐类，抑制了酶的活性，妨碍机体的代谢作用，引起死亡；同时，硫醇盐本身有一定毒性。在鳃部存在的呼吸酶类，如琥珀酸脱氢酶可能也直接与致毒有关。外毒为与鳃、体表的黏液结合成蛋白质的复合物，覆盖整个鳃和体表，并充塞鳃瓣间隙里，使鳃丝的正常活动发生困难，鱼窒息而死。

汞能在鱼体内蓄积，浓缩倍数可达千倍以上。鱼体内汞的蓄积随鱼的年龄和体重的增加而增加。汞对生物的影响，不仅取决于浓度，而且与汞的化学状态及生物本身特性有关。无机汞（氯化汞）在鱼体表微生物的作用下，能转化成毒性更强的烷基汞，在缺氧的条件下，这一转化更迅速。草鱼鱼种在 0.1 mg/L 醋酸苯汞或氯化乙基汞的水溶液中，可引起眼部出血、眼球严重破坏，引起失明或残缺。因此，农业部于 2002 年 3 月 5 号发布农牧发〔2002〕1 号文件，在《食品动物禁用的兽药及其他化合物清单》的通知中，明确规定各种汞制剂，包括氯化亚汞（甘汞）、硝酸亚汞、醋酸亚汞、吡啶基醋酸汞，禁止在一切动物养殖中作为杀虫剂使用。

重金属离子铅、锌、银、镍、镉等，均可与鳃的分泌物结合，填塞鳃丝间隙，使鱼类呼吸困难。锰、铜可引起鱼类红细胞和白细胞减少。0.16 mg/L 的硫酸铜或硝酸银可引起草鱼、鲢的胚胎发育延迟。

三、重金属对畜禽养殖的危害

重金属离子进入环境后，不像有机污染物那样可以通过自然界本身物理的、化学的或生物的净化，使有害性降低或解除，重金属具有富集性，很难在环境中降解。当其在土壤中积累到一定程度时，就会对土壤-植物系统产生毒害和破坏作用，对作物生长、产量和品质均有较大的危害，特别是它们还能被作物富集吸收，进入食物链，具有损害畜禽健康的潜在危险。重金属离子及其化合物的毒害是积累性的，开始不易觉察，一旦出现症状，就会带来严重的后果。

（一）镉的污染及其对畜禽的毒害作用

镉可通过消化道、呼吸道、皮肤等进入动物体内，环境镉暴露对动物肝、肾、肺、睾丸、骨骼等均可产生毒性，且通常镉在肝、肾、骨骼等蓄积和产生毒作用均为一缓慢过程，以对肾影响最为重要。镉在体内的排泄速度极慢，体内缺少有效的平衡控制机制，存留在体内的半衰期很长，导致机体在整个生命期间主动蓄积。畜禽镉中毒，是由于长期摄入被镉污染的饲料、饮水引起的，以生长发育缓慢、肝和肾机能障碍、贫血和骨骼损伤为特征的中毒性疾病。镉中毒主要发生在环境镉污染区，可引起畜禽及人类多种疾病，如呼吸机能不全、运动失调、肝损害、肾小管损害、高血压、贫血、睾丸萎缩、骨质疏松及癌症等。镉对机体的毒害作用与动物的种属、品系、染毒途径和剂量等有很大的关系。

（二）铅的污染及其对畜禽的毒害作用

环境中的铅主要经消化道、呼吸道吸收，其吸收率取决于铅化合物的溶解度，易溶的醋酸铅、氯化铅、氧化铅等吸收迅速，难溶的铬酸铅、硫化铅、硫酸铅和碳酸铅等吸收少。但胃酸及体液环境可使难溶性铅转变为易溶性铅而促进铅的吸收。四乙基铅等脂溶性铅尚可经皮肤吸收，而无机铅不能被皮肤吸收。

铅为蓄积性毒物，一旦进入畜禽机体后排泄速度非常缓慢，在体内半衰期很长。同时，机体缺乏有效的平衡控制机制，小剂量持续进入机体会直接累积而呈现毒害作用。铅对动物体几乎所有的组织器官都能造成一定伤害，主要表现在 4 个方面：①铅可引起平滑肌痉挛，胃肠平滑肌痉挛而发生腹痛；小动脉平滑肌痉挛而出现缺血；肝、肾等器官血流量减少，引起组织细胞变性。②铅能抑制血红蛋白合成所需的两种酶（即 δ-氨基乙酰丙酸脱水酶和铁螯合酶）。③铅可引起脑血管扩张，脑脊液压力升高，神经节变性和灶性坏死。④铅可通过胎盘屏障，对胎儿产生毒害作用，有的引起流产。

（三）汞的污染及其对畜禽的毒害作用

汞的毒性具有持久性、高度积累性和易转移性。汞在环境中流动性很强，而且任何形式的汞均可在一定条件下转化为剧毒的甲基汞。进入动物体后的甲基汞，可分布在身体的各个组织，主要侵害神经系统，尤其是中枢神经系统，这些伤害是不可逆转的。

汞对动物机体的毒害主要表现在 3 个方面：①汞剂是一种神经毒和组织毒。汞化合物易溶于类脂质，排泄速度很慢，常大量沉积于神经组织内，造成脑和末梢神经的变性。另外，汞能与巯基结合，使机体内的含巯基酶类失去活性，可致几乎所有的组织细胞受到不同程度的损害。②汞剂具有腐蚀性，能损害微血管壁，凝聚蛋白成分，对局部有强烈的刺激作用。③有机汞可通过胎盘屏障影响胎儿，还可通过乳汁传递给幼畜，引起幼畜肢端震颤，甚至死亡。

（四）铜的污染及其对畜禽的毒害作用

畜禽养殖中的各种配合饲料往往都加入了高含量的铜（250 mg/kg）以促进畜禽生长，但90%以上的铜会随着粪便排入环境。根据调查显示，我国畜禽养殖业粪便年产生量 2.43 亿 t，带来的环境问题不可小视。

铜是动物及人体所必需的微量营养物质，但过量摄入会引起动物中毒。动物可因长期食入含过量铜的饲料或饮水引起铜中毒，其主要特征是引起腹痛、腹泻、肝功能异常和溶血。高浓度铜在血浆中可直接与红细胞表面蛋白质作用，引起红细胞膜变性、溶血。肝是体内铜储存的主要器官，大量铜可集聚在肝细胞的细胞核、线粒体及细胞浆内，使亚细胞结构损伤。当肝内铜积累到一定程度（一般在 6 个月左右），在某些诱因作用下，肝细胞内的铜迅速释放入血，血浆铜浓度大幅升高，红细胞变性，溶血，体况迅速恶化并死亡。肾是铜储存和排泄的器官，溶血危象出现后，产生肾小管坏死和肾衰竭。

（五）砷的污染及其对畜禽的毒害作用

元素砷的毒性极低，而砷的化合物均有剧毒，三价砷化合物比其他砷化合物毒性更强。

砷制剂可由消化道、呼吸道及皮肤进入机体，先聚积于肝，然后由肝慢慢释放到其他组织，储存于骨骼、皮肤及角质组织（被毛或蹄）中。砷制剂为原生质毒，可抑制酶蛋白的巯基（—SH），使其丧失活性，阻碍细胞的氧化和呼吸作用，导致组织、细胞死亡。砷能麻痹血管平滑肌，破坏血管壁的通透性，造成组织、器官淤血或出血，并能损害神经细胞，引起广泛性的神经性损害。此外，砷制剂对皮肤和黏膜也具有局部刺激和腐蚀作用。

四、重金属污染对人体健康的危害

（一）重金属进入人体的途径

重金属主要通过消化道、呼吸道和皮肤黏膜接触等途径进入人体。人饮用了被重金属污染的水或食物，重金属就会通过消化道直接进入人体，重金属可通过食物链富集。食物链的富集作用，可以使人体内的重金属达到很高的浓度。工业生产产生的带有重金属的废气，可直接被肺部吸入。有机铅等部分有机金属化合物，可通过与皮肤接触进入人体。

（二）重金属的体内代谢

重金属本身不发生分解，有的还可以在生物体内富集。体内的生物转化作用常常不能减弱这些元素的毒性，有的反而被代谢为毒性更大的化合物。少量的重金属离子进入消化道后，先进入血液循环，部分被肝吸收，进入肝部分的重金属可缓慢地随胆汁排入肠腔，通过粪便排出体外；部分重金属通过肾代谢随尿液排出；汗腺、唾液腺等也可少量排泄。但是如果摄入的重金属较多，超过了人体的解毒、自净能力，则会在体内富集。重金属在人体内可以和分子结构中含羟基、氨基的蛋白质及各种酶直接结合，从而影响其正常的生理生化功能，甚至失去生物活性，导致出现蛋白质和糖类代谢紊乱等症状。其他重要的生命物质如核糖核酸、神经递质、激素、脂肪酸等也能与重金属结合或发生作用，引起病变。

（三）重金属毒性类型

重金属对人体的毒害类型及程度，与其本身毒性特点、侵入途径、暴露时间、化学状态、体内浓度、排出速度以及不同重金属之间的协同作用有关，可导致人体各系统、器官发生急性中毒、亚急性中毒、慢性中毒等危害。

1. 急性中毒　指重金属毒物一次性或短时间内大量进入人体而引起的中毒。如急性砷中毒，可导致人体神经功能障碍、呼吸困难、心力衰竭甚至死亡。

2. 慢性中毒　指重金属毒物少量、长期进入人体，引起的毒性效应。如低剂量、长期接触镉可引起慢性镉中毒，导致骨骼、泌尿、神经、心血管、生殖等多系统的慢性损害。

3. 亚急性中毒　指发病的急缓程度介于急性和慢性之间，接触到金属毒物的浓度较高，一般在接触一个月内会出现症状，如亚急性的铅中毒。

4. 迟发性中毒　某些重金属可在人体内蓄积并产生长期的毒性效应，当人体脱离接触毒物一定时间后，才表现出中毒的临床症状。研究发现，早期的铅、锰等重金属暴露与个体成年和老年后中枢神经系统的退行性病变相关，如阿尔兹海默症（老年痴呆）和帕金森病等。

（四）5 种常见重金属的毒性及危害

汞（Hg）、镉（Cd）、铅（Pb）、砷（As）、铬（Cr）是目前已确定的对人体危害较大的有毒重金属，重金属在人体较低摄入的情况下即可对人体产生明显的毒性作用，有毒重金属很难被人体排出体外，经蓄积后对人体造成更大的危害。重金属对人体的毒性作用受许多因素的影响，如侵入途径、浓度、溶解性、存在状态、代谢特点、重金属本身的毒性及受污染人体的健康状况等。以下是几种常见重金属对人体的主要危害。

1. 汞 汞按其化学形态可分为金属汞、无机汞和有机汞，汞可以任何形态稳定存在，在厌氧条件下，部分汞可以转化为可溶性的甲基汞和气态二甲基汞。20 世纪 50 年代，日本爆发的水俣病就是汞中毒造成的，中毒人群出现运动失调、四肢麻木、疼痛、畸胎等症状。

2. 镉 人体内的镉是从外界环境摄入的，主要来源是通过农产品、水和空气进入人体内而蓄积下来的。镉会干扰锌、铜、铁等在体内的吸收和代谢而产生毒性作用，长期少量摄入镉，会使动物降低生长率，甚至生长停滞。镉易于蓄积于体内，超过安全限量值的镉堆积会造成近端肾小管损伤，久而容易形成软骨症及自发性骨折，即痛痛病。鉴于镉的危害性，联合国环境规划署在 1984 年提出，将镉列入全球意义的 12 种危害物质的首位。

3. 铅 人体中的铅主要是通过摄食、呼吸空气和饮水而来，其中食物来源占 90%～98%。铅是重金属污染中毒性较大的一种，能对中枢和外围神经系统中的多个特定神经结构有直接的毒性作用，它还能破坏血液，使红细胞分解，同时，通过血液扩散到全身器官和组织并进入骨骼，严重时会导致铅毒性脑病而死亡。

4. 砷 进入人体的砷经过消化道、呼吸道及皮肤等途径而被吸收，无机砷进入消化道后，其吸收程度取决于它的溶解度和物理状态，五价砷比三价砷更容易吸收，三价砷的毒性更大，俗称砒霜的三氧化二砷毒性最大。砷中毒是一个以皮肤损害为主的全身性疾病，它能危害人的皮肤、呼吸、消化、泌尿、心血管、神经、造血等系统，按其发病过程可分为急性中毒和慢性中毒。

5. 铬 铬是生物体所必需的微量元素之一，但同时，也是有毒的重金属。各种形态铬的毒性不同，但所有铬化合物浓度过高时都有毒性，六价铬的毒性要大于三价铬，铬进入体内会使蛋白质变性，使核酸、核蛋白沉淀，干扰酶系统。同时，铬化合物是世界上公认可致癌的危险物。

（五）重金属中毒的预防措施

有效预防重金属对人体健康的危害，应积极遵循预防为主、综合治理污染的原则，主要包括以下几个方面：

1. 注意安全卫生监管 针对我国日益严重的环境重金属污染状况，环境保护部制订了《重金属污染防治"十二五"规划》，将有色重金属矿采选业、冶炼业、蓄电池制造业、皮革及其制品业、化学原料及化学制品制造业列为五大重点防控行业。相关部门应加强生产企业的安全卫生管理，严格执行国家制定的有关大气、水、土壤、食品中的重金属卫生标准，做到常态化监测，并对排放量超标的企业严肃处理。同时，在污染地区做好相关卫生法规、知识的宣传教育，提高环保及健康意识，杜绝使用未经处理的、不能满足灌溉标准的污水进行养殖和灌溉，避免重金属随食物链富集进入人体。

2. 减少直接接触　对于职业性接触重金属的人群，尽量减少个体接触重金属毒物的水平是预防中毒的关键环节。因此，需改进生产工艺、技术和生产工序的布局，严格控制生产过程中重金属进入环境中的机会，并对生产废物进行适当的净化处理。个人在进行相关工作时，要合理使用个体防护用品，减少与重金属毒物的直接接触。

3. 生活中的防护措施　日常生活中要养成良好、健康的生活方式和习惯。勤洗手、剪指甲是防止手上的重金属通过手-口途径进入人体内的重要方法。经常清洁房间和生活用品，早上用水前先打开水龙头 3～5 min，将晚间囤积的含重金属较高的水放弃。油漆用品、玩具、废弃电池等许多生活用品均含有重金属，应正确使用和处理。通过平衡膳食可以对抗或减少重金属的危害。食用含锌、钙、铁等元素多的食物，既可以满足人体对锌、钙、铁的需求，又可以抑制铅、镉在体内的吸收。另外，食用大蒜、海带、牛奶等有助于促进人体内铅、镉的排出；食用绿色蔬菜、瓜果等含抗氧化物质、维生素 C、维生素 E、硒等丰富的食品对减轻重金属的损害也很有帮助。而某些食品，如皮蛋、爆米花、膨化食品等含铅较高，海产品中汞含量较高，动物肝、肾中的重金属富集较多，应减少食用量。

第三节　重金属检测技术

重金属污染问题受到社会的广泛关注，尤其是土壤重金属污染，对人体健康和农产品质量安全产生了较大的危害。

2016 年 5 月，国务院印发了《土壤污染防治行动计划》（以下简称《计划》），《计划》中明确土壤是经济社会可持续发展的物质基础，关系人民群众身体健康，关系美丽中国建设，保护好土壤环境是推进生态文明建设和维护国家生态安全的重要内容。当前，我国土壤环境总体状况堪忧，部分地区污染较为严重，已成为全面建成小康社会的突出短板之一。《计划》的工作目标和主要指标是到 2020 年，全国土壤污染加重趋势得到初步遏制，土壤环境质量总体保持稳定，农用地和建设用地土壤环境安全得到基本保障，土壤环境风险得到基本管控，受污染耕地安全利用率达到 90% 左右，污染地块安全利用率达到 90% 以上。到 2030 年，全国土壤环境质量稳中向好，农用地和建设用地土壤环境安全得到有效保障，土壤环境风险得到全面管控。到 21 世纪中叶，土壤环境质量全面改善，生态系统实现良性循环，受污染耕地安全利用率达到 95% 以上，污染地块安全利用率达到 95% 以上。

《计划》第一条就是开展土壤污染调查，掌握土壤环境质量状况。在现有基础上，以农用地和重点行业企业用地为重点，开展土壤污染状况详查，2018 年底前查明农用地土壤污染的面积、分布及其对农产品质量的影响，2020 年底前，实现土壤环境质量监测点位所有县（市、区）全覆盖。调查和掌握土壤环境质量状况，建设土壤环境质量监测网络需要重金属元素含量分析技术作支撑。

本节所讲重金属检测技术，主要涉及砷（As）、汞（Hg）、铅（Pb）、镉（Cd）、铬（Cr）、铜（Cu）6 种重金属的检测。目前，常用的方法有原子荧光光谱法、原子吸收光谱法、X射线荧光光谱法、电感耦合等离子体-原子发射光谱法（ICP-OES）、电感耦合等离子体-质谱法（ICP-MS）等，重金属元素分析主要包括前处理和仪器测试两部分。每种仪器和检测方法具有不同的优势和劣势，为了能更准确和快速地测定样品中的重金属元素，检测方法往往不是单一的，而是根据待测样品的特性来选择合适的方法。本节重点介绍应用原子荧光光谱法和原子吸收光谱法分析重金属元素。主要流程见图3-1。

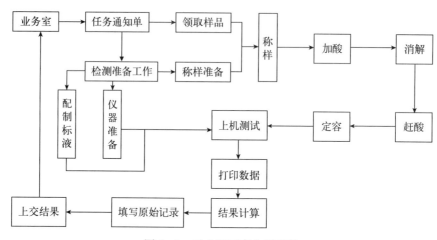

图3-1　重金属元素分析流程

一、前处理方法

样品前处理过程和检测过程按照标准方法要求进行，前处理时，可参考前处理原则适当进行调整。

重金属元素测定，分为样品制备、消解和分析仪器测定3个过程，其中消解处理过程是最关键的步骤。由于农田土壤和农产品样品的基体和组成相当复杂，所以前处理过程是重金属分析的重要步骤。相关统计表明，样品前处理在整个分析过程中所占时间的比例约为61％（其他步骤占时间比例为采样和测定步骤各为6％，数据处理步骤为27％）。

（一）前处理原则

样品前处理的主要目的是使样品中的被测组分不受损失、不被污染并全部转变为适于测定的形态。样品前处理有以下要求：

（1）样品是否要前处理，如何进行前处理，采用何种方法，应根据样品的形状、检验的要求和所用分析仪器的性能等方面加以考虑。

（2）应尽量不用或少用前处理，以便减少操作步骤，加快分析速度，也可减少前处理过程中带来的不利影响，如引入污染、待测物损失等。

（3）处理样品时，分解必须完全，不能造成被测物组分损失，待测组分的回收率足够高。

（4）样品不能被污染，不能或尽量减少引入待测组分和干扰物质。

（5）试剂的消耗应尽可能减少，方法应简便易行，速度快，对环境污染少。

（6）如果有国标方法，尽量选择国标方法进行样品的前处理。

（二）前处理分类

常见的消解方法有干灰化法、湿法消解、高压消解和微波消解。

1. 干灰化法　指利用高温除去样品中的有机质，剩余的灰分用酸溶解，作为样品待测溶液的方法。该法适用于食品和植物样品等有机物含量多的样品测定。把装有样品的器皿放在高温炉内，利用高温（450～850 ℃）分解有机物。利用高温下空气中的氧将有机物炭化和氧化，挥发掉易挥发的组分。同时，试样中不挥发组分也大多转变为单体、氧化物或耐高温盐类。

（1）优点。干灰化法具有空白低，操作简单，设备便宜，并且可以一次处理大批量样品的优点。

（2）缺点。干灰化法包括：① 由于灰化温度较高，一般都在 500 ℃ 左右，可能会有部分元素由于蒸发而损失掉（部分样品可被坩埚或器皿吸附，还有些样品可以与坩埚和器皿反应生成难以用酸溶解的物质，如玻璃或耐熔物质等），从而导致元素的部分损失，回收率偏低，准确度低。② 干灰化法的回收率不是很稳定，建议每批次样品都做加标回收试验。③ 干灰化法的实验过程比较长，样品炭化时间需要 1 h 左右，灰化时间 4～6 h，如果灰化效果不好，还需要加入助灰化剂。

2. 湿法消解　湿法消解又称湿灰化法，是利用氧化性酸和氧化剂对有机物进行氧化、水解，以分解有机物的方法。

优点。湿法消解是实验室常用的一种消解模式，有机物分解速度快、处理时间短、方法得当时，元素无损失。

缺点。湿法消解的试剂用量大，空白值偏高，需要随时观察消解情况，费时费力。

根据所用试剂，湿法消解分为以下几类：

（1）硝酸消化法。

（2）硝酸-盐酸（王水）消化法。

（3）硝酸-高氯酸消化法。

（4）硝酸-硫酸-高氯酸消化法。

（5）硝酸-氢氟酸-高氯酸消化法。

（6）硝酸-过氧化氢消化法，以及其他多酸全消解消化方法。

湿法消解过程主要用到了硝酸、氢氟酸、高氯酸、盐酸、过氧化氢等试剂。试剂分化学纯、分析纯、优级纯等级别，检测所用试剂需按照检测方法要求选择合适的试剂，并且在试剂采购后要进行试剂符合性检查。

硝酸（HNO_3），65% 浓度，沸点 120 ℃，加热易分解，是氧化有机物的典型酸，与有机物反应生成一氧化氮，常与高氯酸、过氧化氢、盐酸和硫酸混用。

过氧化氢（H_2O_2），沸点 150 ℃，加热缓慢分解，过氧化氢是氧化剂（$2H_2O_2 \longrightarrow 2H_2O + O_2$）；与硝酸混合可减少含氮蒸气，通过增加温度加速有机样品的消解过程。典型混合比例是 $V_{HNO_3} : V_{H_2O_2} = 4 : 1$，是微波消解常用的反应体系。

氢氟酸（HF），40% 浓度的氢氟酸沸点为 108 ℃；用于消解矿物、矿石、土壤、岩石以及含硅蔬菜，氢氟酸是唯一能分解二氧化硅和硅酸盐的酸类；经常与硝酸或高氯酸混用。为避免损坏仪器要求去除氢氟酸，可通过加入硼酸除去溶液中的氢氟酸。

硫酸（H_2SO_4），98%浓度的硫酸沸点为340℃，高于特氟龙（TFM）罐子的最大工作温度；为避免罐子损坏应仔细关注反应，通过脱水反应破坏有机物；300℃是TFM罐子的临界温度，对四氟乙烯（PFA）罐子来说温度过高（该温度下将熔化）。所以，使用硫酸时应进行严格的温度控制。

高氯酸（$HClO_4$），沸点130℃，是一种强氧化剂，能彻底分解有机物。但高氯酸直接与有机物接触易发生爆炸，因此，高氯酸通常都与硝酸组合使用，或先加入硝酸反应一段时间后再加入高氯酸。高氯酸大都在常压下的前处理时使用，较少用于密闭消解中，要慎重使用，注意安全。

盐酸（HCL），沸点110℃。盐酸不属于氧化剂，通常不用来消解有机物。盐酸在高压与较高温度下可与许多硅酸盐及一些难溶氧化物、硫酸盐、氟化物作用，生成可溶性盐。许多碳酸盐、氢氧化物、磷酸盐、硼酸盐和各种硫化物都能被盐酸溶解。

3. 高压消解 高压消解常用的密封容器是由一个聚四氟乙烯（PTFE）杯和盖，以及与之紧密配合的不锈钢外套组成。外面的套有一个螺旋顶或螺旋盖，当拧紧后使PTFE杯和盖紧密密闭配合，形成高压气密封。

使用这种消解罐时必须小心，因为混合反应物蒸发产生的压力为7~12 MPa。样品和试剂的容量绝对不能超过内衬容量的10%~20%，过多的溶液产生的压力会超过容器的安全额定压力，同样有机物质绝对不能和强氧化剂在消解罐内混合，分解温度必须严格控制，切勿超温。分解完成后必须将消解罐彻底冷却后才能开，打开时应放在合适的通风橱内小心操作。

（1）优点。高压消解的优点包括：① 成本低，污染少。② 密闭系统可避免某些元素的损失（易挥发性元素，如 As、Hg、Se、Cd 等）。③ 密封容器内部产生的压力使试剂的沸点升高，因而消解温度较高。这种增高的温度和压力可显著地缩短样品的分解时间，而且使一些难溶解物质易于溶解。④ 试剂用量减少了，节省了成本，减少了污染。

（2）缺点。高压消解的缺点包括：① 存在爆炸的可能性，因此，需注意安全。② PTFE可耐受的最高温度为190~230℃，该材料中的填充化合物可能会造成某些元素系统偏差，较难控制。

4. 微波消解 微波消解是无机元素测定的一种较为有效的前处理手段，其完全在密闭的环境中进行，能尽量避免目标元素的污染和损失，但是该方法称样量少，消解的样品中有大量的氮氧化合物，存在一定的基体干扰，比较适合 ICP - MS 的检测（检出限较易达到）。若使用微波消解后的溶液进行原子荧光光谱法（AFS）测砷，则需要赶酸。

（1）优点。微波消解的优点包括：① 非常短的消解时间，通常以分钟计算而不是小时。② 不损失挥发元素，包括汞（Hg）、砷（As）等。③ 无酸雾，改善实验室的工作环境。④ 无样品污染。⑤ 使用最少量的酸溶液，空白值较低。

（2）缺点。微波消解的缺点包括：① 仪器成本相对较高，样品量受限。② 对高油脂样品常消解不完全。③ 对高油脂样品很容易爆罐损坏。④ 微波罐耗材昂贵。

（三）注意事项

1. 干灰化法注意事项

（1）含油脂成分较高的食品炭化时非常容易爆沸，同时易燃，因此，该类样品不宜采用干灰化法。

（2）含糖、蛋白质、淀粉较多的样品炭化时会迅速发泡溢出，可加几滴辛醇再进行炭化，以防止炭粒被包裹，灰化不完全。

（3）含磷较多的谷物及制品，在灰化过程中的磷酸盐会包裹沉淀，可加几滴硝酸或过氧化氢，加速炭粒氧化，蒸干后再继续灰化。

（4）某些元素受灰化温度影响较大，汞是最易损失的元素，因为它的沸点是 360 ℃，而其主要化合物在灰化温度下或是被分解，或是挥发性的。

（5）某些元素的损失是因其在样品中存在的形式是挥发性的。在灰化过程中，待测元素也可以与其周围的无机物反应而转变为易挥发性化合物。

2. 湿法消解注意事项

（1）加入硝酸、硫酸后，应小火缓缓加热，待反应平稳后方可大火加热，以免泡沫外溢，造成试样损失。

（2）及时沿瓶壁补加硝酸。避免炭化现象出现。如发生了炭化现象，必须立即添加发烟硝酸。

（3）补加硝酸等消化液时，最好将消化瓶从电炉上取下，待冷却后再补加。

（4）如消化中采用硫酸（比色分析时），应加水脱去残存硝酸，以免生成的亚硝酰硫酸破坏有机显色剂，对测定产生严重的干扰。

（5）湿法消化的试剂用量较大，试剂的纯度对实验的结果有较大的影响，试验中必须注意。

（6）消解结束时，消解管内剩一大液滴状，并呈白色或淡黄色，如图 3-2 所示。

图 3-2 湿法消解终点

3. 高压、微波消解注意事项

（1）同批次处理样品一般选择相同或类似的样品。

（2）样品量一般不大于 0.5 g。

（3）升温后反应剧烈的样品，推荐预消解或者浸泡过夜。

（4）不建议处理含有有机溶剂样品，例如，醇与硝酸进行微波消解时会产生爆炸。

（5）同种样品因为称样量的差异，也会产生不同的压力，因而产生消解效果的差异。

（6）冷却到安全温度（低于 50 ℃）后再进行下一步操作。

二、原子荧光光谱法测定汞和砷

（一）仪器介绍

目前，常用的原子荧光光度计产品（图 3-3），使用的均是氢化法原子荧光，最多可对

12 种重金属含量的分析。可进行 As（砷）、Sb（锑）、Bi（铋）、Pb（铅）、Sn（锡）、Te（碲）、Se（硒）、Zn（锌）、Ge（锗）、Cd（镉）、Hg（汞）等元素的痕量分析检测。

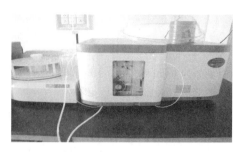

图 3-3　原子荧光光度计

1. 测试原理　硼氢化钾或硼氢化钠作为还原剂，将样品溶液中的待分析元素还原为挥发性共价气态氢化物（或原子蒸气），然后借助载气将其导入原子化器，在氩-氢火焰中原子化而形成基态原子。基态原子吸收光源的能量而变成激发态，激发态原子在去活化过程中，将吸收的能量以荧光的形式释放出来，在一定浓度范围内，荧光信号的强弱与样品中待测元素的含量呈线性关系，因此，通过测量荧光强度就可以确定样品中被测元素的含量。

2. 原子荧光光度计优缺点

（1）非色散系统，光程短，能量损失少。

（2）结构简单，故障率低。

（3）灵敏度高，检出限低，与激发光源强度成正比。

（4）接收多条荧光谱线。

（5）适合于多元素分析。

（6）采用日盲管检测器，降低火焰噪声。

（7）线性范围较宽，3 个数量级。

（8）原子化效率高，理论上可达到 100%。

（9）可做价态分析。

（10）只使用氩气，运行成本低。

（11）采用氩氢焰，紫外透射强，背景干扰小。

（12）可检测的元素种类少。

3. 原子荧光光度计日常维护

（1）进样系统各种管路的检查与更换。

（2）蠕动泵压块压力的调节，泵管定期滴加硅油。

（3）不测量时应打开压块，不能长时间挤压泵管。

（4）拆装注射器及清洗，定期检查注射器连接是否松动并拧紧。

（5）测量结束后用纯水清洗进样系统。

（6）试验结束后须将仪器及台面清理干净，避免腐蚀仪器。

（7）长时间不用仪器，要定期开机运行仪器。

（二）原子荧光光谱法测定汞

1. 土壤中总汞的测定

（1）测定依据。GB/T 22105.1。

（2）测定原理。采用硝酸-盐酸混合试剂在沸水浴中加热消解试样，再用硼氢化钾或硼氢化钠将样品中所含汞还原成原子态汞，由载气（氩气）导入原子化器中，在特制空心阴极灯照射下，基态汞原子被激发至高能态，在去活化回到基态时，发射出特征波长的荧光，其荧光强度与汞的含量成正比。与标准系列比较，求得样品中汞的含量。

（3）测定步骤。称取经风干、研磨并过 0.149 mm 孔径筛的土壤样品 0.2～1.0 g（精确至 0.000 2 g）于 50 mL 具塞比色管中，加少许水润湿样品，加入 10 mL 王水（硝酸和盐酸按体积比为 1∶3 混合，再用去离子水稀释 1 倍），加塞后摇匀，于沸水浴中消解 2 h，取出冷却，立即加入 10 mL 保存液，用稀释液稀释至刻度，摇匀后放置，取上清液待测。测试过程中用水代替试样，制备全程序空白溶液，并按与试样相同的步骤进行测定。每批样品至少制备 2 个以上空白溶液。

（4）仪器参考条件。打开原子荧光光谱仪，点亮汞灯，预热 30 min，开始走样。载流：3% 盐酸溶液。还原剂：0.2% 氢氧化钾，0.05% 硼氢化钾。

（5）仪器参数。依仪器型号不同，测量参数会有所变动，表 3-9 可作为参考。

表 3-9　仪器参考条件

仪器条件	设置参考	仪器条件	设置参考
负高压（V）	280	加热温度（℃）	200
A 道灯电流（mA）	35	载气流量（mL/min）	300
B 道灯电流（mA）	0	屏蔽气流量（mL/min）	900
观测高度（mm）	8	测量方法	Std. Curve
读数方式	Peak. Area	读数时间（s）	10
延迟时间（s）	1	测量重复次数	1

2. 食品中总汞的测定

（1）测定依据。GB 5009.17。

（2）测定原理。试样经酸加热消解后，在酸性介质中，试样中的汞被硼氢化钾或硼氢化钠还原成原子态汞，由载气（氩气）带入原子化器中，在汞空心阴极灯照射下，基态汞原子被激发至高能态，在由高能态回到基态时，发射出特征波长的荧光，其荧光强度与汞含量成正比，与标准系列溶液比较定量。

（3）测定步骤。采用微波消解法。称取固体试样 0.2～0.5 g（精确到 0.001 g）、新鲜样品 0.2～0.8 g 或液体试样 1～3 mL 于消解罐中，加入 5～8 mL 硝酸，加盖放置过夜，旋紧罐盖，按照微波消解仪的标准操作步骤进行消解。冷却后取出，缓慢打开罐盖排气，用少量水冲洗内盖，将消解罐放在控温电热板或超声水浴箱中，于 80 ℃ 加热或超声脱气 2～5 min，赶去棕色气体，取出消解内罐，将消化液转移至 25 mL 塑料容量瓶中，用少量水分 3 次洗涤内罐，洗涤液合并于容量瓶中并定容至刻度，混匀备用；同时做空白试验。

（4）仪器参考条件。见表 3-10。

表 3-10 仪器参考条件

仪器条件	设置参考
负高压（V）	240
灯电流（mA）	30
原子化器温度（℃）	300
载气流速（mL/min）	500
屏蔽气流速（mL/min）	1 000

3. 水中总汞的测定 测定依据为 GB/T 8538。

（三）原子荧光光谱法测定砷

1. 土壤中总砷的测定

（1）测定依据。GB/T 22105.2。

（2）测定原理。样品中的砷经加热消解后，加入硫脲使五价砷还原为三价砷，再加入硼氢化钾将其还原为砷化氢，由氩气导入石英原子化器进行原子化分解为原子态砷，在特制空心阴极灯的发射激发下产生原子荧光，产生的荧光强度与试样中被测元素含量成正比，与标准系列比较，求得样品中砷的含量。

（3）测定步骤。称取经风干、研磨并过 0.149 mm 孔径筛的土壤样品 0.2~1.0 g（精确至 0.000 2 g）于 50 mL 具塞比色管中，加少许水润湿样品，加入 10 mL 王水（硝酸和盐酸按体积比 1∶3 混合，再用去离子水稀释 1 倍），加塞摇匀于沸水浴中消解 2 h，中间摇动几次，取下冷却，用水稀释至刻度，摇匀后放置。吸取一定量的消解试液于 50 mL 比色管中，加 3 mL 盐酸，5 mL 硫脲溶液，5 mL 抗坏血酸溶液，用水稀释至刻度，摇匀放置，取上清液待测。测试过程中用水代替试样，制备全程序空白溶液，并按与试样相同的步骤进行测定。每批样品至少制备 2 个以上空白溶液。

（4）仪器参考条件。打开原子荧光光谱仪，点亮砷灯，预热 15 min，开始走样。载流：3% 盐酸溶液。还原剂：0.5% 氢氧化钾，1% 硼氢化钾。

（5）仪器参数。依仪器型号不同，测量参数会有所变动，表 3-11 可作为参考。

表 3-11 仪器参考条件

仪器条件	设置参考	仪器条件	设置参考
负高压（V）	300	加热温度（℃）	200
A 道灯电流（mA）	0	载气流量（mL/min）	400
B 道灯电流（mA）	60	屏蔽气流量（mL/min）	1 000
观测高度（mm）	8	测量方法	Std. Curve
读数方式	Peak. Area	读数时间（s）	10
延迟时间（s）	1	测量重复次数	1

2. 食品中总砷的测定

（1）测定依据。GB/T 5009.11。

（2）测定原理。食品试样经湿法消解或干灰化法处理后，加入硫脲使五价砷预还原为三价砷，再加入硼氢化钠或硼氢化钾将其还原成砷化氢，由氩气载入石英原子化器中分解为原子态砷，在高强度砷空心阴极灯的发射光激发下产生原子荧光，其荧光强度在固定条件下与被测液中的砷浓度成正比，与标准系列比较定量。

（3）测定步骤。湿法消解：固体试样称取 1.0～2.5 g、液体试样称取 5.0～10.0 g（精确至 0.001 g）或 5.0～10.0 mL，置于 50～100 mL 锥形瓶中，同时做两份试剂空白。加硝酸 20 mL，高氯酸 4 mL，硫酸 0.25 mL，放置过夜。次日置于电热板上加热消解。若消解液处理至 1 mL 左右时仍有未分解物质或色泽变深，取下放冷，补加硝酸 5～10 mL，再消解至 2 mL 左右，如此反复 2～3 次，注意避免炭化。继续加热至消解完全后，再持续蒸发至高氯酸的白烟散尽，硫酸的白烟开始冒出。冷却，加水 25 mL，再蒸发至冒硫酸白烟。冷却，用水将内容物转入 25 mL 容量瓶或比色管中，加入硫脲＋抗坏血酸溶液 2 mL，补水加至刻度，混匀，放置 30 min，待测。按同一操作方法作空白试验。

（4）仪器参数。见表 3-12。

表 3-12 仪器参考条件

仪器条件	设置参考
负高压（V）	260
灯电流（mA）	50～80
载气	氩气
载气流速（mL/min）	500
屏蔽气流速（mL/min）	800
测量方式	荧光强度
读数方式	峰面积

3. 水中总砷的测定 测定依据为 GB/T 8538。

（四）注意事项

1. 原子荧光光度计使用注意事项

（1）实验室温度在 15～30 ℃，湿度小于 75%。

（2）应配备精密稳压电源且电源应有良好接地。

（3）仪器台后部应距墙面 50 cm 距离，便于仪器的安装与维护。

（4）氩气纯度大于 99.99%，配备标准氧气减压表。

（5）玻璃器皿应清洗干净，用酸浸泡，且为原子荧光专用。

（6）试剂的纯度应符合要求，一般要求优级纯。

（7）标准储备液应定期更换，标准使用液和还原剂应现用现配。

（8）更换元素灯时一定要关闭主机电源。

（9）注意开机的顺序为计算机、仪器主机、顺序注射或双泵。

（10）仪器使用前应检查二级气液分离器（水封）中是否有水。

（11）测量前仪器应运行预热 1 h，测量过程中不能进行其他软件操作，注意反应过程中气液分离器中不能有积液。

（12）样品必须澄清，不能有杂质，不能进浓度过高的标准和样品（As 浓度小于100 $\mu g/mL$、Hg 浓度小于 10 $\mu g/mL$）。

2. 原子荧光测汞注意事项

（1）样品前处理时，根据样品特点，可适当减少或增加酸的种类和用量，并选择适合样品的前处理方法。

（2）检测过程中要注意检查全程序的试剂空白，发现试剂或器皿污染应重新检测。

（3）王水具有比单一酸更强的溶解能力，可有效溶解硫化汞，配制王水时，盐酸与硝酸的比例可做适当调整，其中盐酸与硝酸按 9∶1 的比例处理效果较好，因为在盐酸存在条件下，大量 Cl^- 与 Hg^{2+} 作用形成稳定的 $[HgCl_4]^{2-}$ 配离子，可抑制汞的吸附和挥发。

（4）前处理时，应盖盖消解，敞开消解温度不能超过 110 ℃，有条件可采用密闭微波消解，以防止汞以氯化物的形式挥发而损失。

（5）当样品中含有较多的有机物时，可适当增加王水的用量，由于环境因素的影响及仪器稳定性的限制，每批样品测定时必须同时绘制校准曲线，标准样品可购买国家标准逐级稀释后使用。

（6）当样品中汞含量较高时，不能直接测定，应适当减少称样量，或者稀释后再上机测试。

（7）样品消解完毕应尽早测定，一般情况下只允许保存 2～3 d，并应加入保存液，防止汞的损失。

（8）测试时，激发态汞原子与某些原子化合物（氧、氮和二氧化碳等）碰撞发生能量传递而产生"荧光淬灭"，因此，需用惰性气体高纯氩气或高纯氮气作为载气通入荧光池中，以帮助改善测试的灵敏度和稳定性，操作时应避免空气和水蒸气进入荧光池。

（9）能强烈吸收 235.7 nm 汞线并发出荧光的物质（如苯、甲苯等芳香族化合物），会对测试产生严重的干扰，测试时要避免引入此类干扰物质。

3. 原子荧光测砷注意事项

（1）前处理过程中，温度不宜过高，温度高时，砷元素可能受高温而挥发，影响测定结果，温度以不超过 110 ℃ 为宜。

（2）样品经前处理分解后，砷一般以高价态存在，高价态的砷必须还原成低价态后，才能有效生成砷化氢，因此，要加入盐酸和硫脲进行预还原，预还原受酸度影响较大，盐酸浓度选择在 10%～20%。

（3）样品经前处理后，土壤中大多数元素都能经分解进入待测液，其中 Cu^{2+}、Co^{2+}、Ni^{2+}、Cr^{6+}、Hg^{2+} 等会干扰测定，加入硫脲可以消除这些干扰。

（4）每批样品测试都需要绘制标准曲线，标准曲线浓度范围应根据仪器情况及样品中砷含量不同而选择合适条件，标准样品可购买国家标准逐级稀释后使用。

（五）存在问题与解决措施

问题 1：主机通信失败，不能联机。

措施：按照规定开机顺序（开电脑-开仪器-开工作站）开机重试，检查串口电缆是否连接好，重装操作系统或仪器软件。

问题2：测量过程中出现死机。

措施：卸载或关闭可能对工作站产生干扰的软件（如杀毒软件），更换元素灯或不插灯进行测试。

问题3：仪器无信号。

措施：检查元素灯是否亮，灯能量反射是否正常，判断是电路问题还是进样系统问题，检查管路是否连接正确，样品或还原剂是否被吸进反应块，反应是否正常（有大量气泡产生），排废管是否漏气，试剂是否失效，浓度是否准确等。

问题4：信号不稳。

措施：仪器预热时间不够，延长预热时间，检查进样系统是否有堵塞导致进样不正常，泵管是否变形需要更换，气流是否准确，仪器条件选择设置是否合适。

问题5：空白或标准值偏高。

措施：一般是试剂、器皿或仪器本身受到污染，尤其是汞元素，容易产生记忆效应，产生污染。可重新配置试剂，换一批新器皿，并长时间冲洗仪器后进行测试，观察测试结果，确定污染来源。

三、原子吸收光谱法测定铅、镉、铜和铬

（一）仪器介绍

原子吸收分光光度计（图3-4）的原子化器主要有两大类，即火焰原子化器和电热原子化器。火焰有多种，目前，普遍应用的是空气-乙炔火焰。电热原子化器普遍应用的是石墨炉原子化器，因而原子吸收分光光度计就有火焰原子吸收分光光度计和带石墨炉的原子吸收分光光度计。前者原子化的温度在2 100～2 400 ℃，后者可达2 900～3 000 ℃。火焰原子吸收分光光度计，利用空气-乙炔测定的元素可达30多种，若使用氧化亚氮-乙炔火焰，测定的元素可达70多种。但氧化亚氮-乙炔火焰安全性较差，应用不普遍。

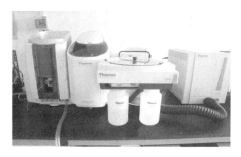

图3-4　原子吸收分光光度计

空气-乙炔火焰原子吸收分光光度法，一般可检测到毫克/千克浓度级样品，精密度1%左右。

1. 工作原理　元素在热解石墨炉中被加热原子化，成为基态原子蒸气，对空心阴极灯发射的特征辐射进行选择性吸收。在一定浓度范围内，其吸收强度与试液中被测元素的含量成正比。

其定量关系可用朗伯-比耳定律：

$$A = -\lg I/I_0 = -\lg T = KcL$$

式中，I 为透射光强度；I_0 为发射光强度；T 为透射比；c 为被测样品浓度；L 为光通过原子化器光程（长度），每台仪器的 L 值是固定的。所以

$$A = Kc$$

利用待测元素的共振辐射，通过其原子蒸气，测定其吸光度的装置称为原子吸收分光光度计。

2. 火焰原子化法的优缺点

（1）检出限低，灵敏度高。

（2）选择性好，重现性好。

（3）操作简单。

（4）分析速度快，结果准确可靠。

（5）应用范围广（可分析 70 多种金属和非金属元素）。

（6）干扰较多，一般需要背景校正。

（7）每次只能测定一个元素，不同元素测定需要更换元素灯。

3. 原子吸收分光光度计日常维护

（1）空心阴极灯定期点燃 2～3 h，以保持灯的性能。

（2）使用氘灯切勿频繁启闭，以免影响其使用寿命。

（3）保持外光路透镜的清洁状态，定期清洁。

（5）定期清洗雾化室。

（6）检查燃烧器的火焰是否正常，若火焰不均匀，说明燃烧头缝隙被碳或无机盐沉积物或溶液滴堵塞，可把火焰熄灭后，先用滤纸插入揩拭。必要时可以卸下燃烧器，拆开清洗。

（7）石墨炉与石墨管连接的两个端面要保持平滑，清洁，保证两者之间紧密连接。

（8）检查进样管是否正常，可吸取 20% 的 HNO_3 清洗，如果严重弯曲或变形，用刀片割去损坏部分。经常检查注射器有无气泡，如有，则应小心清除。经常清洗冲洗瓶，保持冲洗瓶干净。

（9）经常检查氩气、乙炔气和压缩空气的各个连接管道，保证不泄漏；经常检查乙炔的压力，保证压力大于 5×10^5 Pa，防止丙酮挥发进入管道而损坏仪器。

（二）原子吸收光谱法测定铅、镉

土壤和农产品中的铅和镉元素采用石墨炉原子吸收分光光度法进行检测；水中铅和镉元素采用火焰原子吸收分光光度法进行检测。

1. 土壤中铅、镉的测定

（1）测定依据。GB/T 17141。

（2）测定原理。采用盐酸-硝酸-氢氟酸-高氯酸全分解的方法，彻底破坏土壤的矿物晶格，使试样中的待测元素全部进入试液中。然后将试液注入石墨炉中，经过预先设定的干燥、灰化、原子化等升温程序使共存基体成分蒸发除去。同时，在原子化阶段的高温下，铅、镉化合物离解为基态原子，并对空心阴极灯发射的特征光谱产生选择性吸收。在选择的最佳测定条件下，通过背景扣除，测定试液中铅、镉的吸光度。

（3）测定步骤。称取 0.2～0.5 g 试样于 50 mL 聚四氟乙烯坩埚中，用水湿润后加入 10 mL 盐酸，低温加热使样品初步分解，蒸至约 3 mL 取下稍冷，加入 5 mL 硝酸、5 mL 氢氟酸和 3 mL 高氯酸，中温加热，1 h 后开盖继续加热除硅，为了达到良好的飞硅效果，应经常摇动坩埚。加热至冒白烟使高氯酸分解，视消解情况再加入 3 mL 硝酸、3 mL 氢氟酸和 1 mL 高氯酸，重复上述消解步骤，至坩埚内容物呈黏稠状时，取下稍冷，用水冲洗坩埚内壁，洗液转移至 25 mL 容量瓶定容待测。测试过程中用水代替试样，制备全程序空白溶液，并按与试样相同的步骤进行测定。每批样品至少制备 2 个以上空白溶液。

（4）仪器参数。见表 3 - 13。

表 3 - 13　仪器参考条件

仪器条件	设置参考	
元素	铅	镉
测定波长（nm）	283.3	228.8
通带宽度（nm）	1.3	1.3
灯电流（mA）	7.5	7.5
干燥（℃/s）	（80～100）/20	（80～100）/20
灰化（℃/s）	700/20	500/20
原子化（℃/s）	2 000/5	1 500/5
清除（℃/s）	2 700/3	2 600/3
氩气流量（mL/min）	200	200
原子化阶段是否停气	是	是
进样量（μL）	10	10

2. 食品中铅的测定

（1）测定依据。GB 5009.12。

（2）测定原理。试样经灰化或酸消解后，注入原子吸收分光光度计石墨炉中，电热原子化后吸收 283.3 nm 共振线，在一定浓度范围，其吸收值与铅含量成正比，与标准系列比较定量。

（3）测定步骤。压力消解罐消解法：称取 1～2 g 试样（精确到 0.001 g，干样、含脂肪高的式样<1 g，鲜样<2 g，或按压力消解罐使用说明书称取试样）于聚四氟乙烯内罐，加硝酸 2～4 mL 浸泡过夜。再加过氧化氢 2～3 mL（总量不能超过罐容积的 1/3）。盖好内盖，旋紧不锈钢外套，放入恒温干燥箱，120～140 ℃保持 3～4 h，在箱内自然冷却至室温，用滴管将消化液洗入或过滤入（视消化后式样的盐分而定）10～25 mL 容量瓶中，用水少量多次洗涤罐，洗液合并于容量瓶中并定容至刻度，混匀备用；同时做试剂空白。

（4）仪器参数。见表 3 - 14。

表 3 - 14　仪器参考条件

仪器条件	设置参考
测定波长（nm）	283.3
狭缝（nm）	0.2～1.0
灯电流（mA）	5～7
干燥（℃/s）	120/20
灰化（℃/s）	450/（15～20）
原子化（℃/s）	（1 700～2 300）/（4～5）
背景校正	氘灯或塞曼效应

3. 食品中镉的测定——石墨炉原子吸收光谱法

（1）测定依据。GB 5009.15。

（2）测定原理。试样经灰化或酸消解后，注入一定量样品消化液于原子吸收分光光度计石墨炉中，电热原子化后吸收 228.8 nm 共振线，在一定浓度范围内，其吸光度值与镉含量成正比，采用标准曲线法定量。

（3）测定步骤。微波消解：称取干试样 0.3～0.5 g（精确至 0.000 1 g）、鲜（湿）试样 1～2 g（精确到 0.001 g）置于微波消解罐中，加 5 mL 硝酸和 2 mL 过氧化氢。微波消解程序可以根据仪器型号调至最佳条件。消解完毕，待消解罐冷却后打开，消化液呈无色或淡黄色，加热赶酸至近干，用少量硝酸溶液（1%）冲洗消解罐 3 次，将溶液转移至 10 mL 或 25 mL 容量瓶中，并用硝酸溶液（1%）定容至刻度，混匀备用；同时做试剂空白试验。

（4）仪器参数。见表 3-15。

表 3-15 仪器参考条件

仪器条件	设置参考
测定波长（nm）	228.8
狭缝（nm）	0.2～1.0
灯电流（mA）	2～10
干燥（℃/s）	105/20
灰化（℃/s）	(400～700)/(20～40)
原子化（℃/s）	(1 300～2 300)/(3～5)
背景校正	氘灯或塞曼效应

4. 水质铅、镉的测定　测定依据为 GB 7475。

（三）原子吸收光谱法测定铜、铬

土壤中重金属铜、铬元素采用火焰原子吸收分光光度法进行分析检测；农产品中重金属铜、铬元素一般含量较低，采用石墨炉原子吸收分光光度法进行检测。

1. 土壤中铜的测定

（1）测定依据。GB/T 17138。

（2）测定原理。采用盐酸-硝酸-氢氟酸-高氯酸全分解的方法，彻底破坏土壤的矿物晶格，使试样中的待测元素全部进入试液中。然后将土壤消解液喷入空气-乙炔火焰中，在火焰的高温下，铜化合物离解为基态原子，该基态原子蒸气对相应的空心阴极灯发射的特征谱线产生选择性吸收，在选择的最佳测定条件下，测定铜的吸光度。

（3）测定步骤。称取 0.2～0.5 g 试样于 50 mL 聚四氟乙烯坩埚中，用水湿润后加入 10 mL 盐酸，低温加热使样品初步分解，蒸至约 3 mL 取下稍冷却，加入 5 mL 硝酸、5 mL 氢氟酸、3 mL 高氯酸，中温加热，1 h 后开盖继续加热除硅，为了达到良好的飞硅效果，应经常摇动坩埚。加热至冒白烟使高氯酸分解，视消解情况再加入 3 mL 硝酸、3 mL 氢氟酸和 1 mL 高氯酸，重复上述消解步骤，至坩埚内容物呈黏稠状时，取下稍冷，用水冲洗坩埚内壁，洗液转移定容至 25 mL 待测。测试过程中，用水代替试样，制备全程序空白溶液，并按与试样相同的步骤进行测定。每批样品至少制备 2 个以上空白溶液。

（4）仪器参数。见表 3 - 16。

表 3 - 16　仪器参考条件

仪器条件	设置参考
测定波长（nm）	324.8
通带宽度（nm）	1.3
灯电流（mA）	7.5
火焰性质	氧化性
其他可测定波长（nm）	327.4, 225.8

2. 土壤中总铬的测定

（1）测定依据。HJ 491。

（2）测定原理。采用盐酸-硝酸-氢氟酸-高氯酸全分解的方法，彻底破坏土壤的矿物晶格，使试样中的待测元素全部进入试液中。然后将土壤消解液喷入空气-乙炔火焰中，在火焰的高温下，铬化合物离解为基态原子，该基态原子蒸气对相应的空心阴极灯发射的特征谱线产生选择性吸收，在选择的最佳测定条件下，测定铬的吸光度。

（3）测定步骤。称取 0.2～0.5 g 试样于 50 mL 聚四氟乙烯坩埚中，用水湿润后加入 10 mL 盐酸，低温加热使样品初步分解，蒸至约 3 mL 取下稍冷，加入 5 mL 硝酸、5 mL 氢氟酸和 3 mL 高氯酸，中温加热，1 h 后开盖继续加热除硅，为了达到良好的飞硅效果，应经常摇动坩埚。加热至冒白烟使高氯酸分解，视消解情况再加入 3 mL 硝酸、3 mL 氢氟酸和 1 mL 高氯酸，重复上述消解步骤，至坩埚内容物呈黏稠状时，取下稍冷，用水冲洗坩埚内壁，洗液转移定容至 25 mL 待测。测试过程中用水代替试样，制备全程序空白溶液，并按与试样相同的步骤进行测定。每批样品至少制备 2 个以上空白溶液。

（4）仪器参数。见表 3 - 17。

表 3 - 17　仪器参考条件

仪器条件	设置参考
测定波长（nm）	357.9
通带宽度（nm）	0.7
火焰性质	还原性
次灵敏线（nm）	359.0, 360.5, 425.4
燃烧器高度（mm）	10

3. 食品中总铬和铜的测定　测定依据为 GB/T 5009.123 和 GB/T 5009.13。

4. 水质铜的测定　测定依据为 GB 7475。

（四）注意事项

1. 原子吸收分光光度计使用注意事项

（1）电压要稳定，不要频繁开关机。

（2）在使用之前，废液管内一定要有水（从下端倒入即可）。

（3）开机时，先开空气阀，后开乙炔阀。

（4）空气压力在 0.2～0.3 MPa，乙炔瓶压力在 0.05～0.1 MPa。

（5）点火后，燃烧器上的蓝条必须呈直线，火焰不能太高。

（6）关机时，先关乙炔阀，烧一会儿，吹一会儿，燃烧器温度降下来后，再关空气阀。

（7）室内温度控制在 10～30 ℃（最好是 15 ℃），湿度≤60%。

（8）常开机，防潮，夏季最好一周一次，下雨开机要更勤，一次开机至少 20 min。

（9）安装元素灯时，管锁位置对正相应部位，不可过度用力。

（10）元素灯使用时，根据测定元素选择元素灯。

（11）空气压缩机内的水，一定要排出，若未及时排出，则会被抽入空气流量计中，影响使用。

（12）元素灯的通光窗口不可用手触摸，若弄脏了可用酒精-乙醚混合液（按体积比为 1∶3配比）擦净。

（13）小光点一定要在燃烧器直线上，距直线 3～5 mm。

（14）乙炔应放在通风良好的地方，严禁高温、明火。

（15）使用过程中，若突然断电，必须立刻关闭电源和乙炔阀。

（16）雾化器堵塞，拆后用压缩空气机反吹。

（17）金属套玻璃喷雾器，要防震，拔出时要轻。

（18）雾化燃烧器清洁时，用 10%盐酸浸泡一晚，用自来水冲洗，再用蒸馏水清洗。

2. 原子吸收法测定铅、镉注意事项

（1）前处理过程，酸用量可视处理效果进行调整，适当降低酸量，尤其是高氯酸量（土壤消解时可加 1 mL 高氯酸进行消解），可明显减少前处理时间。

（2）在赶酸时，要注意不能把试样蒸干，应为近干，一滴大液滴的状态，如果蒸干，则铁、铝盐可能生成氧化物而包夹铅、镉元素使测定结果偏低。

（3）测定铅元素时，217.0 nm 线比 283.3 nm 线更易受土壤基体成分的干扰，所以在土壤样品分析中应使用 283.3 nm 线。

（4）若用塞曼效应或自吸收法扣除背景时，可选用 217.0 nm 线，这样能提高测定灵敏度，改进检测限。

（5）镉是原子吸收法最灵敏的元素之一，由于其分析线 228.8 nm 处于紫外区，很容易受光散射和分子吸收的干扰，在 220.7～270.0 nm 范围内，氯化钠有强烈的分子吸收能力，覆盖了 228.8 nm 线，此外，钙、镁的分子吸收和光散射也十分强，这些因素使镉的表观吸光度增大，会干扰镉元素的测定。

（6）铬含量较高时，会导致铅的测定结果偏低，一般加入硝酸镁、硝酸镧等基体改进剂可消除部分基体的干扰，或者使用塞曼法、自吸收法、邻近非特征吸收谱线法等进行背景扣除，或者采用标准加入法补偿基体干扰。

3. 原子吸收法测定铜、铬注意事项

（1）铬元素易形成耐高温氧化物，其原子化效率受火焰状态和燃烧器高度的影响较大，须使用还原性火焰。

（2）火焰检测时，燃烧器高度以 10 mm 处最佳。

（3）铜、铬元素检测时，会受到铁、镁、铝、铅、镍等共存离子的干扰，可通过加入氯化铵来进行干扰消除。

（4）当土壤中铁含量大于 100 mg/L 时，会抑制铜、锌的吸收，干扰测定，通过加入硝酸镧可消除共存成分的干扰。

（5）含盐类较高时，往往会出现非特征吸收现象，此时可以用背景校正进行消除。

（五）存在问题与解决措施

问题 1：检测时空白偏高，尤其石墨炉测定铅空白偏高。

措施：空白问题来自多方面，总结为：①去离子水不好；②酸本底值高；③器皿污染；④进样系统污染等。硝酸和高氯酸不纯均可能导致空白值偏高，特别是使用高氯酸，影响更大，所以赶酸时，要尽量赶尽高氯酸，减少残留，或者使用硝酸和过氧化氢进行微波消解，这样空白中酸度比较容易控制，空白也比较低。

问题 2：进样系统、雾化器、燃烧器堵塞变脏。

措施：进行空气反吹或清洗（超声波＋5％ HNO_3 溶液）。

问题 3：检测时标准曲线的吸光度接近零。

措施：检查进样系统是否堵塞或进样针位置，确定样品是否注入，检查石墨管是否损坏，空心阴极灯是否正常，光路是否准直，发现问题对应调整。

问题 4：火焰测定高浓度的样品时超出曲线范围。

措施：将燃烧头转动一定的角度，与光路成一个角度，以减少光径长度，降低灵敏度，这是针对在正常测试情况下超出线形范围的一种对策，由于偏转后能够吸收共振光的原子减少，从而细光度下降，使较高浓度的标准不会超出线形范围。

问题 5：石墨管容易烧坏，使用次数少。

措施：检查气压是否正常，石墨帽是否压紧，冷却水是否正常，气路是否堵塞，是否原子化阶段时间太长，温度传感器是否失灵，温度是否过高，赶酸是否完全，如果有高氯酸残留会加速石墨管损坏。

问题 6：火焰检测重金属铬时结果偏低。

措施：火焰法测定铬要用富燃火焰，调整一下燃气、助气比例和流量。如果测定土壤总铬一定要加氢氟酸进行全消解，定容时可加入氯化铵作增感剂。如果消解过程加入高氯酸，注意控制温度，避免高温条件下生成氯化酰铬挥发造成铬损失。使用空气-乙炔需要使用贫燃焰，一般使用 1.4 L/min 乙炔流量，9 mm 高度检测。

四、其他分析方法介绍

（一）X 射线荧光光谱法

X 射线光谱仪主要由激发和探测系统组成，仪器大致分为波长色散型和能量色散型。波长色散型是由色散元件将不同能量的特征 X 射线衍射到不同角度上，探测器需移动到相应位置上来探测某一能量射线；而能量色散型，去掉色散系统，是由探测器本身能量分辨本领来分辨探测到的 X 射线的。波长色散型能量分辨本领高，而能量色散型可同时测量多条谱线。波长色散型 X 射线光谱仪由激发源、分光计、探测器、测量记录及控制单元组成；能量色散型 X 射线光谱仪结构通常包括激发系统、探测系统和一整套信号处理系统。

1. 原理 X 射线荧光是以 X 射线作为激发手段，用来照射物质，X 射线与组成该物质的元素相互作用，产生特定波长的次级 X 射线。X 射线荧光的波长取决于物质中原子的原子序数，谱线的强度与所属元素的含量有密切的关系。因此，对所产生的 X 射线荧光进行分光，根据所测得的波长进行物质元素的定性分析，根据某波长的 X 射线荧光强度进行元素定量分析。

2. 优缺点

（1）X 射线谱线数目少，干扰少。

（2）测定化学性质相似的元素不必进行复杂的分离过程。

（3）非破坏性分析，试样被测定时自身不发生变化，可多次重复测定。

（4）试样形式多样，粉末、固体、液体均可，且与化学状态无关。

（5）分析速度快，测定时间只要 1～5 min。

（6）精密度和灵敏度较高，相对误差 1%～5%，灵敏度为 10^{-6} 数量级。

（7）应用范围广，可同时测定 26 种元素。

（8）X 射线荧光强度受基体吸收效应影响，影响定量分析结果。

（9）非金属和界于金属和非金属之间的元素检测精确度较差。

（10）仪器结构复杂，价格昂贵。

3. 应用 X 射线荧光光谱法广泛应用于冶金、地质、建材、石油、生物和环境等领域的元素分析。

目前，元素测定中 X 射线荧光光谱法的标准方法较少，并且主要应用于化工产品的检测，如《无机化工产品 元素含量的测定 X 射线荧光光谱法》（GB/T 30905），但是 X 射线荧光光谱进行元素分析的相关研究很多，包括对土壤及地质样品中多种元素的分析，并取得了较好的效果。

（二）电感耦合等离子体发射光谱法

电感耦合等离子体（ICP）是 20 世纪 70 年代出现的一种新型激发光源，是指高频电流通过感应线圈耦合到等离子体所得到的外观上类似火焰的高频放电光源。以 ICP 为光源的原子发射光谱法简称为 ICP - OES。电感耦合等离子体发射光谱 ICP - OES 是元素分析技术的一个重大进步。它具有很宽的线性动态范围（4～5 数量级）。电感耦合等离子体发射光谱测试中可以使用有机试剂，也可以进行多元素分析。进行多元素同时检测时可以使用 3 种不同的检测方式：一个检测器，可动光栅（顺序扫描模式）；多个检测器，固定光栅（同时扫描模式）；使用电荷耦合器件（CCD）检测器进行同时扫描。

1. 原理 ICP 是由高频电流经感应线圈产生高频磁场，使工作气体形成等离子体，并呈现火焰状放电（等离子体焰炬），达到 10 000 K 的高温，ICP 环状结构中心通道的高温，是原子、离子的最佳激发温度，分析物在中心通道内被间接加热，绝大部分立即分解成激发态的原子、离子状态。当这些激发态的粒子回到稳定的基态时要放出一定的能量（表现为一定波长的光谱），测定每种元素特有的谱线和强度，和标准溶液相比，就可测得样品中所含元素的种类和含量。

2. 优缺点

（1）适用范围广，可分析 70 多种元素。

（2）线性动态范围宽，高达 6 个数量级。

（3）分析速度快，1 min 可测 5～8 种元素。

（4）分析成本低，一瓶氩气可用 8 h。

（5）可以使用有机溶剂，可多元素同时分析。

（6）仪器成本高。

（7）检出限不够低。

（8）存在各种未知、复杂的基体光谱干扰。

3. 应用　ICP 分析技术具有良好的检出限和精密度，基体干扰较小，线性动态范围较宽，是一种比较普遍的元素分析技术。广泛应用于植物体、动物体、水样、土壤、肥料、化学试剂、岩石矿物等常量和痕量金属元素的测定。

目前，已经有一些 ICP 分析方法的国家标准和行业标准，如 GB/T 33307、NY/T 1653 等。ICP 元素分析技术相关研究较多，应用 ICP 分析技术测定水中微量铅、砷、铜、镉、汞等重金属元素，测定土壤中及农产品中多种重金属元素，均取得了较好的效果。

（三）电感耦合等离子体质谱法

电感耦合等离子体质谱法（ICP - MS）广泛应用于环境、食品、医药、地质、金属材料、生物样品、化工材料等各类样品分析，是一种可以用于检测除 He、Ne、F、H、O、N 外几乎所有元素的元素分析技术。ICP - MS 提供了极宽的线性动态范围（大于 7 个数量级），极低的检出限。而且因为检测方法是基于离子质量而不是基于光学的，所以 ICP - MS 的干扰很少，比光谱的谱图解析容易得多。

此外，ICP - MS 也可以用于检测基体中含有机溶剂的情况，可以对基体干扰效应进行校正。ICP - MS 可以快速检测少量样品（50～100 μL）中的多种元素。由于检测方法是基于质量的，所以能够进行同位素分析，而且使用同位素稀释分析法能极大地提高分析的准确度。它可以测量的质量范围是 2～260 u，可以测量所有的元素和同位素（元素周期表 Li 到 U），并且可以在一次进样分析中分析样品中的所有元素。

1. 原理　ICP - MS 是一种无机元素分析技术，ICP 是一种高温离子源，通过 ICP 高能源激发瞬间使氩气形成温度可达 10 000 k 的等离子焰炬，样品由等离子体焰炬电离，离子通过质量过滤器（MS），测定通过质量过滤器的离子数可测定待测元素浓度。

2. 优缺点

（1）样品需求量少，只需要几微升到几毫升。

（2）动态范围很宽。

（3）适用于有机溶剂。

（4）可同时测定多种元素，属多元素分析技术。

（5）可进行同位素鉴别和测定。

（6）具有快速扫描能力（半定量分析）。

（7）具有卓越的检出限。

（8）干扰少且易消除。

（9）仪器成本高。

（10）目前，可用的国标检测方法相对较少。

3. 应用 ICP－MS方法检出限低，灵敏度高，干扰少，在无机元素痕量和超痕量分析方面取得了巨大的成功，发展十分迅速，正逐渐成为元素分析的主流技术。广泛应用于农业、环保、地质、水质、食品检测、医学研究等领域。

目前，ICP－MS标准方法正逐渐增多，常用的有《水质　65种元素的测定》（HJ 700）、《食品中总砷及无机砷的测定》（GB/T 5009.11）、《进口食品中砷、汞、铅、镉的检测方法》（SN/T 0448）、《畜禽粪便中铅、镉、铬、汞的测定》（GB/T 24875）、《固体废物重金属元素测定》（HJ 766）等。

五、质量控制

为了确保检测数据的准确可靠，实验室须明确质量控制过程和各阶段可能影响检测结果的因素，并采取相应的措施加以管理和控制。

1. 仪器设备及计量器具检定　所用仪器设备及计量器具应当检定合格，并在有效期内。仪器设备性能、量程、精度必须满足分析方法要求。

2. 标准物质　指具备国家级认证标准物质，包括标准溶液和标准样品等。标准溶液和标准样品可在国家标准物质中心购买，自行配制标准溶液时，应当使用基准物质或纯度在99.999％以上的金属配制，用国家标准溶液校验。

3. 化学试剂及实验用水　实验中使用的盐酸、硝酸、高氯酸及其他化学试剂等要求分析纯（含分析纯）以上，部分试剂要求使用优级纯，每批次试剂在使用前应进行试剂符合性检查，确定试剂满足检测要求；重金属等元素分析实验用水应满足GB/T 6682—2008中二级标准，ICP－MS分析时应满足一级标准。

4. 实验器具洗涤　实验器具必须清洗干净，建议进行二次清洗，部分器具可以先用酸液浸泡，然后用消解液消煮，测定汞元素的玻璃器皿建议不与测定其他元素器皿混用。

5. 仪器调试及指标验证　样品分析前应当将仪器调试到最佳状态，并验证仪器的检出限和精密度是否满足检测方法要求。

6. 校准曲线绘制、检验与校准　使用4～6个标准溶液浓度单位（涵盖样品测试液测定浓度值）的测量信号绘制标准曲线。标准溶液浓度范围控制：原子吸收（石墨炉和火焰）法，1个数量级以内；氢化发生原子荧光法，2个数量级以内；ICP－MS法，3个数量级以内。校准曲线一般要求相关系数≥0.999。

7. 样品平行　每批样品至少2个平行空白样和2个平行质控样。平行空白均值应当与方法检出限相当，相对偏差应当<60％，空白值偏高时，应查找原因，降低空白；平行质控样均值应当在标准样品不确定度范围内，如超出范围，则本批检测结果无效，重新测定；平行双样的相对偏差应当符合标准方法的规定。

8. 数据修约　数据修约规则按照GB 8170执行，检测结果的有效数字保留按方法要求执行。

9. 实验原始记录　实验记录要求完整详细保留，具体内容应包括称样、消解、定容、测定条件、结果等多项的原始记录及空白平行样、质控平行样、平行双样等原始记录。

思 考 题

1. 你身边是否存在重金属污染现象?

2. 日常生活中哪些行为可能会产生重金属污染?

3. 重金属污染的主要来源有哪些?

4. 重金属污染有哪些特性?

5. 土壤重金属检测时你最常用的前处理方法是哪一种? 为什么?

6. 使用原子荧光光度计时你遇到过哪些问题? 怎样解决的?

7. 使用原子吸收分光光度计时你遇到过哪些问题? 怎样解决的?

8. 检测过程中,可采取哪些措施来保证检测结果的准确性?

第四章 微生物分析

第一节 微生物基础知识

一、什么是微生物

微生物一词并非生物分类学上的名称，它是一类体积微小、结构简单，大多是单细胞的，肉眼看不见的，必须借助光学显微镜或电子显微镜放大几百倍、几千倍、甚至几万倍才能观察到的微小生物的通称。许多微生物聚集构成的"群体"通常肉眼可见，称为菌落。

微生物的种类繁多，达数十万种以上。根据其进化程度、结构特点以及化学组成等差异，可分为三大类：①非细胞型微生物。形体小，能通过滤菌器；结构简单，不具备典型的细胞结构，仅由单一的核酸 DNA 或 RNA 和蛋白质外壳组成，或仅为传染性蛋白粒子；具有超寄生性，只能在活细胞内生长繁殖，如病毒和朊粒等。②原核细胞型微生物。是一类分化程度较低的单细胞微生物，没有成形的细胞核，遗传物质散在细胞质中形成核区。除核糖体外，细胞质中没有其他成形的细胞器。这类微生物种类较多，有细菌、放线菌、支原体、衣原体、立克次体、螺旋体等。③真核细胞型微生物。细胞核分化程度高，有核膜和核仁，细胞器完整。真菌（霉菌和酵母）、原生动物和藻类属于真核细胞型微生物。

微生物在自然界分布广泛，土壤、空气、水、人类和动植物的体表及与外界相通的腔道中都大量存在。绝大多数微生物直接参与了自然界的物质代谢，例如，植物依靠固氮菌吸收空气中的游离氮，土壤中的微生物能将死亡动植物的有机氮转化为无机氮，以供植物生长所需。在农业生产中利用微生物制造菌肥、实施以菌防病等；在工业方面，微生物应用于发酵食品、皮革、纺织、石油、化工、冶金等行业；在医药工业方面，选用微生物来生产抗生素、维生素及其他药物。此外，微生物在环保工程、基因工程等方面都有着广阔的应用前景。

虽然绝大多数微生物是无害甚至有益的，但是有些细菌、霉菌和酵母在食物中生长繁殖会破坏食品的营养成分和感官状态，导致食品腐败变质（病毒除外）。有些细菌、霉菌和病毒会引起食源性疾病，其中细菌占最大部分，是引起食品腐败和食源性疾病最主要的微生物。凡是通过食品媒介能够引起人或动物机体各种损伤乃至死亡的微生物称为食源性致病微生物。

二、微生物的分类及命名

（一）微生物的分类

微生物的分类单位与动植物相同，依次分为界、门、纲、目、科、属、种。在两个主要的分类单位之间还可以有次要的分类单位，如"亚门""亚目""亚科""亚属"等。在食品微生物学中，高于种、属、科的等级很少用到，种是最基本的分类单位，种是指起源于共同的祖先，具有相似形态和一些生理特性的个体。种是相对稳定的，但是在生物进化过程中，生物的一切种都进行着连续的变异，引起生物体质的差别不断扩大，最后形成了显然不同的新种。种的划分在不同程度上有着人为的、暂时的性质。种是一群表性特征相同的菌株的集合。种以下还可以进行不同的划分，但它们不作为分类上的单位。

变种：有时从自然材料中分离得到的微生物纯种，其基本特征与典型菌种相同，而某一特性与典型菌种不同，并且这种特性是稳定的，则该微生物就称为典型种的变种。

亚种或小种：微生物学中把实验室中所获得的稳定变异菌株称为亚种或小种。

型：指同一种微生物的各种存在类型，它们之间的差别不像变种那样显著。例如，布鲁氏杆菌依据寄主不同而分为牛型、人型和禽型。

菌株或品系：指不同来源的相同的种（或型）。因此，从自然界中分离到的每一个微生物纯培养都可以称为一个菌株。常常在种名后面加上数字、地名或符号来表示。

群：群是一个在分类上没有地位的普通名词。它可非正式地指一组具有某些共同特性的生物。微生物的进化过程中，由一个种变成另外一个种，期间要产生一系列的过渡类型，自然界中把它们统称为一个"群"。例如，我们把大肠杆菌和产气杆菌以及介于它们之间的中间类型统称为大肠菌群。

（二）微生物的命名

微生物的名字有俗名和学名两种。俗名是通俗的名字，比如铜绿假单胞菌俗称绿脓杆菌，大肠埃希氏菌俗称大肠杆菌等。俗称简洁易懂，记忆方便，但它的涵义往往不够确切，而且还有使用范围和地区性等方面的限制，为此，每一个微生物都需要有一个国际公认并通用的名字，这便是学名。学名是微生物的科学名称，它是按照微生物分类国际委员会拟定的有关法则命名的。学名的命名采用双名法，由拉丁词、希腊词或拉丁化的外来词组成。

在科这一等级上，细菌名字用形容词的复数形式，词尾是- aceae。泛指某一属细菌而不特指其中的某个细菌，则可在属名之后加上 sp.，如 *Salmonella* sp. 即表示沙门氏菌属细菌（sp. 代表菌种 species，复数用 spp.）。

种的命名采用双名法，名称有两部分：第一部分是属名，第二部分是种名。两部分都用拉丁文，书写时都用斜体字表示。属名在前，用拉丁文名词表示，第一个字母要大写；种名在后，用拉丁文形容词表示，全部小写。学名后还要附上首个命名者的名字和命名的年份，用正体字表示。不过在一般情况下使用时，后面的正体字部分可以省略。如金黄色葡萄球菌（*Staphyloccocus aureus* Rosenbach 1884）常表示为 *Staphyloccocus aureus*。在《伯杰氏系统细菌学手册》和美国大多数出版物中，仅用首字母表示属（如 *Listeria monocytogenes* 缩写为 *L. monocytogenes*）。在欧洲学术期刊中，用多于一个字母表示，但没有明确的规定，如 *List. monocytogenes*。如果使用 1 个亚种的名称，则在种名后再加亚种名，如 *Klesbsiella penumoniae* subsp. *pneumoniae*。

细菌学名的中文译名则种名在前，属名在后。如 *Listeria monocytogenes*（单核细胞增生李斯特氏菌）、*Salmonella typhi*（伤寒沙门氏菌）。

病毒还没有像细菌一样有特定的分类名称，它们通常以字母、指定数字或两者结合来表示（如噬菌体 T4 或 T1），或者用它们引起的疾病类型（如甲型肝炎病毒），或者通过其他方法（如诺沃克病毒，引发人的食源性肠胃炎，在俄亥俄州的诺沃克镇首次分离）来表示。

三、微生物的形态结构

(一) 细菌

细菌为单细胞,大小为 (0.5~1) μm×(2.0~10) μm。细菌种类繁多,但外形不外乎3 种,即球状、杆状和螺旋状。它们能形成不同的排列方式,如成簇、链式(两个或以上细胞)或四叠体。有的能运动,有的不能运动。核糖体的浮密度为 70S,分散在细胞质中。遗传物质呈环状,没有细胞核膜的包裹。某些细菌有鞭毛、囊(荚膜、黏液层)、表层蛋白、芽孢和性丝(菌毛)等具有特殊功能的结构,在细菌分类鉴定上有重要作用。

1. 球菌　细胞呈球形或近似球形,根据细胞分裂方向和分裂后细胞的排列方式不同,又可分为 5 种主要类型,这在分类鉴定上有重要意义。

(1) 单球菌。细胞分裂后产生的两个子细胞立即分开,如尿素小球菌。

(2) 双球菌。细胞分离一次后产生的两个新细胞不分开而成对排列,如肺炎双球菌。

(3) 四联球菌。细胞按两个互相垂直的分裂面各分裂一次后产生的 4 个细胞不分开,并连接成四方形。

(4) 链球菌。细胞按一个平行面多次分裂后产生的新细胞不分开而排列成链,如乳酸链球菌。

(5) 葡萄球菌。细胞经多次不定向分裂后形成的新细胞聚集成葡萄状,如金黄色葡萄球菌。

2. 杆菌　细胞呈杆状或圆柱状。各种杆菌的大小和具体形状有显著差别:有的为球杆菌;有的短粗,为短杆菌;有的呈长圆柱形,为长杆菌;有的一段稍膨大,为棒状杆菌;有的一端具分叉,为分枝杆菌。由于杆菌只沿长轴分裂,故只有单体和链状两种排列方式。杆菌种类多,最为常见,作用也最大。

3. 螺旋菌　细胞呈弧状或螺旋状,一般单生,能运动。按弯曲程度大小可分为两类:弧菌仅一个弯曲,呈弧形或逗号状;螺旋菌的菌体弯曲度大于一周,回转呈螺旋状。

细菌繁殖后形成的群体在固体培养基表面称为菌落,在斜面培养基上称菌苔,在培养液中可形成凝絮或液面上的菌膜。它们的形态、大小及颜色等均随菌种不同而异。因此,群体形态(或培养特征)既是鉴定细菌的重要内容,也是微生物培养工作中需要观察的常规项目。

(二) 霉菌和酵母

霉菌和酵母都是真核生物,但是酵母是单细胞,而霉菌是多细胞。真核细胞一般比原核细胞大得多,大小为 20~100 μm。

霉菌不是分类学的名词,是丝状真菌的俗称,即"会引起物品发霉的真菌"。霉菌(菌体)由大量丝状菌丝组成,菌丝可不断自前端生长并产生分支,许多分支的菌丝相互交织在一起,就构成了菌丝体。根据菌丝中是否存在隔膜可把霉菌菌丝分为无隔膜菌丝和有隔膜菌丝。无隔膜菌丝中间无隔膜,整团菌丝体就是一个单细胞,其中含有多个细胞核。有隔膜菌丝中有隔膜,被隔膜隔开的一段菌丝就是一个细胞,菌丝体由很多个细胞组成,每个细胞内有一个或多个细胞核。霉菌在固体基质上生长时,菌丝有所分化,部分菌丝深入基质吸收养料，称为营养菌丝（基质菌丝）；向空中伸展的菌丝称为气生菌丝，气生菌丝可进一步发展为繁殖菌丝（孢子丝），产生孢子。繁殖菌丝通常伸向空中，呈空状（无性的）或袋状（孢子囊），孢子的形状、大小和颜色可作为分类特征。

酵母细胞通常为椭圆状、球状或柱状，细胞大小一般为（5～30）$\mu m\times$（1～5）μm，约为细菌的 10 倍。有些酵母菌（如热带假丝酵母）进行一连串的芽殖后，长大的子细胞与母细胞并不立即分离，其间仅以极狭小的接触面相连，这种藕节状的细胞串称为"假菌丝"。酵母可以通过出芽进行无性生殖，芽殖是酵母菌最常见的繁殖方式。在良好的营养和生长条件下，酵母生长迅速，细胞上会长出芽体，芽体上还可形成新芽体，进而出现成簇的细胞团。

（三）病毒

病毒是非细胞型微生物，在自然界中广泛分布。它们由核酸（DNA 或 RNA）和少量蛋白质构成。蛋白质形成的衣壳用来包裹和保护其中的遗传物质。两种最主要引起食源性疾病爆发的病毒是甲型肝炎病毒和诺沃克样病毒，这两者都是单链 RNA 病毒。甲型肝炎病毒是小颗粒，无包膜，直径约为 30 nm 的多面体肠病毒，RNA 链外有衣壳包裹。

四、农产品中的主要微生物

尽管自然界中存在许多不同种类的微生物，但正常情况下，某一类农产品中只存在少数几种微生物，那些适宜在该类产品上生长的微生物将成为优势菌群。

（一）蔬菜

植物组织内部基本上是无菌的，但少数的多孔蔬菜（小红萝卜、洋葱）、多叶蔬菜（卷心菜、抱子甘蓝）除外。蔬菜表面会存在微生物，因为蔬菜在种植、采收、储藏、运输和销售等各个环节，常与环境发生各种方式的接触，进而导致微生物或其毒素的污染。蔬菜中的微生物主要来源于水、土壤、空气、有机肥料、野生或家养动物、昆虫、鸟类、人员和机械设备。通常蔬菜含有的微生物为 $10^3\sim10^5$ CFU/cm^2 或 $10^4\sim10^7$ CFU/g，植物患病、收获过程中的损害、采后不当的储藏和运输条件，都会导致微生物数量极大地增加。其中大部分微生物是无害的，一部分微生物会引起腐败变质，导致蔬菜腐烂变质的真菌主要有灰霉、青霉、曲霉、交链孢等；细菌主要有欧文氏菌、假单胞菌、黄单胞菌等。有些微生物会引起疾病，与新鲜蔬菜有关的致病微生物的分类如下：①土壤致病菌（肉毒梭菌、单核细胞增生李斯特氏菌）；②粪便致病菌（沙门氏菌、大肠埃希氏菌 O157：H7/NM、志贺氏菌等）；③致病寄生虫（隐孢子虫、环孢子虫）；④致病病毒（甲肝病毒、肠道病毒、诺如病毒）。

（二）畜禽产品

畜禽产品上的微生物主要是细菌，其来源有：①动物的皮肤、毛发、胃肠道等；②饲养场和牧场环境（饲料、水、土壤、粪肥）；③屠宰加工设施环境（设备、空气、水、人）。肉上常有嗜温微生物生长，如微球菌属、肠球菌属、葡萄球菌属、芽孢杆菌属、梭菌属、乳杆菌属和肠杆菌科的一些细菌。其中致病菌主要包括沙门氏菌、金黄色葡萄球菌、单核细胞增生李斯特氏菌和小肠结肠炎耶尔森菌等。在低温状态下储藏（－1～5 ℃），嗜冷微生物成为主要的问题，鲜肉中的主要嗜冷微生物为某些乳杆菌、明串珠菌、热死环丝菌、某些大肠菌群、沙雷菌属、假单胞菌属、交替单胞菌属、无色杆菌属、产碱杆菌属、不动杆菌属、莫拉菌属、气单胞菌属和变形杆菌属。畜禽产品中嗜冷致病菌主要为单核细胞增生李斯特氏菌和小肠结肠炎耶尔森菌。

（三）水产品

捕获前水产品的肌肉是无菌的，但鳞、鳃和肠道中存在一定数量的细菌、病毒、寄生虫和原生动物。从海洋环境中捕获的产品中含有嗜盐弧菌、假单胞菌、交替单胞菌、黄杆菌、肠球菌、微球菌、大肠菌群。致病菌有副溶血性弧菌、创伤弧菌以及 E 型肉毒梭菌。淡水鱼中通常含有的微生物有假单胞菌、黄杆菌、肠球菌、微球菌、芽孢杆菌及大肠菌群。致病微生物主要有霍乱弧菌、沙门氏菌、志贺氏菌、产气荚膜杆菌、甲型肝炎病毒和诺沃克样病毒，也含有一些条件致病菌，如嗜水气单胞菌和类志贺邻单胞菌。水产品捕获后即使在冷藏条件下微生物也会快速繁殖，这是由于其污染的许多细菌是耐冷菌。

五、微生物毒素

微生物毒素是微生物在生长过程中产生的有毒次级代谢产物，农产品在生产加工和收储运环节受到有害微生物及由此产生的生物毒素污染的问题越来越突出，公众越来越关注。微生物毒素主要包括霉菌毒素和细菌毒素。

霉菌毒素是由霉菌在生长繁殖过程中产生的一类具有致癌、致畸、致突变性的毒性极强的次级代谢产物。至今检测到的霉菌毒素已超过 350 种，其中有几十种被公认为可对人和动物有害。主要产毒霉菌有 3 个属：曲霉属、青霉属和镰刀菌属。常见的霉菌毒素有黄曲霉毒素、赭曲霉毒素、玉米烯酮、展青霉素、单端孢霉烯族毒素、伏马菌素、串珠镰刀菌素等。其中黄曲霉素 B_1 的毒性最强，且十分耐热，加热至 230 ℃ 才能被完全破坏，一般烹饪加工无法使其失活。腐烂的水果上可能会产生青霉菌毒素，一旦食入体内，轻则可能引发腹泻等疾病，重则引起消化、呼吸及神经等系统功能损伤。

细菌毒素分为细菌外毒素和细菌内毒素。细菌外毒素是细菌生长繁殖过程中合成并分泌到菌体外的毒性物质，对宿主有细胞毒性或神经毒性，毒性极强，极微量就可使实验动物死亡。细菌外毒素的主要成分是蛋白质，大部分是革兰氏阳性菌外毒素，如白喉毒素、破伤风毒素、肉毒神经毒素，金黄色葡萄球菌毒素，产气荚膜梭菌神经毒素等。少数是革兰氏阴性菌毒素，如痢疾志贺氏菌神经毒素、霍乱弧菌肠毒素、鼠疫耶尔森氏菌鼠疫毒素、百日咳毒素等。大部分外毒素不耐热，60 ℃ 加热 20～30 min 可使其失活，但金黄色葡萄球菌肠毒素可耐受 100 ℃ 煮沸 30 min 而不被破坏。

细菌内毒素是革兰氏阴性菌细胞壁上的脂多糖。只有当细菌死亡、破裂、菌体自溶或经人工方法裂解时才释放出来。人体对细菌内毒素极为敏感，通常极微量（1～5 ng/kg）细菌内毒素就能引起体温上升。如病原菌在体内不断生长繁殖，同时，伴有陆续死亡而释放出细菌内毒素，机体的发热反应将持续至体内病原菌完全清除为止。细菌内毒素耐热而稳定，在100 ℃ 的高温下加热 1 h 也不会被破坏，只有在 160 ℃ 的温度下加热 2～4 h，或用强碱、强酸或强氧化剂加温煮沸 30 min 才能破坏它的生物活性。

微生物毒素已成为影响食用农产品质量安全的重要因素，由此导致的安全问题已经受到世界各国和有关国际组织的高度重视。

六、微生物检验的意义与常规检验项目

微生物检验是基于微生物学的基本理论，利用微生物试验技术，根据各类产品卫生标准的要求，研究产品中微生物的种类、性质、活动规律等，用于判断产品卫生质量的一门应用技术。它是以技能操作为主的学科。

各类产品在原料生产、加工、储藏、运输、销售等各个环节，都可能受到微生物的污染。农产品中丰富的营养成分为微生物的生长繁殖提供了充足的物质基础，是微生物良好的培养基，微生物在其中生长繁殖会引起产品变质，影响产品的特性，甚至产生毒素造成食物中毒。因此，微生物学检验是确保产品质量和安全、防止致病微生物污染和疾病传播的重要手段。微生物检验对各环节微生物污染的程度做出正确的评价，可以为各项卫生管理工作提供科学依据。在众多食品安全项目中，微生物及其产生的各类毒素引发的污染问题越来越受到重视，微生物污染造成的食源性疾病是世界食品安全中最突出的问题。

环境和产品中微生物种类很多，并非所有的微生物都需要检测，不同的产品污染微生物的种类不一样，要按产品卫生标准和实际情况选择检测项目。国家卫生和计划生育委员会与国家食品药品监督管理总局联合颁布的食品微生物学检验项目有菌落总数、大肠菌群和致病微生物等，常规检验项目和方法见表4-1。

表4-1 微生物检验项目及检验方法

检验项目	检验方法标准	检验项目	检验方法标准
菌落总数	GB 4789.2	金黄色葡萄球菌	GB 4789.10
大肠菌群计数	GB 4789.3	β型溶血性链球菌检验	GB 4789.11
大肠埃希氏菌 O157：H7/NM	GB 4789.36	肉毒梭菌及肉毒毒素	GB 4789.12
大肠埃希氏菌计数	GB 4789.38	产气荚膜梭菌	GB 4789.13
粪大肠菌群计数	GB 4789.39	蜡样芽孢杆菌	GB 4789.14
沙门氏菌	GB 4789.4	霉菌和酵母计数	GB 4789.15
志贺氏菌	GB 4789.5	常见产毒霉菌的形态学鉴定	GB 4789.16
致泻大肠埃希氏菌	GB 4789.6	单核细胞增生李斯特氏菌	GB 4789.30
副溶血性弧菌	GB 4789.7	克罗诺杆菌属（阪崎肠杆菌）	GB 4789.40
小肠结肠炎耶尔森氏菌	GB 4789.8	肠杆菌科	GB 4789.41
空肠弯曲菌	GB 4789.9	诺如病毒	GB 4789.42

注：检验方法标准未标注日期，表示其最新版本（包括所有的修改单）适用于本文件。

第二节 食品微生物实验室的建设与管理

一、食品微生物检验室的布局

检验室的总体布局和区域安排应与工作流程相符合，尽量减少往返和迂回，降低污染的风险。微生物检验室一般分为三大功能区：一是清洁区，包括办公室、试剂储藏室、灭菌室等；二是操作区，包括培养基的配置室、样品准备室和培养室等；三是无菌区，培养基的分

装，样品微生物的接种、分离、纯化等操作需要在无菌区完成。

食品微生物检验室主要由准备室、无菌室（洁净室）、普通操作室、培养室、洗涤室等构成，也可根据实际情况在不影响检测结果科学有效的前提下，将功能室用功能区代替，几个功能区共用一个房间。其中无菌室（洁净室）是微生物检验室的核心。

二、实验室生物安全防护水平分级

根据 2004 年 11 月 12 日中华人民共和国国务院令第 424 号公布的《病原微生物实验室生物安全管理条例》，国家对病原微生物实行分类管理，对实验室实行分级管理。

（一）病原微生物的分类

病原微生物是指能够使人或动物致病的微生物。国家根据病原微生物的传染性、感染后对个体或群体的危害程度，将病原微生物分为 4 类：

第一类病原微生物，指能够引起人类或动物非常严重疾病的微生物，以及我国尚未发现，或者已经宣布消灭的微生物。

第二类病原微生物，指能够引起人类或者动物严重疾病，比较容易直接或间接在人与人、动物与人、动物与动物间传播的微生物。

第三类病原微生物，指能够引起人类或动物疾病，但一般情况下，对人、动物或环境不构成严重危害，传播风险有限，实验室感染后很少引起严重疾病，并且具备有效治疗和预防措施的微生物。

第四类病原微生物，指在通常情况下不会引起人类或动物疾病的微生物。

2005 年 5 月 24 日农业部令第 53 号公布了动物病原微生物分类名录，根据该名录，食源性病原微生物中常见的致病菌如沙门氏菌、致病性大肠杆菌、致病性链球菌、李氏杆菌、产气荚膜梭菌、嗜水气单胞菌、肉毒梭状芽孢杆菌等都为第三类病原微生物。

（二）实验室分级

依照《实验室　生物安全通用要求》（GB 19489—2008）的规定，根据实验室所处理对象的生物危害程度和采取的防护措施，生物安全实验室分为四级。微生物生物安全实验室可采用 BSL-1、BSL-2、BSL-3、BSL-4（bio-safety level，BSL）表示。BSL-1 实验室防护水平最低，适用于操作第四类病原微生物；BSL-2 实验室适用于操作第三类病原微生物；以此类推。食品微生物检测不涉及 BSL-3 和 BSL-4 实验室。

三、实验室的设施设备要求及技术指标

（一）BSL-1实验室设施设备要求

实验室的门应有可视窗并可锁闭，门锁及门的开启方向应不妨碍室内人员逃生。

应设洗手池，宜设置在靠近实验室的出口处。

在实验室的门口应设存衣或挂衣装置，可将个人服装与实验室工作服分开放置。

实验室的墙壁、天花板和地面应易清洁，不渗水，耐化学品和消毒灭菌剂的腐蚀。地面应平整、防滑，不应铺设地毯。

实验室台柜和座椅等应稳固，边角应圆滑。

实验室台柜等和其摆放应便于清洁，实验室台面应防水、耐腐蚀、耐热和坚固。

实验室应有足够的空间和台柜等摆放实验室设备和物品。

应根据工作性质和流程，合理摆放实验室设备、台柜、物品等，避免相互干扰、交叉污染，并应不妨碍逃生和急救。

实验室可利用自然通风。如果采用机械通风，应避免交叉污染。

如果有可开启的窗户，应安装可防蚊虫的纱窗。

实验室内应避免不必要的反光和强光。

若操作刺激或腐蚀性的物质，应在 30 m 内设洗眼装置，必要时应设紧急喷淋装置。

若操作有毒、刺激性、放射性挥发物质，应在风险评估的基础上，配备适当的负压排风柜。

若使用高毒性、放射性等物质，应配备相应的安全设施、设备和个体防护装备，应符合国家、地方的相关规定和要求。

若使用高压气体和可燃气体，应有安全措施，应符合国家、地方的相关规定和要求。

应设应急照明装置。

应有足够的电力供应。

应有足够的固定电源，避免多台设备使用共同的电源插座。应有可靠的接地系统，在关键节点安装漏电保护装置或监测报警装置。

供水和排水管道系统应不渗漏，下水应有防回流设计。

应配备适用的应急器材，如消防器材、意外事故处理器材、急救器材等。

应配备适用的通信设备。

必要时，应配备适当的消毒灭菌设备。

（二）BSL-2实验室设施设备要求

使用时，应符合 BSL-1 实验室的要求。

实验室主入口的门、放置生物安全柜实验间的门应可自动关闭；实验室主入口的门应有进入控制措施。

实验室工作区域外应有存放备用物品的条件。

应在实验室工作区配备洗眼装置。

应在实验室或其所在的建筑内配备高压蒸汽灭菌器或其他适当的消毒灭菌设备，所配备的消毒灭菌设备应以风险评估为依据。

应在操作病原微生物样本的实验间内配备生物安全柜。

应按产品的设计要求安装和使用生物安全柜。如果生物安全柜的排风在室内循环，室内应具备通风换气的条件；如果使用需要管道排风的生物安全柜，应通过独立于建筑物其他公共通风系统的管道排出。

应有可靠的电力供应。必要时，重要设备（如培养箱、生物安全柜、冰箱等）应配置备用电源。

（三）生物安全实验室的技术指标

本部分内容参照《生物安全实验室　建筑技术规范》（GB 50346—2011），规范共分 10

章和 4 个附录，主要技术内容包括：总则；术语；生物安全实验室的分级、分类和技术指标；建筑、装修和结构；空调、通风和净化；给水排水与气体供应；电气；消防；施工要求；检测和验收。

生物安全实验室包括主实验室及其辅助用房。二级生物安全实验室宜实施一级屏障和二级屏障。一级屏障是指操作者和被操作对象之间的隔离，也称一级隔离；二级屏障是指生物安全实验室和外部环境的隔离，也称二级隔离。生物安全主实验室二级屏障的主要技术指标应符合表 4-2 的规定。

表 4-2 生物安全主实验室二级屏障的主要技术指标

级别	相对于大气的最小负压 (Pa)	与室外方向上相邻相通房间的最小负压差 (Pa)	洁净度级别	最小换气次数 (次/h)	温度 (℃)	相对湿度 (%)	噪声 [dB(A)]	平均照度 (lx)	维护结构严密性（包括主实验室及相邻缓冲间）
BSL-1/ABSL-1	—	—	—	可开窗	18～28	≤70	≤60	200	—
BSL-2/ABSL-2 中的 a 类和 b1 类	—	—	—	可开窗	18～27	30～70	≤60	300	—
ABSL-2 中的 b2 类	-30	-10	8	12	18～27	30～70	≤60	300	
BSL-3 中的 a 类	-30	-10							
BSL-3 中的 b1 类	-40	-15							所有缝隙应无可见泄漏
ABSL-3 中的 a 类和 b1 类	-60	-15							
ABSL-3 中的 b2 类	-80	-25	7 或 8	15 或 12	18～25	30～70	≤60	300	房间相对负压值维持在 -250 Pa 时，房间内每小时泄漏的空气量不应超过受测房间净容积的 10%
BSL-4	-60	-25							
ABSL-4	-100	-25							房间相对负压值达到 -500 Pa，经 20 min 自然衰减后，其相对负压值不应高于 -250 Pa

注：1. 生物安全实验室根据所操作致病性生物因子的传播途径可分为 a 类和 b 类。a 类指操作非经空气传播生物因子的实验室；b 类指操作经空气传播生物因子的实验室。b1 类生物安全实验室指可有效利用安全隔离装置进行操作的实验室；b2 类生物安全实验室指不能有效利用安全隔离装置进行操作的实验室。

2. 本表中的噪声不包括生物安全柜、动物隔离设备等的噪声，当包括生物安全柜、动物隔离设备等的噪声时，最大不应超过 68 dB（A）。

四、无菌室洁净标准及其操作规程

无菌室（洁净室）是微生物检验室的核心。无菌室一般是在微生物实验室内开辟的一个独立小房间。无菌室的规划设计、建设要符合《洁净室施工及验收规范》（GB 50591—2010）的要求。

（一）无菌室洁净标准

无菌操作间洁净度应达到 10 000 级，超净工作台洁净度应达到 100 级，室内温度维持在 18～27 ℃，湿度保持在 30%～70%。具体要求见表 4-3。

表 4-3　无菌室（洁净室）空气洁净度级别

洁净度级别	尘粒最大允许数（m³）（静态）		微生物最大允许数（静态）		换气次数
	≥0.5 μm	≥5 μm	浮游菌 m³	沉降菌/皿 0.5 h 直径 90 mm 的平皿	
100 级	3 500	0	5	1	
10 000 级	350 000	2 000	100	3	≥20 次/h

注：1. 浮游菌 m³ 和沉降菌/皿可任测一种。

　　2. 100 级洁净室（区）0.8 m 高工作区的截面最低风速：垂直单向流 0.25 m/s，水平单向流 0.35 m/s。

（二）无菌室操作规程

（1）无菌室应保持清洁，严禁堆放杂物，以防污染。

（2）无菌室应定期用适宜的消毒液灭菌清洁，以保证洁净度符合要求。根据无菌室的净化情况和空气中含有的杂菌种类，可采用不同的消毒剂，如甲醛、乳酸、臭氧、3%过氧化氢气溶胶喷雾（20 mL/m³）、戊二醛（配成 1%浓度喷洒）、5%过氧乙酸气溶胶喷雾（2.5 mL/m³）等。

（3）工作人员进入无菌室前，必须用肥皂或消毒液洗手消毒，然后在缓冲间更换专用工作服、鞋、帽子、口罩和手套。

（4）无菌室使用前，应将所有物品置于操作部位（待检物除外），然后打开紫外灯杀菌 30 min 以上，并同时打开超净工作台进行吹风。操作完毕，应及时清理无菌室，再打开紫外灯灭菌 20 min。

（5）凡带有活菌的物品，必须经高压灭菌后才能清洗或丢弃。

（6）每 2~3 周用 3%石炭酸水溶液擦拭工作台、门、窗、桌椅及地面。

（7）无菌室应每月检查菌落数。在超净工作台开启的状态下，取内径 90 mm 的营养琼脂平板 3~5 个，分别放置在工作位置的左、中、右等处，开盖暴露 30 min 后，倒置于 30~35 ℃培养箱内培养 48 h，取出检查。100 级洁净室平板杂菌数平均不得超过 1 个菌落，10 000 级洁净室平板杂菌数平均不得超过 3 个菌落。如超过限度，应对无菌室进行彻底消毒，直至重复检查合乎要求为止。

五、常规检验用品和设备

（一）设备

1. 称量设备　天平等，感量达到 0.1 g 即可，用于培养基和样品的称量。

2. 生物安全设备

（1）超净工作台。超净工作台适用于对人体没有直接伤害的常规细菌的实验操作，正压送风，吹向样品以及实验人员的风是经过过滤器过滤的，使操作区域达到百级洁净度。超净工作台可以保护样品在操作过程中不受污染，但不保护实验员和实验室环境。超净工作台根据风向分为水平式和垂直式，一般多见的是垂直流的超净工作台。

（2）生物安全柜。生物安全柜是具备气流控制和高效空气过滤装置的操作柜，既能保护样品，又能有效减少气溶胶感染操作人员或污染实验室环境，是侧重于保护人和环境的设计，用于致病菌的操作。一般在二级生物安全防护水平实验室中主要使用Ⅱ级生物安全柜（A1型、A2型、B1型、B2型），常用的是A2型和B2型。

3. 培养设备 有恒温培养箱、恒温恒湿箱（可作为霉菌培养箱）、厌氧培养箱（适用于厌氧微生物的培养）、恒温摇床及恒温水浴等装置。主要用于实验室微生物的培养，为微生物的生长提供一个适宜的环境。

4. 消毒灭菌设备

（1）干燥箱。干燥箱也称干热灭菌器，主要用途是消毒玻璃器皿，要消毒的玻璃器皿必须清洁、干燥，并包装好。

（2）高压蒸汽锅。高压蒸汽灭菌利用高压和高温进行灭菌，是目前可靠而有用的灭菌方法，适用于耐高温、高压、不怕潮湿的物品，如细菌培养基。建议实验室配备2台，一台用于培养基的配制，一台用于污染物丢弃前的灭菌，避免交叉污染。

（3）过滤除菌装置。用于抗生素等不耐热培养基添加剂的除菌。

（4）紫外灯。

5. 样品处理设备 均质器（剪切式或拍打式均质器）、离心机等。

6. 镜检计数设备

（1）显微镜（有油镜）。主要用于微生物结构、形态等的观察。微生物检验中最常用的是普通光学显微镜。

（2）放大镜、游标卡尺等。

7. 冷藏冷冻设备 冰箱、冷冻柜等。

8. 培养基制备设备 微波炉、pH计、磁力搅拌器等。

9. 稀释设备 移液器等。

10. 其他设备 纯水器、全自动生化鉴定仪等，可以根据实验室资金状况选配。

（二）常规检验用品

1. 试管 常用的规格有：（2～3）mm×65 mm，用于环状沉淀试验；（11～13）mm×100 mm，用于血清学反应及生化反应；15 mm×150 mm，用于分装5～10 mL的培养基及菌种继代等；18 mm×180 mm，用于检样稀释。

2. 三角烧瓶 底大口小，放置平稳，便于加塞，多用于培养基配制。常用的规格有250 mL、500 mL、1 000 mL等。

3. 培养皿 常用的规格为90 mm。

4. 载玻片及盖玻片 载玻片用于涂片，常用的规格为75 mm×25 mm，厚度为1～2 mm。盖玻片为极薄的玻片，用于标本封闭及悬滴标本等。

5. 染色缸 染色缸有方形和圆形两种，可放载玻片6～10片，供标本染色用。

6. 发酵管 6 mm×30 mm玻璃小管，倒置于含糖液的培养基试管内，测定细菌对糖类的发酵。

除上述用品外，还有接种环（针）、酒精灯、镊子、剪刀、消毒棉球、硅胶（棉）塞、吸管、吸球、双层瓶、滴瓶、广口瓶、玻璃珠、烧杯、量筒、普通玻棒及L形玻棒、pH试纸、记号笔、均质袋、可高压灭菌垃圾袋等。

（三）现场采样检验用品

无菌采样袋（或其他无菌采样容器）、棉签、涂抹棒、采样规格板、转运管等。

六、微生物实验室安全常识

（1）如遇棉塞着火，用湿布包裹熄灭，切勿用嘴吹，以免扩大燃烧。

（2）皮肤烫伤，可用 5% 鞣酸、2% 苦味酸（苦味酸氨苯甲酸丁酯油膏）或 2% 龙胆紫液涂抹伤口。

（3）有菌培养物洒落或打碎有菌容器时，立即用 5% 石炭酸溶液或 0.1% 的新洁尔灭溶液喷洒或浸泡被污染部位，浸泡 0.5 h 后再擦拭干净。

（4）菌液污染手部皮肤，先用 70% 酒精棉球擦拭，再用肥皂水洗净，如污染了致病菌，应将手浸于 2%～3% 的来苏水或 0.1% 的新洁尔灭溶液中，经 10～20 min 后洗净。

（5）工作结束后，立即将台面收拾干净。被污染的玻璃器皿及阳性的检验标本，都必须用消毒水浸泡过夜或用煮沸、高压蒸汽灭菌等方法处理后再清洗或丢弃。使用前再按物品危险性的种类，选择适当的消毒、灭菌方法进行消毒或灭菌处理。

第三节 微生物常规实验技能

一、玻璃器皿的清洗、包扎

（一）玻璃器皿的清洗

1. 新器皿 新购入玻璃器皿常附有游离碱，不可直接使用，应先在 2% 盐酸溶液中浸泡数小时，以中和碱性，然后用肥皂水及洗衣粉洗刷，再以清水反复冲洗数次，最后用蒸馏水冲洗。

2. 用后玻璃器皿的处理 凡被病原微生物污染过的玻璃器皿，在洗涤前须进行严格的消毒，方法如下：

一般玻璃器皿（如平皿、试管、烧杯、烧瓶等）均可置于高压灭菌器内 121 ℃ 灭菌 20～30 min，随即趁热将内容物倒净，用温水冲洗后，再用 5% 肥皂水煮沸 5 min，然后用清水和蒸馏水冲洗。吸管类使用后，投入 2% 来苏水或 5% 石炭酸溶液内 48 h，以使其消毒，洗涤时先浸在 2% 肥皂水中 1～2 h，取出用清水冲洗后，再用蒸馏水冲洗。载玻片与盖玻片用后，投入 2% 来苏水或 5% 石炭酸溶液内浸泡，洗涤时取出，煮沸 20 min，用清水反复冲洗数次，浸入 95% 的酒精中备用。

（二）玻璃器皿的包装

玻璃器皿在灭菌之前，须包装妥当，以免消毒后被二次污染。

1. 一般玻璃器材（试管、三角瓶、烧杯等）的包装 用适宜大小的棉塞或硅胶塞，将试管或三角瓶塞好，外面再用纸张包装，烧杯可直接用纸张包装。

2. 吸管的包装 用细铁丝或长针头塞少许棉花于吸管口端，塞进的棉花大小要适度，太松或太紧都对其使用有影响。每个吸管用纸分别包卷，有时也可用报纸将每 5～10 支包成一束或装入金属筒内进行干热灭菌。

3. 培养皿、乳钵等的包装 用无油质的纸将其单个或数个包成一包，置于金属盒内或仅包裹瓶口部分直接进行灭菌。

包装玻璃器皿时可能会使用棉塞，棉塞的制作过程如下：制作棉塞，最好选择纤维长的新棉花，不能用脱脂棉，视试管或瓶口的大小取适量棉花，分成数层，互相重叠，使其纤维纵横交叉，然后折叠卷紧，再用两层纱布捆紧，做成长为 4～5 cm 的棉塞。良好的棉塞上下粗细一样，与管口没有可见空隙。

二、常用的灭菌、消毒方法及效果监测

由于微生物广泛存在于环境中，从预防交叉污染的角度出发，微生物实验必须遵循无菌操作的原则，采用多种物理、化学或是生物的方法，确保所有的物品和工作环境符合使用要求。常用以下术语表示杀灭微生物的程度。

消毒：杀灭或（和）清除致病微生物，使其数量减少到不再能引起人发病。用于消毒的化学药品称为消毒剂。

灭菌：将所有微生物全部杀灭或（和）清除掉，包括细菌芽孢和非致病微生物。灭菌比消毒更彻底。

无菌：不含活菌，是灭菌的结果。防止细菌进入人体或其他物品的操作技术称为无菌操作。

（一）常用的灭菌、消毒方法

常用的灭菌或消毒方法分为 4 类：热力灭菌法、化学消毒法、辐射法和过滤除菌法。一般根据物品的种类和污染后的危害程度来选择消毒、灭菌方法。消毒首选物理方法，不能用物理方法消毒的方可选化学方法。

1. 热力灭菌法 高温对微生物具有明显的杀伤作用，这是由于热能可变性蛋白质、核酸及破坏细胞膜等。热力灭菌法根据有无水蒸气的参与分为干热灭菌法和湿热灭菌法两种。热力灭菌法的种类及使用范围详见表 4 - 4。

表 4 - 4　热力灭菌法的种类及使用范围

项目	灭菌类型	温度与时间	灭菌物品
干热灭菌法	火焰灭菌	火焰灼烧	耐热物品、接种环、试管口等
	热空气灭菌	160 ℃，2 h	玻璃器皿、金属用具等耐热物品
湿热灭菌法	高压蒸汽灭菌	121 ℃，15～30 min	培养基、生理盐水、玻璃器皿等
		115 ℃，15～20 min	

2. 化学消毒法 很多化学药物能够影响微生物的物理结构和生理活动，从而达到消毒的作用。化学消毒剂一般都对人体组织有害，因此，只能外用或用于环境的消毒，常用化学消毒剂的种类、作用机理及使用范围见表 4 - 5。

表 4-5　化学消毒剂及使用范围

类别	名称	常用浓度	应用范围	作用机理
醇类	乙醇	70%~75%	皮肤、器械消毒	脱水、蛋白质变性
	异丙醇	50%~70%		
表面活性剂	新洁而灭	0.05%~0.1%	皮肤、器械消毒	破坏细胞膜、改变通透性
酸类	乳酸	0.33~1 mol/L	空气消毒	—
氧化剂	过氧乙酸	0.2%~0.5%	食品表面和环境地面消毒	与蛋白质活性基团反应，酶失活
	过氧化氢	3%		
酚类	来苏水	2%~3%	手、皮肤消毒	杀死细菌芽孢
	石炭酸	3%~5%	器械、地面消毒	
烷化剂	戊二醛	2%	仪器、器械表面	菌体蛋白质、核酸烷基化
	环氧乙烷	50 mg/L		

3. 辐射法　辐射法中紫外线杀菌最为常用。紫外线的穿透能力很弱，容易被固形物吸收，不能透过普通玻璃，因此，它只适用于空气、水及物体表面的杀菌。无菌室、超净工作台、生物安全柜内都装有紫外灯，用来进行空气消毒，消毒时间一般为 30 min。应用紫外线杀菌时，必须防止紫外线对人体的直接照射，以免伤害眼睛和灼伤皮肤。

4. 过滤除菌法　指将含菌的液体或气体通过一个称作细菌滤器的装置，使细菌受到机械的阻力而留在滤器或滤板上，从而达到除菌的目的。此法常用于不宜加热灭菌的液体物质，如培养基添加剂、抗生素、血清等。它的最大优点是不破坏液体中各种物质的化学成分，但是比细菌还小的病毒、支原体等无法被去除。超净工作台也是根据过滤除菌法的原理设计的。

（二）效果监测

实验室必须对消毒、灭菌效果定期进行监测。

1. 高压蒸汽灭菌效果监测　高压蒸汽灭菌应进行工艺监测、化学监测和生物监测。工艺监测应每锅进行，并详细记录。化学监测应每包进行，常用 3M 灭菌指示胶带。此胶带上印有斜行白色指示线条图案，贴在待灭菌的物体表面，在 121 ℃经 20 min 后胶带 100%变色（条纹图案变为黑色斜条）。生物监测应每月进行，新灭菌器使用前必须先进行生物监测，合格后方可使用。生物指示剂有芽孢悬液、芽孢菌片以及菌片与培养基混装的指示管。灭菌后，取出生物指示剂接种于溴甲酚紫葡萄糖蛋白胨水培养基中，置于 55~60 ℃温箱中培养 2~7 d，若培养后颜色未变，澄清透明，说明芽孢已被杀灭，达到了灭菌要求。

2. 紫外线消毒效果监测　紫外线消毒应进行灯管照射强度监测和生物监测。灯管照射强度监测每半年进行一次，30 W 的辐射照度值应不低于 70 μW/cm^2。新使用的灯管也要进行监测，不得低于 100 μW/cm^2。生物监测必要时进行，要求经消毒后的物品或空气中的自然菌应减少 90%以上，人工染菌杀灭率应达到 99.9%。

3. 环境监测　　环境监测包括对空气、仪器设备、物体表面和工作人员手的监测。在怀疑有实验室污染时应进行环境监测。

4. 消毒灭菌物品的监测　　应定期对消毒、灭菌物品进行随机抽检，消毒物品不得检出致病性微生物，灭菌物品不得检出任何微生物。

三、接种技术

接种技术是微生物学实验中最常用的基本操作技术，接种就是利用接种工具在无菌条件下将培养物往新的培养基上移植。

（一）接种工具

常用的接种工具有接种针、接种环、接种铲、涂布棒等。接种细菌或酵母菌用接种环或接种针，接种环（或接种针）有一次性的塑料材质的，已灭菌可直接使用，也有铂金或镍铬合金的。如果使用金属材质的，使用前后均应在火焰上彻底灼烧灭菌，灭菌时右手持接种环（或接种针）的木柄或塑料柄，将金属部分直立于火焰中，渐渐下移使金属环（或接种针）烧红，并将接种环（或接种针）和柄之间的金属棒也通过火焰数次。取菌时，必须待接种环（或接种针）冷却后方可使用。接种某些不易和培养基分离的放线菌和真菌时，有时用接种钩或接种铲。用涂布法在琼脂平板上分离单个菌落时需用涂布棒。常用的接种工具见图 4-1。

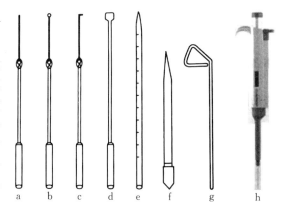

图 4-1　常用的接种工具
a. 接种针　b. 接种环　c. 接种钩　d. 接种铲
e. 移液管　f. 滴管　g. 涂布棒　h. 微量取液器

（二）常用的接种方法

根据目的不同，可分别采用接种环、接种针、移液管等进行斜面培养基接种、液体培养基接种和半固体培养基穿刺接种等。

1. 斜面培养基接种　　将微生物从一个斜面培养基接种至另一个斜面培养基上的方法，称为斜面培养基接种。斜面培养基接种主要用于接种纯菌，使其增殖后用以鉴定或保存菌种，操作方法如下：

（1）左手持菌种管与培养基管，斜面皆向上，菌种管在外侧，右手用拿毛笔的姿势持接种环，将铂丝与欲进入试管的柄部通过火焰灭菌。

（2）右手的小指与掌心夹下培养基管的棉塞，第四指与小指夹下菌种管棉塞，管口通过火焰。

（3）接种环伸入菌种管，蘸取少许菌种。

（4）接种环伸入培养基管，在斜面上蜿蜒划线，或者划直线。注意沾有菌种的接种环不可碰管口与其他地方。

（5）管口再通过火焰，并将棉塞塞于原来的试管。

（6）接种环灭菌。

2. 液体培养基接种　液体培养基接种基本上与斜面培养基接种法相同，不同之处是，将挑取的菌种移植至液体培养基管中时，斜持试管，将菌涂于液面处管壁上，试管直立以后菌种即在液体内。该法多用于增菌液进行增菌培养，也可用于生化试验前的培养。

3. 半固体培养基穿刺接种　半固体培养基接种应使用接种针，接种针的使用方法基本同接种环。接种时，将蘸取菌种的接种针从半固体培养基表面向下穿刺，但不触及管底，接种针从原路抽出。此方法称为"半固体培养基穿刺接种法"。经穿刺接种后的菌种常作为保藏菌种的一种形式，同时，也是检查细菌运动能力的一种方法，只适宜于细菌和酵母的接种培养。

四、分离纯化技术

从混杂的微生物群体中获得单一菌株的方法称为分离纯化。分离纯化可采用琼脂平板划线分离法、倾注平板法、平板表面涂布法等。需要注意的是，一次分离纯化操作得到的单菌落并不一定保证是单一菌株，因此，单一菌株的确定除观察其菌落特征外，还要结合显微镜观察个体形态特征后才能确定，有些微生物要经过多次分离纯化过程才能得到单一菌株。

（一）琼脂平板划线分离法

平板划线有多种方法，其目的都是要将细菌分开，培养后可观察单个菌落的特征，有斜线法、曲线法、方格法、放射法和四格法，如图4-2所示。现主要介绍常用的分区斜线划线法：烧灼接种环，待冷，取一接种环菌液。左手斜持平皿，靠近火焰周围，右手握持沾菌的接种环伸入皿内平行划线，划线范围占平板的1/3～1/5；完成第一区域的划线后，旋转平板，在平板另1/3～1/5面积内作连续平行划线，如果菌液中菌体数量很多，划完第一区域后需要灼烧接种环；如此重复3～4次，以达到培养后能获得单个菌落的目的。

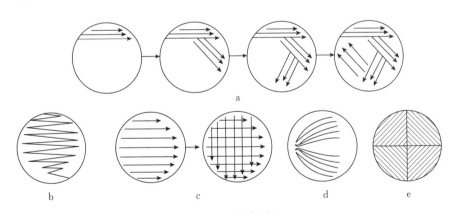

图4-2　平板划线法
a. 斜线法　b. 曲线法　c. 方格法　d. 放射法　e. 四格法

（二）倾注平板法

本法常用于菌落总数测定、细菌对药物的敏感度试验以及药物的含量测定等。倾注平板的常用操作方法有以下两种：

1. 菌液混入培养基法　用无菌吸管吸取定量菌液，加入已熔化并冷却至约50℃的琼脂培养基中，迅速混匀，倒入无菌平皿，使其均匀布满皿底。平置勿动，凝固后即成含菌平板。此法细菌分布均匀，药物的抑菌试验（药敏试验）多用此法制备含菌平板。

2. 菌液先加入平皿法 以无菌吸管吸取定量菌液或其他含菌样品，加入无菌平皿中，再将熔化并冷却至约 50 ℃的无菌琼脂培养基倾入该平皿中，立即将平皿轻轻地旋转晃动，以使菌液与培养基混合均匀，平置待凝固。计算药品、食品等样品中菌落总数时常用此法。由于是将定量样品直接加入平皿中，所以菌落数较准确。

（三）平板表面涂布法

由于将含菌材料加到还比较烫的培养基中再倒平板容易造成某些热敏感菌的死亡，而且倾注平板法也会导致一些严格好氧菌因被固定在琼脂中间缺乏氧气而影响生长，这种情况下就需要采用平板表面涂布法。其做法是将一定量的某一稀释度的样品悬液滴加在平板表面上，再用无菌涂布棒将菌液均匀分散至整个平板表面，经培养后挑取单个菌落。

五、染色

由于细菌体积小且透明，活体细胞内又含有大量水分，因此，对光线的吸收和反射与水溶液相差不大。当把细菌悬浮在水滴内，放在显微镜下观察时，由于与背景没有明显的明暗差，难于看清它们的形状与结构，为了更好地看清微生物的形态结构，就必须对它们进行染色，这样就可在普通光学显微镜下清晰地观察到微生物的形态结构。因此，微生物染色技术是观察微生物形态结构的重要手段。但是，染色观察时必须注意，染色后的微生物标本是死的，在染色过程中微生物的形态结构可能会发生一些变化，不能完全代表其活细胞的真实情况。

微生物染色法根据染色原理和染液的不同分为多种类型，下面将对一些常用染色方法做一个简单介绍。

（一）革兰式染色法

革兰氏染色法是使用最广泛的一种鉴别染色法，是细菌分类和鉴定的重要性状。它是1884 年由丹麦医师 Gram 创立的。革兰式染色法不仅能观察到细菌的形态，还可将所有细菌区分为两大类：染色反应呈蓝紫色的称为革兰氏阳性细菌，用 G^+ 表示；染色反应呈红色（复染颜色）的称为革兰氏阴性细菌，用 G^- 表示。

革兰氏染色的主要过程：初染（结晶紫，30 s）→媒染剂（碘液，30 s）→脱色（95％乙醇，10～20 s）→复染（番红，30～60 s）。

革兰氏染色的不同反应是由于它们细胞壁的结构和成分不同而造成的。通过初染操作后，细菌细胞膜或原生质体染上了不溶于水的结晶紫与碘的大分子复合物。革兰氏阳性细菌的细胞壁主要是由肽聚糖形成的网状结构组成的，在用乙醇洗脱时，肽聚糖网孔因脱水而明显收缩，使通透性降低，结晶紫与碘复合物被保留在细胞内而不易脱色，因此，呈现蓝紫色。反之，革兰氏阴性细菌的细胞壁中肽聚糖含量低、交联松散，而脂类物质含量高，用乙醇处理时，脂类物质溶解，细胞壁的通透性增加，使结晶紫与碘的复合物极易被溶出细胞壁而脱色，再经番红等红色染料进行复染时，就使革兰氏阴性细菌获得了一层新的颜色——红色。

注意事项：

（1）革兰氏染色法成败的关键是乙醇脱色。如果脱色过度，革兰氏阳性菌也可被脱色而染成阴性菌；如果脱色时间过短，革兰氏阴性菌因脱色不完全也会被误判成阳性菌。脱色时间的长短还受涂片厚薄及乙醇用量多少等因素的影响，难以严格规定。一般可用已知革兰氏阳性菌和革兰氏阴性菌做练习，以掌握脱色时间。

（2）染色过程中勿使染色液干涸。用水冲洗后，应吸去玻片上的残水，以免染色液被稀释而影响染色效果。

（3）选用幼龄的细菌，若菌龄太老，由于菌体死亡或自溶常使革兰氏阳性菌转呈阴性反应。一般革兰氏阳性菌培养 12～16 h，革兰氏阴性菌培养约 24 h。

（4）脱色时冲洗的液体，一般可直接冲入下水道，烈性菌的冲洗液必须冲在烧杯中，经高压灭菌后方可倒入下水道。

（二）芽孢染色法

芽孢是某些细菌生长到一定阶段在菌体内形成的休眠体，能否形成芽孢以及芽孢的着生位置、形状与大小是鉴定细菌种类的重要依据之一。细菌芽孢含水量很低，具有厚而致密的壁，其通透性比营养细胞低，用一般染色方法难以着色。必须用着色力强的染色剂，并加热以促进芽孢着色，脱色时菌体上的颜色被脱掉，而芽孢上的染料则难以渗出，故仍保留着原有颜色，然后用另一种反差强烈的染料复染，使菌体和芽孢呈现出不同的颜色，明显地衬托出芽孢来，具体方法很多，如孔雀绿-番红染色法等。

（三）鞭毛染色法

细菌鞭毛极细，其直径一般为 10～20 nm，一般不能用普通光学显微镜直接观察，只有用电子显微镜才能观察到。但是若采用特殊染色法，染色前用媒染剂处理，使媒染剂大量沉积在鞭毛上，让鞭毛直径变粗，再进行染色，则在普通显微镜下也能看到。鞭毛染色法有很多种，但基本原理相同，常用的媒染剂是由单宁酸和钾明矾或氯化铁等配制而成的一种不太稳定的胶体溶液，而染料可根据不同的方法有多种选择。

（四）荚膜染色法

荚膜是由多糖类衍生物和多肽聚集而成的，能溶于水，且自身含水量很高。因此，对荚膜染色时不宜用水冲洗，也不宜加热固定，因为加热固定后细胞易失水而收缩变形。由于荚膜与染料间的亲和力弱，不易着色，通常采用负染色法对荚膜染色，即设法使菌体和背景着色而荚膜不着色。因此，荚膜在菌体周围呈现一个透明圈，从而可以清晰地观察到荚膜的大小和形态。荚膜染色法主要有番红染色法、湿墨水法、干墨水法、Tyler 法等。

六、镜检

显微镜是研究微生物必不可少的工具。自从发明了显微镜后，人们才能观察到各种微生物的形态，从此揭开了微生物世界的奥秘。随着科学技术不断发展，显微镜可利用的光源已从可见光扩展到紫外线，接着又出现了利用非光源的电子显微镜，从而大大提高了显微镜的分辨率。借助各种显微镜，人们不仅可以观察到真菌、细菌的形态和构造，还能清楚地观察到病毒的形态和构造。

当今微生物实验室中最常用的还是普通光学显微镜，我们要学会正确使用和保养普通光学显微镜。普通光学显微镜由机械装置和光学系统两部分组成（图4-3）。

（一）低倍镜观察

镜检任何标本都要养成必须先用低倍镜观察的习惯。因为低倍镜视野较大，易于发现目标和确定检查的位置。

1. 调节光源　将低倍物镜转到工作位置，上升聚光器将可变光阑完全打开，然后转动反光镜采集光源，一般以采集射入的自然光为宜，不宜采用直射日光。如遇阴天或晚上，可用普通日光台灯照明。当用显微镜灯（钨丝灯泡）照明时，因其亮度较强，而且发射光谱中有较多刺激眼睛

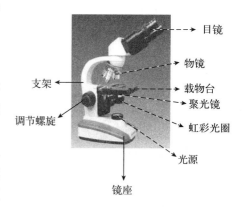

图4-3　普通光学显微镜的构造
（虚线条代表光学系统，实线条代表机械装置）

的红光，故应根据标本染色情况选用绿色、黄绿色或蓝绿色滤光器或一面磨砂的滤光片，以减弱光的强度，同时，又可吸收掉红光，使视野光线柔和，并可保护眼睛。旋转反光镜，使光线投射到反光镜中央，并调节聚光器或调节光圈大小，使视野得到均匀的照明。

2. 调节聚光器和物镜数值孔径相一致　取下目镜，直接向镜筒内观察，先将可变光阑缩到最小，再慢慢打开，使聚光器的孔径与视野的直径一样大，然后再放回目镜，这一操作的目的是使入射光所展开的角度与镜口角度相符合。否则因光圈开的太大而超过物镜的数值孔径时会产生光斑，如光圈收得太小，则降低分辨率，从而影响了物像的清晰度，因为各物镜的数值孔径不同，所以每转换一次物镜都要进行调节。

在实际操作中观察往往只根据视野的亮度和标本明暗对比度来调节光圈大小，而不考虑聚光器与物镜数值孔径的配合，只要能达到较好的效果，这种调节法也是可取的。但是，对于使用显微镜的工作者来讲，必须了解这一操作的目的和原理，这样在操作时就能运用自如。

3. 放置标本　上升镜筒，将细菌染色图片放在镜台上，用玻片夹住，然后降下低倍物镜，使其下端接近于玻片。

4. 调焦　转动粗调节螺旋，使镜筒逐渐上升到看见模糊物像时，再转动细调节螺旋，调节到物像清晰为止。

（二）高倍镜观察

1. 寻找视野　将在低倍镜下找到的合适部位移至视野当中。

2. 转换高倍镜　用手按住转换器慢慢地旋转，当听到"咔嚓"一声即表明物镜已转至正确的工作位置上。

3. 调焦　使用齐焦物镜时，只要从低倍转到高倍，再稍调一下细调节螺旋就可看清物像。如用不齐焦的物镜时，每转换一次物镜都要进行调焦，即先使物镜降至非常靠近玻片的位置，然后再慢慢上升镜筒，并细心调节粗、细调节螺旋，直至物像清晰为止。

（三）油镜观察

油浸物镜的工作距离（指显微镜前透镜的表面到被检物体之间的距离）很短，一般在

0.2 mm 以内，再加上一般光学显微镜的油浸物镜没有"弹簧装置"，因此，使用油浸物镜时要特别细心，避免由于"调焦"不慎而压碎标本片并使物镜受损。

1. 找合适的视野　先用低倍镜寻找合适的视野，并将欲观察的部位移到视野中央。

2. 转换油镜　将油镜转到工作位置。

3. 调节聚光器与油镜数值孔径相一致　只要将聚光器上升到最高位置、可变光阑开到最大时，两者的数值孔径即达到一致。

4. 加香柏油　从双层瓶的内层小瓶中取香柏油 1～2 滴加到欲观察部位涂片上（切勿加多），然后将油镜转到工作位置，下降镜筒，使油镜浸入香柏油中，并从侧面观察，使镜头降至既非常接近玻片，又不与玻片相撞的合适位置。

5. 调焦　左眼从目镜中观察，同时，转动粗调节螺旋，缓慢提升油镜，至出现模糊的物像时，再用细调节螺旋调节至物像清晰为止。如按上述操作还找不到目的物，一种可能是油镜下降还不到位，另一种可能是油镜上升太快，以致眼睛捕捉不到一闪而过的物像，遇此情况，应重新操作。

（四）显微镜用毕后的处理

（1）上升镜筒，取下玻片。

（2）清洁显微镜。

清洁油镜：先用擦镜纸擦去镜头上的香柏油，再用蘸少许乙醚-酒精混合液（$V_{乙醚}：V_{纯酒精}=$ 2：3）或二甲苯的擦镜纸擦掉残余的香柏油，最后再用干净的擦镜纸抹去残留的二甲苯等。

清洁目镜和其他物镜：可用干净的擦镜纸擦净。

清洁机械部分：用柔软的绸布擦净机械部分的灰尘。

（3）搁置物镜。将物镜转成"八字"式，缓慢下降镜筒，使物镜靠在镜台上，将聚光器降至最低位置，反光镜镜面转成垂直状。

（4）去除细菌涂片上的香柏油。加 2～3 滴二甲苯于涂片上，使香柏油溶解，再用吸水纸轻轻压在涂片上吸掉二甲苯和香柏油。这样处理不会损坏细菌涂片，并可保存以供以后再观察。如不需要保留涂片，可用肥皂水煮沸后再清洗干净。

七、菌种保藏技术

微生物具有容易变异的特性，因此，在保藏过程中，必须使微生物的代谢处于最不活跃或相对静止的状态。低温、干燥和隔绝空气是使微生物代谢能力降低的重要因素，因此，菌种保藏方法虽多，但都是根据这 3 个因素而设计的。国际国内常用的菌种保存方法包括传代培养法、液态石蜡法、沙土管法、真空冷冻干燥法、−80 ℃ 冰箱冻结法、液氮超低温冻结法。本书只介绍几种不需要特殊技术和设备的实验室常用简易保藏法。

（一）传代培养保藏法

将菌种接种在适宜的固体斜面培养基上或穿刺接种于半固体培养基（细菌：营养琼脂；真菌：PDA；乳酸菌：MRS 培养基；厌氧菌：庖肉培养基；嗜盐性弧菌：含 3％NaCl 的 TSA 或营养琼脂），在适宜的温度下培养，待充分生长后，移至 2～8 ℃ 的冰箱中保藏。棉塞部分用油纸包扎好，使微生物在低温下维持很低的新陈代谢，缓慢生长，当培养基中的营养物被逐渐耗尽后再重新移植于新鲜培养基上，定期移植的间隔时间依微生物的种类而有不同，霉菌、放线菌及有芽孢的细菌保存2～4个月，移种一次。酵母菌2个月移种一次，细菌最好每月移种一次。

此法为实验室和工厂常用的保藏法，优点是操作简单，使用方便，不需特殊设备，能随时检查所保藏的菌株是否死亡、变异与污染杂菌等。缺点是容易变异，因为培养基的物理、化学特性不是严格恒定的，屡次传代会使微生物的代谢改变，而影响微生物的性状，污染杂菌的机会也较多。

（二）甘油管保藏法

取细菌培养物于保存管中，按1∶1的体积比例加入40%灭菌甘油，振荡使甘油分布均匀，密封，在液氮中冻结后再转至−20℃或−80℃长期保存。

（三）液态石蜡保藏法

液态石蜡保藏法是建立在传代培养保藏法之上的，能够适当延长保藏时间。将菌种斜面接种或半固体穿刺接种，待其充分生长后，以无菌操作将灭菌液态石蜡加入，加入的量以高出斜面顶端或半固体培养基表面1 cm为准，使菌种与空气隔绝。棉塞外包牛皮纸或换上无菌橡皮塞，将试管直立放置于低温或室温下保存（有的微生物在室温下比冰箱中保存的时间还要长）。

石蜡油的灭菌除水：将液态石蜡分装于三角烧瓶内，塞上棉塞，并用牛皮纸包扎，121℃灭菌30 min，连续灭菌2次，然后在40℃温箱中放置2周（或置于105～110℃烘箱中烘2 h），使水汽蒸发掉，除净水分的石蜡油呈均匀透明状液体。

此法实用，且效果好。霉菌、放线菌、芽孢细菌可保藏2年以上不死，酵母菌可保藏1～2年，一般无芽孢细菌也可保藏1年左右。此法的优点是制作简单，不需特殊设备，且不需经常移种。缺点是保存时必须直立放置，所占位置较大，同时也不便携带。

注意事项：

（1）温度。根据菌株特性在适宜的温度下保藏。如副溶血弧菌、创伤弧菌等致病弧菌，室温（21～23℃）保存，不能冷藏。

（2）氧气。根据菌株特性保藏在相应的氧气环境中，如厌氧环境、微需氧环境。

（3）当用液态石蜡保藏法时，应对需保藏的菌株做一定的预实验，因为某些菌株能利用石蜡为碳源，还有些菌株对液态石蜡保藏敏感。

（四）液氮冷冻保藏法

（1）准备安瓿管。用于液氮保藏的安瓿管，要求能耐受温度突然变化而不致破裂，因此，需要采用硼硅酸盐玻璃制造的安瓿管，安瓿管的大小通常使用75 mm×10 mm的或能容1 mL液体的。

（2）加保护剂。当灭菌保存细菌、酵母菌或霉菌孢子等容易分散的细胞时，将空安瓿管塞上棉塞，121℃灭菌15 min；若作保存霉菌菌丝体用，则需在安瓿管内预先加入保护剂，如10%的甘油蒸馏水溶液或10%二甲亚砜蒸馏水溶液，加入量以能浸没以后加入的菌落圆块为限，而后再用121℃灭菌15 min。

（3）接入菌种。将菌种用10%的甘油蒸馏水溶液制成菌悬液，装入已灭菌的安瓿管；

霉菌菌丝体则可用灭菌打孔器，从平板内切取菌落圆块，放入含有保护剂的安瓿管内，然后用火焰熔封。浸入水中检查有无漏洞。

（4）冻结。将已封口的安瓿管以每分钟下降 1 ℃的慢速冻结至－30 ℃。若细胞急剧冷冻，则在细胞内会形成冰的结晶，因而降低存活率。

（5）保藏。将冻结至－30 ℃的安瓿管立即放入液氮冷冻保藏器的小圆筒内，然后再将小圆筒放入液氮保藏器内。液氮保藏器内的气相温度为－150 ℃，液态氮内温度为－196 ℃。

（6）恢复。培养保藏的菌种需要用时，将安瓿管取出，立即放入 38～40 ℃的水浴中进行急剧解冻，直到全部融化后，再打开安瓿管，将内容物移入适宜的培养基上培养。

此法除适宜于一般微生物的保藏外，也可长期保藏一些用冷冻干燥法都难以保存的微生物（如支原体、衣原体、氢细菌、难以形成孢子的霉菌、噬菌体等），而且性状不变异。缺点是需要特殊设备。

（五）瓷珠保藏法

该法操作极为简单，近些年得到了非常广泛的应用，适合实验室菌种的短期或中期保藏。菌种保存管主要由保存液、保存管和小瓷珠 3 个部分组成，保存管可耐－197 ℃低温，保存管内装 25 个左右多孔小瓷珠，该小瓷珠表面多孔，细菌可以很方便地吸附在上面。菌种保存液特别添加了冻存保护液，使菌株免受溶液和冰晶损伤。操作过程如下：

（1）从细菌纯培养物中挑取新鲜培养物接种于菌种保存管中。

（2）拧紧保存管，来回颠倒 4～5 次，使细菌乳化，不能旋摇，弃掉管中液体。

（3）把保存管放入冰箱保存（－20～－70 ℃）。

八、菌种活化技术

菌种活化就是将保藏状态的菌种放入适宜的培养基中培养，逐级扩大培养得到纯而壮的培养物，即获得活力旺盛的、接种数量足够的培养物。一般需要 2～3 代的复壮过程，让菌种逐渐适应培养环境。对于不同的保存方式，活化的方式也不同。

（1）传代培养保藏法的菌种复苏较简单，直接转接即可。

（2）液态石蜡法保存的菌种复苏时，用接种环从石蜡油下面挑取少量菌体，并在管壁上轻轻碰几下，尽量使油滴尽，再转到适宜的新鲜培养基上。由于菌体外沾有石蜡油，生长较慢且有黏性，故一般需要再移植一次才能得到良好的菌种。从液态石蜡下面取培养物移种后，接种环在火焰上灭菌时，要先烤干再灼烧，否则培养物容易与残留的液态石蜡一起飞溅。

（3）沙土管法保存的菌种复苏时，在无菌条件下打开沙土管，取部分沙土粒于适宜的斜面培养基上，长出菌落后再转接一次，或取沙土粒于适宜的液体培养基中，增殖培养后再转接斜面。

（4）真空冷冻干燥法保存的菌种复苏时，先用 70％酒精棉花擦拭安瓿管上部，将安瓿管上部在火焰上烧热，用无菌棉签蘸无菌水，在顶部擦一圈，或直接在烧热处滴几滴无菌水，使管壁出现裂纹，放置片刻，让空气从裂缝处慢慢进入管内，然后用锉刀或镊子将裂口端敲断，这样可防止因空气突然冲入安瓿管内使菌粉飞扬。再用少量无菌水或培养液溶解菌块，使干菌粉充分溶解后，用无菌吸管移入新鲜培养基上，置于最适温度下培养。

（5）液氮超低温冻结法保存菌种或－80 ℃冰箱冻结法保存菌种复苏时，安瓿管或塑料冻存管应立即放置在 38～40 ℃水浴中快速复苏并适当快速摇动，直到内部结冰全部溶解为止，需 50～100 s。开启安瓿管或塑料冻存管，将内容物移至适宜的培养基上进行培养。

（6）磁珠法保存的菌种复苏时，直接取出 1～2 个磁珠放入培养皿内晃动，或将磁珠放入液体培养基中培养。

九、生化鉴定试验

不同种类微生物的代谢途径及代谢产物不同，可利用一些生化反应来测定这些代谢产物，生化反应常用来鉴别一些在形态和其他方面不易区别的微生物，微生物生化鉴定是微生物分类鉴定中的重要依据之一，目前，多采用商品化的成套生化试剂盒来完成生化鉴定试验，所以本书只着重介绍各类生化反应的原理，试验方法若与试剂盒方法存在差异，以试剂盒方法为准，如需了解试剂配制请参见相关国家标准。

（一）糖苷醇类代谢试验

1. 三糖铁（TSI）琼脂试验　不同微生物分解利用糖类的能力有很大差异，或能利用或不能利用，能利用者，或产气或不产气。可用指示剂及发酵管检验。

试验方法：以接种针挑取待测菌涂布于斜面并穿刺接种，置（36±1）℃培养 18～24 h，观察结果见彩图 1。

本试验可同时观察乳糖、葡萄糖和蔗糖发酵产酸或产酸产气，产生硫化氢（变黑）。葡萄糖被分解产酸可使斜面先变黄，但因量少，生成的少量酸因接触空气而氧化，加之细菌利用培养基中含氮物质，生成碱性产物，故使斜面后来又变红色，底部由于是在厌氧状态下，酸类不被氧化，所以仍保持黄色。

2. 邻-硝基酚-β-D-半乳糖苷（ONPG）试验　ONPG 是乳糖的结构类似物，无色的 ONPG 经 β-半乳糖苷酶水解后生成黄色的邻位硝基酚。迅速或迟缓分解乳糖的细菌如埃希菌属、枸橼酸杆菌属、克雷伯菌属等为阳性。而不发酵乳糖的细菌如沙门氏菌、变形杆菌等均为阴性。

3. V-P 试验　某些细菌在葡萄糖蛋白胨水培养基中能分解葡萄糖产生丙酮酸，丙酮酸缩合，脱羧成乙酰甲基甲醇，后者在强碱环境下，被空气中的氧气氧化为二乙酰，二乙酰与蛋白胨中的胍基生成红色化合物，称 V-P（+）反应。

试验方法：

（1）O′Meara 氏法。将试验菌接种于通用培养基，于（36±1）℃培养 48 h，培养液 1 mL 加 O′Meara 试剂（加有 0.3%肌酸或肌酸酐的 40%氢氧化钠水溶液）1 mL，摇动试管 1～2 min，静置于室温或（36±1）℃恒温箱，若 4 h 内不呈现红色，即判定为阴性。亦有主张在 48～50 ℃水浴放置 2 h 后判定结果者。

（2）Barritt 氏法。将试验菌接种于通用培养基，于（36±1）℃培养 4 d，培养液 2.5 mL 先加入 α-萘酚纯酒精溶液 0.6 mL，再加 40%氢氧化钾水溶液 0.2 mL，摇动 2～5 min，阳性菌通常立即呈现红色，若无红色出现，静置于室温或（36±1）℃恒温箱，如 2 h 内仍不显现红色，可判定为阴性。

（3）快速法。将 0.5%肌酸溶液 2 滴放于小试管中，挑取产酸反应的三糖铁琼脂斜面培养物一接种环，乳化接种于其中，加入 5% α-萘酚 3 滴，40%氢氧化钠水溶液 2 滴，振动后放置 5 min，判定结果。不产酸的培养物不能使用。

本试验一般用于肠杆菌科各菌属的鉴别。在用于芽孢杆菌和葡萄球菌和其他细菌时，通用培养基中的磷酸盐会阻碍乙酰甲基醇的产生，故应省去，或以氯化钠代替。

4. 甲基红试验（MR）　肠杆菌科各属细菌都能发酵葡萄糖，在分解葡萄糖过程中产生丙酮酸，进一步分解中，由于糖代谢的途径不同，可产生乳酸、琥珀酸、醋酸和甲酸等各种酸性产物，可使培养基 pH 下降至 4.5 以下，使甲基红指示剂变红。

试验方法：挑取新鲜纯培养物少许，接种于 MR - VP 培养基，于（36±1）℃或 30 ℃（以 30 ℃较好）培养 3～5 d，从第二天起，每日取培养液 1 mL，加甲基红指示剂 1～2 滴，阳性呈鲜红色，弱阳性呈淡红色，阴性为黄色，见彩图 2。发现阳性或至第五天仍为阴性，即可判定结果。

甲基红为酸性指示剂，pH 范围为 4.4～6.0，其 pK 值为 5.0。故在 pH 5.0 以下，随酸度增强而增强红色，在 pH 5.0 以上，则随碱度增强而增强黄色，在 pH 5.0 或上下接近时，可能变色不够明显，此时应延长培养时间，重复试验。

5. 七叶苷水解试验　某些细菌能水解七叶苷生成七叶素与培养基中枸橼酸铁的亚铁离子起反应，生成黑色的化合物，使培养基变黑。例如，克雷伯菌属、肠杆菌属和沙雷菌属、单增李斯特能水解七叶苷，肠球菌属和 D 群链球菌也能水解七叶苷，并耐受胆汁。

（二）氨基酸和蛋白质代谢

1. 靛基质试验　某些细菌能分解蛋白胨中的色氨酸，生成吲哚。吲哚的存在可用显色反应表现出来。吲哚与对二甲基氨基苯醛结合，形成玫瑰吲哚，为红色化合物。

试验方法：将待测纯培养物小量接种于色氨酸肉汤培养基中，于（36±1）℃培养 24 h 时后，取约 2 mL 培养液，加入 Kovacs 氏试剂 2～3 滴，轻摇试管，呈红色为阳性，或先加少量乙醚或二甲苯，摇动试管以提取和浓缩靛基质，待其浮于培养液表面后，再沿试管壁缓慢加入 Kovacs 氏试剂数滴，在接触面呈红色，即为阳性。

2. 氨基酸脱羧酶试验　具有氨基酸脱羧酶的细菌，能使氨基酸生成胺，使培养基 pH 升高，使培养基指示剂显色。培养基变紫色为阳性反应，而培养基不变色为阴性反应，本试验一定要设空白对照。培养时需用液态石蜡封盖，阻止空气的氧化作用。本试验主要用于肠杆菌科细菌的鉴定，如沙门菌属中除伤寒沙门氏菌和鸡沙门菌外，其余沙门氏菌的赖氨酸和鸟氨酸脱羧酶均为阳性。志贺菌属除宋内氏志贺氏菌和鲍氏志贺菌 B 型的鸟氨酸为阳性外，其他志贺氏菌均为阴性。

3. 硫化氢试验　某些细菌能分解含硫氨基酸生成硫化氢，与亚铁离子或铅离子结合形成黑色沉淀物。硫化氢试验主要用于鉴别肠杆菌科细菌。沙门菌属、枸橼酸杆菌属、变形杆菌属、爱德华菌属等硫化氢试验结果为阳性，其他菌属大多为阴性。但沙门菌属中亦有部分硫化氢阴性菌株，如甲型副伤寒沙门氏菌、仙台沙门氏菌、猪霍乱沙门氏菌等。

4. 苯丙氨酸试验　细菌能将苯丙氨酸脱氨变成苯丙酮酸，酮酸能使三氯化铁指示剂变绿色。变形杆菌及普罗菲登斯菌有苯丙氨酸脱氨酶的活力，变绿色者为阳性。

（三）碳源利用试验

有的细菌如产气杆菌，能利用枸橼酸盐为碳源，因此，能在枸橼酸盐培养基上生长，并分解枸橼酸盐使培养基变为碱性。培养基中的溴麝香草酚蓝指示剂由绿色变为深蓝色。不能利用枸橼酸盐为碳源的细菌，在该培养基上不生长，培养基不变色。碳源利用试验用于肠杆菌种中菌属间的鉴定，埃希氏菌属、志贺氏菌属、爱德华氏菌属、摩根氏菌属为阴性，其他菌属多为阳性。

（四）酶试验

1. 硝酸盐还原试验 有些细菌具有还原硝酸盐的能力，可将硝酸盐还原为亚硝酸盐、氨或氮气等。亚硝酸盐的存在可用硝酸试剂检验。

试验方法：将磺胺酸冰醋酸溶液和 α-萘胺乙醇溶液各 0.2 mL 等量混合，取混合试剂约 0.1 mL 加于液体培养物或琼脂斜面培养物表面，10 min 内呈现红色即为阳性。

用 α-萘胺进行试验时，阳性反应产生的红色消退得很快，加入后应立即判定结果。进行试验时必须有未接种的培养基管作为阴性对照。α-萘胺具有致癌性，使用时应加注意。

2. 尿素酶试验 有些细菌能产生尿素酶，将尿素分解产生 2 个分子的氨，使培养基 pH 升高，酚红指示剂变红，见彩图 3。

试验方法：挑取待测菌接种于液体培养基中，摇匀，于（36±1）℃培养 10 min、60 min 和 120 min，分别观察结果；或涂布并穿刺接种于琼脂斜面，不要到达底部，留底部作变色对照。培养 2 h、4 h 和 24 h 分别观察结果，如阴性应继续培养至第 4 天作最终判定。

3. 氧化酶试验 氧化酶即细胞色素氧化酶，氧化酶先使细胞色素 c 氧化，然后此氧化型细胞色素 c 再使对苯二胺氧化，产生颜色反应。

试验方法：在琼脂斜面培养物上或琼脂平板菌落上滴加试剂 1～2 滴，或用接种环将菌落涂布在氧化酶试纸上，阳性 30 s 内变蓝色，阴性者无颜色改变。注意避免含铁物质。

4. 明胶液化试验 有些细菌具有明胶酶（亦称类蛋白水解酶），能将明胶先水解为多肽，又进一步水解为氨基酸，失去凝胶性质而液化。

试验方法：挑取 18～24 h 培养物，以较大量穿刺接种于明胶高层约 2/3 深度或点种于平板培养基。于 20～22 ℃培养 7～14 d。明胶高层亦可培养于（36±1）℃。每天观察结果，若因培养温度高而使明胶本身液化时应不加摇动，静置冰箱中待其凝固后，再观察其是否被细菌液化，如确定被液化，即为试验阳性。平板试验结果的观察为在培养基平板点种的菌落上滴加试剂，若为阳性，10～20 min 后，菌落周围应出现清晰带环。否则为阴性。

5. 凝固酶试验 致病性葡萄球菌可产生两种凝固酶：一种是结合凝固酶，结合在细胞壁上，使血浆中的纤维蛋白原变成纤维蛋白而附着于细菌表面，发生凝集，可用玻片法测出；另一种是分泌至菌体外的游离凝固酶。作用类似凝血酶原物质，可被血浆中的协同因子激活变为凝血酶样物质，而使纤维蛋白原变成纤维蛋白，从而使血浆凝固，可用试管法测出。

第四节 微生物检验实训

实验一 食品微生物学检验 菌落总数测定

一、定义

菌落总数是指样品经过处理，在一定条件下培养后（如培养基成分、培养温度和时间、pH、需氧性质等），所得 1 mL（g）检样中形成的微生物菌落总数。

菌落总数不等同于细菌总数，有两方面的原因：一方面，每种细菌生长时对环境条件的要求都不太一样，如厌氧菌和嗜冷菌在菌落总数测定条件下难以生长繁殖，有特殊营养要求的一些细菌也受到了限制，因此，所得的结果，只反映一群在普通营养琼脂中发育的、嗜温的、需氧和兼性厌氧的细菌菌落的总数。另一方面，细菌细胞是以单个、成双、链状、葡萄状或成堆的形式存在，因而在平板上出现的菌落可能来源于单个细胞，也可能来源于细胞块。

二、卫生学意义

菌落总数是食品卫生指标中的重要项目，主要作为判定食品被污染程度的标志。通常认为，食品中菌落总数越多，被致病菌污染的可能性越大。菌落总数的多少在一定程度上标志着食品卫生质量的优劣，但不能单凭菌落总数一项指标来评定食品卫生质量的优劣，必须配合大肠菌群和致病菌项目的检验，才能做出比较全面准确的评价。

三、检验方法

按照 GB 4789.2—2016 进行，标准规定了食品中菌落总数（aerobic plate count）的测定方法。菌落总数的检验程序见图 4 - 4。

四、注意事项

（1）要有"无菌操作"的概念。所用玻璃器皿必须是完全灭菌的，剪刀、镊子等器具要进行消毒处理，如果样品有包装，应用 70％乙醇在包装开口处擦拭后取样，所有操作应当在超净工作台或经过消毒处理的无菌室中进行。

（2）应注意取样的代表性，液体样品取样前须先振摇，固体样品取样时宜多采几个部位，不要集中于一点。

（3）稀释液可选用灭菌生理盐水、蒸馏水或蛋白胨水（1 g/L），蛋白胨水最为合适，因为蛋白胨水对细菌细胞有更好的保护作用。如果对含盐量较高的样品进行稀释，则宜采用蒸馏水。

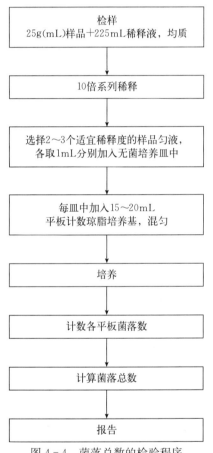

图 4 - 4　菌落总数的检验程序

（4）在做 10 倍递增稀释时，吸管或吸头插入样品匀液内不能低于液面 2.5 cm，以防吸管或吸头从稀释液内取出时有过多的液体黏附于管外。在连续递增稀释时，每个稀释液应充分振荡，使其混匀，最好采用旋涡振荡器。

（5）样品匀液加入培养皿后，及时将 15～20 mL 冷却至 46 ℃的平板计数琼脂倾注入培养皿。为使菌落在平板上分布均匀，应立即转动培养皿使其混合均匀。混合时，可将皿底在平面上先向一个方向旋转，再向相反方向旋转，以使样品匀液和培养基充分混匀，防止产生片状菌落。旋转时应小心，不要使混合物溅到皿边的上方，造成计数误差。

（6）加入培养皿内的样品匀液（特别是稀释度为 1∶10 的稀释液），有时带有食品颗粒，在这种情况下，为了避免与细菌发生混淆，不易分辨，可同时做一样品匀液与琼脂混合的培养皿，于 4℃环境中放置，不经培养，以便在计数时作对照观察。

实验二　食品微生物学检验　大肠菌群计数

一、定义

大肠菌群是指在一定培养条件下能发酵乳糖、产酸产气的需氧或兼性厌氧革兰氏阴性无芽孢杆菌。

大肠菌群主要是由肠杆菌科中 4 个菌属内的一些细菌所组成，即埃希氏菌属、枸橼酸杆菌属、肠杆菌属、克雷伯氏菌属的一部分及沙门氏菌属的第Ⅲ亚属（能发酵乳糖）的细菌所组成，这些细菌在生化及血清学方面并非完全一致。

二、卫生学意义

据研究发现，成人粪便中大肠菌群的含量为 $10^8 \sim 10^9$ 个/g，若在肠道以外的环境中发现大肠菌群，可以认为是受到粪便污染造成的。大肠菌群作为粪便污染指标菌而被列入食品卫生微生物学常规检验项目。被粪便污染的食品，往往是肠道传染病发生的主要原因，因此，检查食品中有无肠道病原菌，对控制肠道传染病的发生和流行，具有十分重要的意义。当然，有粪便污染，不一定就有肠道病原菌存在，但即使无病原菌，被粪便污染的水或食品，也是不卫生的，是不受人欢迎的。

三、检验方法

按照 GB 4789.3—2016 进行，标准规定了食品中大肠菌群（coliforms）计数的两种方法，其中大肠菌群 MPN 记数法是基于泊松分布的一种间接计数方法，检验程序见图 4-5。

四、注意事项

（一）初发酵产气量

在 LST 初发酵试验中，经常可以看到发酵管内存在极微小的气泡

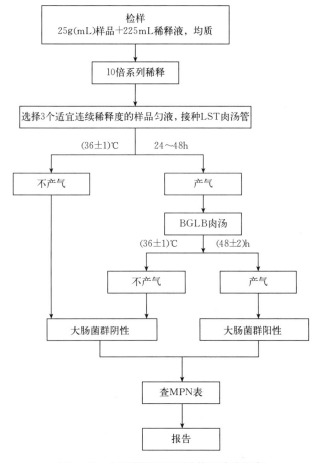

图 4-5　大肠菌群 MPN 计数法检验程序

（有时比小米粒还小），类似这样的情况能否算作产气阳性，这是许多食品检验工作者经常遇到的问题。一般来说，产气量与大肠菌群检出率呈正相关，但有小于米粒的气泡，亦有阳性

检出。有时由于特殊情况，导致小导管产气现象不明显，例如，牛奶类蛋白质含量较高的食品初发酵时大肠菌群产酸后 pH 下降，蛋白质达等电点后沉淀，堵住导管口，不利于气体进入导管。但在液面及管壁却可以看到缓缓上浮的小气泡。所以对未产气的发酵管如有疑问时，可以用手轻轻打动试管，如有气泡沿壁上浮，即考虑可能有气体产生，而应做进一步观察。

（二）复发酵试验判定

产气为阳性，同时可观察到产酸、沉淀等现象。由于配方里有胆盐，胆盐遇到大肠菌群分解乳糖所产生的酸形成胆酸沉淀，培养基可由原来的绿色变为黄色，同时可看到管底有沉淀，见彩图 4。

（三）MPN 检索表

当实验结果在 MPN 表中无法查到 MPN 值时，如阳性管数为 122、123、232、233 等时，建议增加稀释度。检样稀释度选择恰当与否，直接关系到检测结果的可靠性。

实验三　食品微生物学检验　金黄色葡萄球菌检验

一、分布及危害

金黄色葡萄球菌（*Staphylococcus aureus*）是人类的一种重要病原菌，美国疾病控制中心报告，由金黄色葡萄球菌引起的感染占第二位，仅次于大肠杆菌。食品受其污染的机会很多。中毒食品主要为肉类及肉制品，家禽及蛋制品，凉拌菜（如蛋类、鲔、马铃薯、鸡肉及通心粉），面包制品（如奶油糕点、奶油派、巧克力饼及三明治），奶类及乳制品。食品被葡萄球菌污染后，外观正常，感官性状无变化。金黄色葡萄球菌耐热性强，70 ℃加热 1 h 或 80 ℃加热 30 min 不被杀死；耐低温，在冷冻食品中不易死亡。

50% 以上的金黄色葡萄球菌可产生引起急性胃肠炎的蛋白质性肠毒素，并且一个菌株能产生两种以上的肠毒素，被金黄色葡萄球菌污染的食物，通常在 21~30 ℃下放置 3~5 h，就能产生足以引起中毒的肠毒素。肠毒素可耐受 100 ℃煮沸 30 min 而不被破坏。金黄色葡萄球菌肠毒素是个世界性卫生问题，在美国由金黄色葡萄球菌肠毒素引起的食物中毒占整个细菌性食物中毒的 33%，加拿大则更多，占 45%，中国每年发生的此类中毒事件也非常多。进食污染了肠毒素的食物后，经 0.5~8 h 潜伏期（一般多为 2~4 h），即可出现恶心、呕吐、腹部疼痛和腹泻等急性胃肠炎症状，严重者出现头痛、肌肉痉挛、脉搏和血压异常等症状。发病数小时或 1~2 d 可自行恢复，重症患者也可能 3 d 以上才能恢复。儿童对肠毒素特别敏感，发病率较成人高，病情亦较成人严重。本病愈后良好，无传染性。痊愈后不产生明显的免疫力。

二、检验方法

按照 GB 4789.10—2016 中第一法进行，检验程序见图 4-6。

三、注意事项

（1）金黄色葡萄球菌可以产生 β 溶血环，因此，在血平板上产生清晰明显的溶血环。彩图 5 可见 α 和 β 溶血的差别，彩图 6 为金黄色葡萄球菌在血平板上的典型菌落特征。

（2）Baird‑Parker 琼脂平板上的菌落颜色呈灰色到黑玉色，边缘常为淡色（米黄色或灰白色略带灰色或黄色的白色），周围为一混浊带，在其外缘常有一透明圈。在 Baird‑Parker 琼脂平板上通常会生长很多黑色菌落，浑浊带和透明圈是金黄色葡萄球菌的重要特征。该菌落特征如彩图 7 所示。

（3）金黄色葡萄球菌可以产生凝固酶，所以用凝固酶试验来确认该菌。血浆凝固酶实验可选用人血浆或兔血浆。用人血浆出现凝固的时间短，约 93.6％ 的阳性菌在 1 h 内凝固。用兔血浆 1 h 内凝固的阳性菌株仅达 86％，大部分菌株可在 6 h

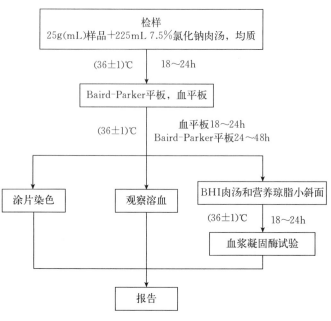

图 4‑6　金黄色葡萄球菌检验程序

内出现凝固。若被检菌为陈旧的培养物（超过 18～24 h），或生长不良，可能造成凝固酶活性低，出现假阴性。实验必须设阳性（标准金黄色葡萄球菌）、阴性（白色葡萄球菌）、空白（肉汤）对照。对于凝固不完全的菌株，可以通过一些其他实验来进一步确认，如厌氧葡萄糖发酵、溶葡萄球菌酶敏感性实验、耐热核酸酶实验等。

实验四　食品微生物学检验　沙门氏菌检验

一、分布及危害

沙门氏菌（*Salmonella* sp.）属于肠杆菌科沙门氏菌属，是世界上引起食物中毒最多的病原菌。该菌在自然界分布极为广泛，几乎可以从所有脊椎动物乃至昆虫体内分离得到，沙门氏菌寄居在人和动物肠道内。绝大多数沙门氏菌对人和动物有致病性，主要引起发热、胃肠炎、腹泻和败血症等。人畜感染沙门氏菌后可呈无症状带菌，降低动物的繁殖力，也可表现为有临床症状的致死性疾病。沙门氏菌在中国被列为人类食源性病原之首，常常污染猪肉、鸡肉、鸡蛋及其他畜禽产品。鼠伤寒沙门氏菌是目前世界各国分离率最高的菌型之一。目前，世界上最大的一起沙门氏菌食物中毒是 1953 年于瑞典，由猪肉中的鼠伤寒沙门氏菌引起的，造成 7 717 人中毒，90 人死亡。沙门氏菌食物中毒是所有食物中毒中最常见的一种，据统计，沙门氏菌引起的食物中毒占细菌性食物中毒的 42.6％～60％，在食物中毒中占据首位，为此，世界卫生组织将沙门氏菌列入具有严重危害的食物传播性病原。

二、检验方法

按照 GB 4789.4—2016 进行，检验程序见图 4‑7。

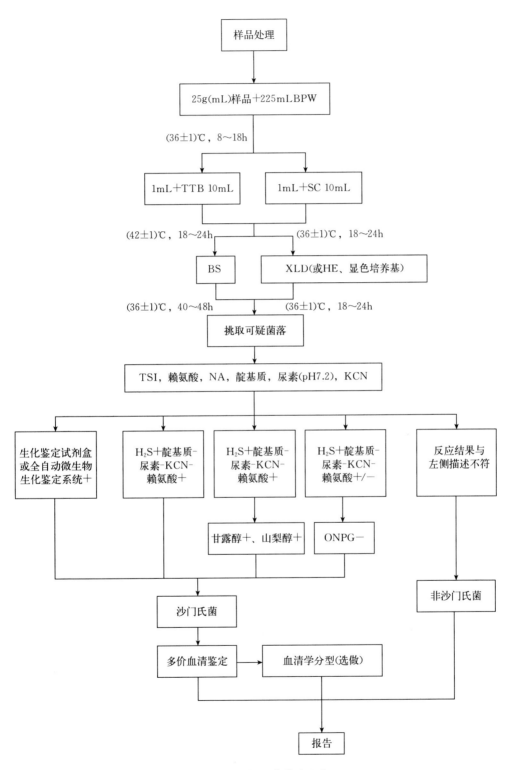

图 4-7　沙门氏菌检验程序

三、注意事项

（一）前增菌

缓冲蛋白胨水（BPW）用于修复受损伤的沙门氏菌。

（二）增菌

（1）亚硫酸盐胱氨酸增菌液（SC）可对伤寒及甲型副伤寒沙门氏菌做选择性增菌，抑制大肠埃希氏菌、肠球菌和变形杆菌的增殖。

（2）四硫黄酸钠煌绿增菌液（TTB）含有胆盐，抑制革兰氏阳性球菌和部分大肠埃希氏菌的生长，适合其他沙门氏菌生长。

（三）平板分离

（1）亚硫酸铋琼脂（BS）含有煌绿、亚硫酸铋，能抑制大肠杆菌、变形杆菌和革兰氏阳性菌的生长，沙门氏菌的生长也受到一定程度的影响，需要长时间培养（40～48 h）。沙门氏菌能利用葡萄糖将亚硫酸铋还原成硫酸铋，形成黑色菌落周围绕有黑色和棕色的环，对光观察可见有金属光泽，见彩图 8。该培养基制备过程不宜过分加热，以免降低其选择性，应在临用时配制，超过 48 h 不宜使用。

（2）HE 琼脂可抑制革兰氏阳性菌的生长，对革兰氏阴性肠道致病菌无抑制作用。由于在培养基上的菌密度不同，有些沙门氏菌株会呈现出不同的菌落特征，密度大时为蓝绿色，密度稍小时为中心黑色，密度小时为全黑色，如彩图 9 所示。

（3）木糖赖氨酸脱氧胆盐（XLD）琼脂培养基中含有去氧胆酸钠作指示剂，该浓度的去氧胆酸钠也同时作为大肠埃希氏菌的抑制剂，而不影响沙门菌属和志贺菌属的生长，本培养基是分离鉴定沙门氏菌及志贺菌属的可靠培养基，在国外广泛使用。由于在培养基上的菌密度不同，有些沙门氏菌株会呈现出不同的菌落特征，密度大时菌落呈粉红色，密度稍小时呈粉红色带黑色中心，密度小时为全黑色，如彩图 10 所示。

（4）科玛嘉显色培养基利用沙门氏菌特异性酶与显色基团的特有反应，使色原游离出来，沙门氏菌在培养基上呈紫色或紫红色，见彩图 11，而大肠杆菌等其他肠道杆菌呈蓝绿色。伤寒沙门氏菌容易被漏检，因为它可能需要培养 24～48 h 才出现紫色菌落。铜绿假单胞菌和荧光假单胞菌也会出现紫色菌落，可以使用氧化酶试验排除（沙门氏菌为氧化酶阴性，假单胞菌为氧化酶阳性）。液化沙雷菌、黏质沙雷菌、无丙二酸柠檬酸杆菌、鲍曼不动杆菌、嗜水气单胞菌等菌也呈现深浅不同的紫红色，与沙门氏菌很难区分，可通过延长培养时间观察颜色变化来加以鉴别，如果延长时间后也无法区分，须做生化试验和血清型鉴定。

（四）生化鉴定

1. 三糖铁试验和赖氨酸脱羧酶试验　只有两种情况可排除沙门氏菌的可能性：①斜面和底层均产酸，且赖氨酸脱羧酶阴性；②斜面和底层均产碱。

2. 其他生化鉴定试验　根据上述试验初步判断结果，挑取可疑菌落制备成麦氏浊度为

0.5 的菌悬液，使用生化鉴定试剂盒进行生化鉴定。彩图 12 为沙门氏菌属的典型生化反应：三糖铁斜面产碱、底部产酸、硫化氢＋、赖氨酸脱羧酶＋、氰化钾－、靛基质－、尿素－。

　　沙门氏菌的生化反应并非都如彩图 12 所示那么典型，还存在很多种非典型生化反应，在鉴定过程中需要仔细辨别，表 4-6 总结了沙门氏菌属的生化反应鉴别。

表 4-6　沙门氏菌属生化反应鉴别

硫化氢	靛基质	尿素	氰化钾	赖氨酸脱羧酶	甘露醇	山梨醇	ONPG	判定结果
＋	－	－	－	＋	/	/	/	典型反应
＋	－	＋	－	＋	/	/	/	个别变体，要求血清学鉴定
＋	－	－	＋	＋	/	/	/	沙门氏菌Ⅳ或Ⅴ，要求符合本群生化特性
＋	－	－	－	－	/	/	/	甲型副伤寒沙门氏菌，要求血清学鉴定结果
＋	＋	－	－	＋	＋	＋	/	须结合血清学鉴定结果
－	－	－	－	＋	/	/	－	沙门氏菌
－	－	－	－	－	/	/	/	甲型副伤寒沙门氏菌

　　如果采用 API20E 试纸条鉴定，先做氧化酶试验，对氧化酶阴性的可疑菌落使用 API20E 试纸条进行鉴定。API20E 试纸条的生化项目和表 4-6 中的项目不尽相同，反应结果需要输入 apiweb™ 鉴定软件中，系统自动查询报告最符合的菌名。彩图 13 为沙门氏菌某菌株的生化鉴定。

实验五　食品微生物学检验　单核细胞增生李斯特氏菌检验

一、分布及危害

　　单核细胞增生李斯特氏菌（*Listeria monocytogenes*）广泛存在于自然界中，在土壤、地表水、污水、废水、植物、青储饲料、烂菜中均有该菌存在，所以动物很容易食入该菌，并通过口腔-粪便的途径进行传播。单核细胞增生李斯特氏菌是一种人畜共患病的病原菌，也是最为常见的食源性病原菌，世界卫生组织将其列为 20 世纪 90 年代食品中四大致病菌之一。人类多通过与带菌动物的直接接触或食用带菌动物的肉和奶感染的。据报道，健康人粪便中单核细胞增生李斯特氏菌的携带率为 0.6%～16%，有 70% 的人可短期带菌，4%～8%的水产品、5%～10%的奶及其产品、30%以上的肉制品及 15%以上的家禽均被该菌污染。人主要通过食入软奶酪、未充分加热的鸡肉、未再次加热的热狗、鲜牛奶、巴氏消毒奶、冰激凌、生牛排、羊排、卷心菜色拉、芹菜、番茄、法式馅饼、冻猪舌等而感染。孕妇、婴儿及免疫力低的成年人特别容易受感染。李斯特菌病的病症包括发热、肌肉疼痛，有时会有肠胃的症状如恶心或腹泻，严重时会出现脑膜炎或败血症，李斯特菌病的死亡率可高达三至八成。

二、检验方法

按照 GB 4789.30—2016 中第一法进行，检验程序见图 4-8。

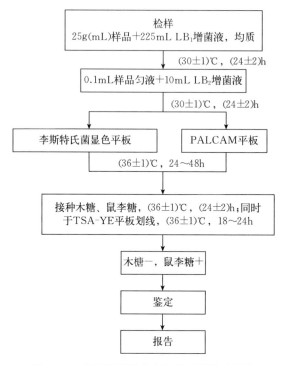

图 4-8　单核细胞增生李斯特氏菌检验程序

三、注意事项

（一）平板分离

单核细胞增生李斯特氏菌在科玛嘉李斯特显色培养基上的典型菌落形态为规则蓝色菌落带有透明晕环（直径＜3 mm），见彩图 14。菌落周围存在透明晕环是单核细胞增生李斯特氏菌区别于其他李斯特菌属的重要特征，需要注意的是，虽然标准中规定的培养时间是 24~48 h，但有些菌株培养 24 h 不会出现透明晕环，培养 30 h 左右才能看到明显的透明晕环。为了防止误判，培养时间最好定为 48 h。部分伊氏李斯特菌有时出现和单核细胞增生李斯特氏菌相似的菌落，但伊氏李斯特菌是食品工业中一种罕见菌。蜡状芽孢杆菌可产生蓝色菌落带晕环，但菌落不规则，直径较大，可与单核细胞增生李斯特氏菌区分开来。

单核细胞增生李斯特氏菌在 PALCAM 平板上的菌落形态为小的灰绿色菌落，周围有棕黑色水解圈，如彩图 15 所示。该培养基不能区分开单核细胞增生李斯特氏菌和李斯特属其他种，所有李斯特属的细菌在该培养基上的菌落形态都一样。

（二）染色和形态观察

革兰氏染色时菌龄不能超过 48 h，因为该菌幼龄时呈革兰氏阳性，但超过 48 h 易变为革兰氏阴性。李斯特氏菌为小的、类似球形杆菌，在有些培养基中稍弯，两端钝圆，单个、成短链、细胞彼此连成 V 形，或成群的细胞沿长轴方向平行排列，在较老的或生长不良的培养物中，可能形成丝状。无芽孢，无荚膜。

（三）动力试验

国标方法中没有给出动力试验的培养温度，单核细胞增生李斯特氏菌在 20～25 ℃培养有动力，穿刺培养 2～5 d 可见倒立伞状生长。

思 考 题

1. 大肠菌群、粪大肠菌群、肠杆菌科、大肠杆菌之间有什么区别？

2. 冷藏条件下微生物会快速繁殖吗？

3. 加热过的食物存在微生物安全问题吗？为什么？

4. 生物安全柜和超净工作台有什么异同？

5. 怎么确定微生物实验室的生物安全防护等级？

6. 革兰氏染色什么情况下会出现假阴性和假阳性结果？

7. 菌种保藏时液态石蜡和甘油能通用吗？

8. 种是微生物分类中最基本的单位，同一个种的不同菌株之间各项生化反应结果相同吗？

9. 菌落总数可以称为细菌总数吗？为什么？

10. 菌落总数测定可以采用平板表面涂布法吗？

11. 肠杆菌科细菌都属于大肠菌群吗？

12. 金黄色葡萄球菌检验标准方法中列出了两种增菌液，可以随意只选择其中一种吗？

13. 沙门氏菌检验时为何需要采用两种增菌液？

14. 单核细胞增生李斯特氏菌的革兰氏染色试验应注意什么？

主 要 参 考 文 献

陈卫，田丰伟，2011. 果蔬微生物学 ［M］. 北京：中国轻工业出版社 .

陈彦长，牛春莉，李瑾，等，2004. 常见细菌及检验实用技术 ［M］. 北京：中国科学技术出版社 .

段鸿斌，2015. 食品微生物检验技术 ［M］. 重庆：重庆大学出版社 .

傅博强，陈敏璠，唐治玉，等，2016. 生物毒素检测方法及标准物质研究进展 ［J］. 生命科学，28（1）：51 - 61.

黄宝勇，潘灿平，王一茹，等，2006. 气质联机分析蔬菜中农药多残留及基质效应的补偿 ［J］. 高等学校化
　　学学报，27（2）：227 - 232.

江汉湖，2014. 基础食品微生物学 ［M］. 北京：中国轻工业出版社 .

金诺，2017. 农产品中有害微生物及其产生的生物毒素污染与防控探析 ［J］. 中国食物与营养，23（2）：19 - 21.

刘云国，2009. 食品卫生微生物学标准鉴定图谱 ［M］. 北京：科学出版社 .

钱传范，2011. 农药残留分析原理与方法 ［M］. 北京：化学工业出版社 .

孙毓庆，胡育筑，2011. 分析化学 ［M］. 北京：科学出版社 .

王延璞，王静，2014. 食品微生物检验技术 ［M］. 北京：化学工业出版社 .

夏德强，2016. 样品采集与处理技术 ［M］. 北京：化学工业出版社 .

徐明全，李仓海，2013. 气相色谱百问精编 ［M］. 北京：化学工业出版社 .

杨雄年，2013. 农产品质量安全检测机构建设与管理 ［M］. 北京：中国农业出版社 .

姚勇芳，2011. 食品微生物检验技术 ［M］. 北京：科学出版社 .

叶磊，杨学敏，2014. 微生物检测技术 ［M］. 北京：化学工业出版社 .

图书在版编目（CIP）数据

农产品质量安全检测操作实务 / 欧阳喜辉，黄宝勇
主编 . —北京：中国农业出版社，2019.1（2019.5 重印）
基层农产品质量安全检测人员指导用书
ISBN 978 - 7 - 109 - 24336 - 1

Ⅰ . ①农…　Ⅱ . ①欧… ②黄…　Ⅲ . ①农产品-质量
管理-安全管理　Ⅳ . ①F307.5

中国版本图书馆 CIP 数据核字（2018）第 151712 号

中国农业出版社出版

（北京市朝阳区麦子店街 18 号楼）

（邮政编码 100125）

责任编辑　刘　伟　杨晓改

文字编辑　徐志平

———————————————

中农印务有限公司印刷　新华书店北京发行所发行
2019 年 1 月第 1 版　2019 年 5 月北京第 2 次印刷

———————————————

开本：787mm×1092mm　1/16　印张：12.25　插页：6
字数：320 千字
定价：78.00 元

（凡本版图书出现印刷、装订错误，请向出版社发行部调换）

彩图1　几种典型的三糖铁反应结果

 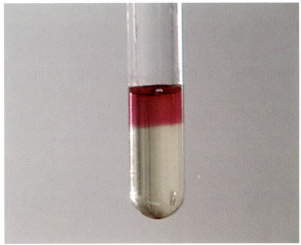

a　　　　　　　　　　　　　　　b

彩图2　甲基红试验

a.阴性　b.阳性

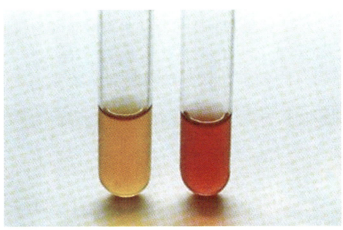

彩图3　尿素酶试验

[左侧为阴性对照,右侧为阳性（红色）]

彩图4　复发酵试验阴性和阳性对比

（左侧为阴性，右侧为阳性）

彩图5　α和β溶血

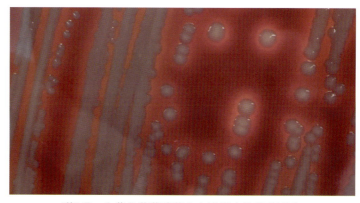

彩图6　金黄色葡萄球菌在血平板上的菌落形态

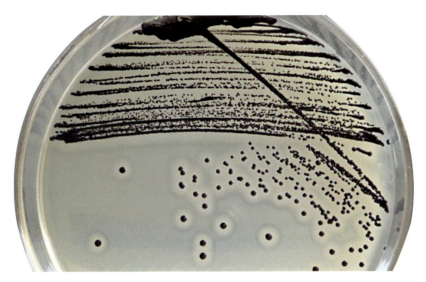

彩图7　Baird-Parker平板上的典型菌落特征

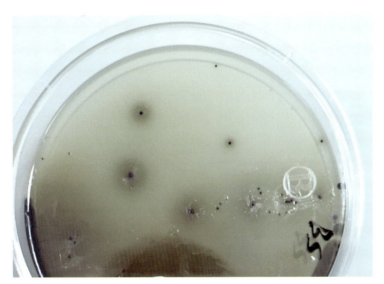

彩图8　沙门氏菌在BS平板上的典型菌落特征

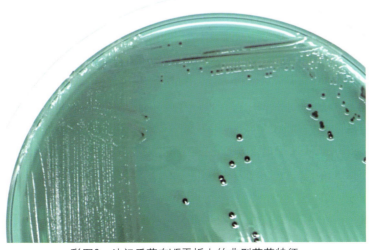

彩图9　沙门氏菌在HE平板上的典型菌落特征

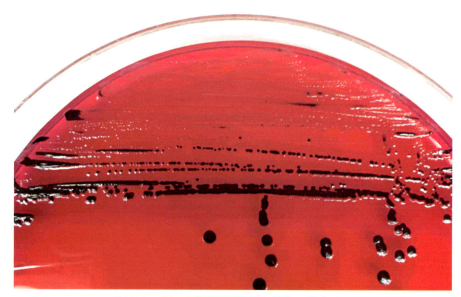

彩图10　沙门氏菌在XLD平板上的典型菌落特征

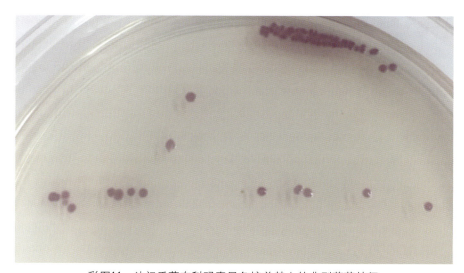

彩图11　沙门氏菌在科玛嘉显色培养基上的典型菌落特征

彩图12　沙门氏菌属的典型生化反应

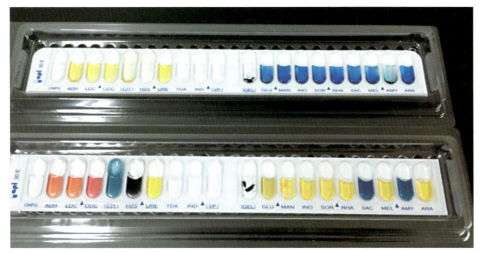

彩图13 API20E试纸条生化鉴定

（上图为培养前，下图为培养后）

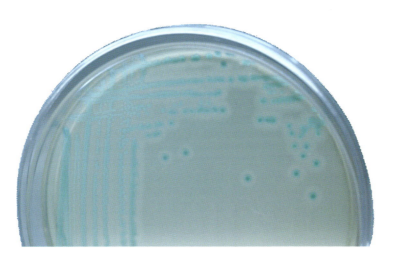

彩图14 单核细胞增生李斯特氏菌在显色培养基平板上典型菌落特征

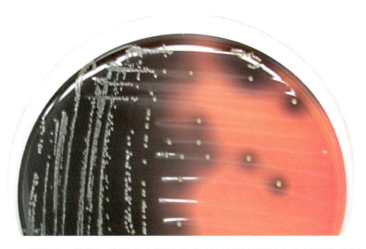

彩图15 单核细胞增生李斯特氏菌在PALCAM平板上典型菌落特征

彩图16　Intuvo 9000 气相色谱仪

[由安捷伦科技(中国)有限公司提供]

彩图17　7890气相色谱仪

[由安捷伦科技(中国)有限公司提供]

彩图18　1220 Infinity Ⅱ 液相色谱仪

[由安捷伦科技(中国)有限公司提供]

彩图19　1260 Infinity Ⅱ 液相色谱仪

[由安捷伦科技(中国)有限公司提供]

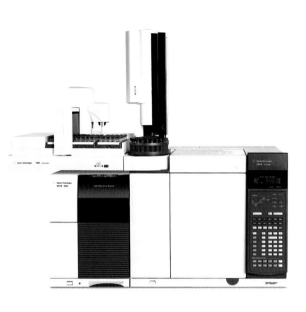

彩图20　5977B GC/MSD气相色谱质谱联用仪
[由安捷伦科技(中国)有限公司提供]

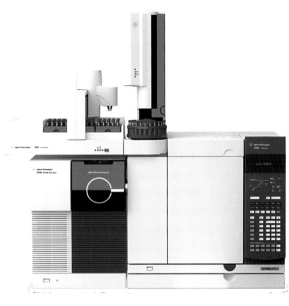

彩图21　7010B GC/MS气相色谱三重四极杆串联质
谱联用仪
[由安捷伦科技(中国)有限公司提供]

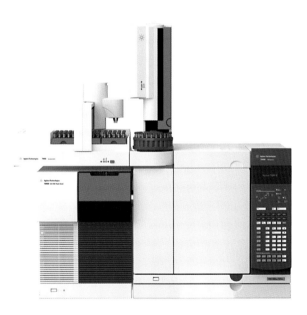

彩图22　7000D GC/MS气相色谱三重四极杆串联质
谱联用仪
[由安捷伦科技(中国)有限公司提供]

彩图23　6495B LC/MS液相色谱三重四极杆质谱仪
[由安捷伦科技(中国)有限公司提供]

彩图24　6470A 三重四极杆液质联用仪

[由安捷伦科技(中国)有限公司提供]

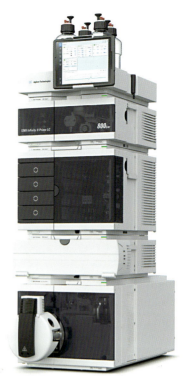

彩图25　Ultivo 三重四极杆液质联用仪

[由安捷伦科技(中国)有限公司提供]

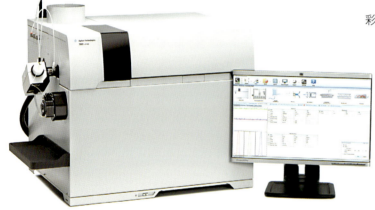

彩图26　7800 ICP-MS电感耦合等离子质谱仪

[由安捷伦科技(中国)有限公司提供]

彩图27　7900 ICP-MS电感耦合等离子质谱仪

[由安捷伦科技(中国)有限公司提供]

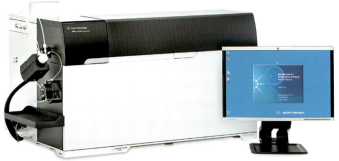

彩图28　8900 ICP-MS串联四极杆电感耦合等离子质谱仪

[由安捷伦科技(中国)有限公司提供]

彩图29　280FS AA火焰原子吸收光谱仪

[由安捷伦科技(中国)有限公司提供]

彩图30　AA Duo原子吸收光谱仪

[由安捷伦科技(中国)有限公司提供]

彩图31　7250 GC/Q-TOF气相色谱四极杆飞行时间质谱仪

[由安捷伦科技(中国)有限公司提供]

彩图32　气相色谱仪 Nexis GC-2030
[由岛津企业管理（中国）有限公司提供]

彩图33　气相色谱仪 GC-2010 Pro
[由岛津企业管理（中国）有限公司提供]

彩图34　气相色谱仪 GC-2014C
[由岛津企业管理（中国）有限公司提供]

彩图35　超高效液相色谱仪 Nexera X2
[由岛津企业管理（中国）有限公司提供]

彩图36　超高效液相色谱 Nexera-i
[由岛津企业管理（中国）有限公司提供]

彩图37　阿克级三重四极杆型气相色谱质谱联用仪
　　　　GCMS-TQ8050
[由岛津企业管理（中国）有限公司提供]

彩图38 单四极杆型气相色谱质谱联用仪 GCMS-QP2020

[由岛津企业管理（中国）有限公司提供]

彩图39 超快速三重四极杆型液相色谱质谱联用仪 LCMS-8060

[由岛津企业管理（中国）有限公司提供]

彩图40 电感耦合等离子体质谱仪 ICPMS-2030

[由岛津企业管理（中国）有限公司提供]

彩图41 黄曲霉毒素光衍生检测平台 Prominence PR

[由岛津企业管理（中国）有限公司提供]

彩图42　QuEChERs自动样品处理系统

（由北京本立科技有限公司提供）